JN222305

グローカル時代の景観デザイン

ポストコロナ、再生可能エネルギー、自然災害へのレジリエンス

鹿島出版会

編著
志村秀明
栗山尚子
益尾孝祐
沼田麻美子

執筆者（50音順）
秋田典子
阿久井康平
阿部大輔
阿部貴弘
大窪健之
大野 整
尾野 薫
金 度源
佐藤宏亮
高取千佳
竹中克行
原田栄二
樋渡 彩
星野裕司
益子智之
松井大輔
宮脇 勝
村上 迅
森 朋子
渡部 健

はじめに

二一世紀の四半が過ぎようとする現在、景観デザインは日本各地で成果を上げているものの、大きな転換点に差しかかっていると言えよう。例えば、災害から復興したと言われる各地域の景観は本当に豊かだろうか、美しい自然の中にソーラーパネルが立ち並ぶ景観は豊かと言えるのか、コロナ禍による人々のライフスタイルの変化が景観に及ぼす影響はどうなっているのか、大都市で進む大規模再開発がつくりだす景観はどうなのか。景観デザインをめぐる課題は山積である。景観研究者やコンサルタント、設計者はどうすれば豊かな景観デザインへと地域社会を動かしていけるかと思い悩んでいる。

気候変動がもたらしているであろう、想像を絶する自然災害に直面するレジリエンス、エネルギー問題、ポストコロナ、モンスターのような世界経済と新自由主義の台頭は、グローバルな情勢ではあるが、ローカルな景観に確実に影響を及ぼしている。景観デザインは、グローバルという幅広くかつ、過去から未来に向けた長期的な視野をもちつつ、ローカルに立脚した着実な取り組みでなければならない。そうでなければ、今以上に豊かな景観を失い、またデザインできない状況に陥ってしまう。そこで、「グローバルとローカルがせめぎあい触発し合う＝グローカル」をキーワードに掲げ景観研究に取り組んできた。

本書は、「ローカルへのまなざしと理解、関わり、短期的で狭い視野だけでは豊かな景観デザインはますます実現できない時代に差しかかっている」という問題提起を第一の目的としている。それを論じるために、まず哲学的視座をもつ「地理学」の知見を取り込み、「近代」という大きな時代が景観に及ぼした影響を明確にしたい。そして、問題提起に終わらずに、具体的な景観デザインを示唆するために、「ポストコロナの景観」「再生可能エネルギーをめぐる景観」「自然災害へのレジリエンスと景観」という三つの重大視点から研究を進める。さらに、これらの視点から得られた知見を元に、これからの景観デザインへの展望と提言を示す。

日本建築学会は、景観法制定以降だけでも、『生活景』（学芸出版社、二〇〇九）『景観再考』（鹿島出版会、二〇一三）『景観計画の実践』（森北出版、二〇一七）『生きた景観マネジメント』（鹿島出版会、二〇二一）という景観研究の成果を時代の変化とともに提示してきた。時代は、景観研究からの都市計画・地域デザインの大転換（ゲームチェンジ）を求めていると考えている。

日本建築学会　都市計画委員会
グローカル景観デザイン小委員会

グローカル時代の景観デザイン

ポストコロナ、再生可能エネルギー、自然災害へのレジリエンス

目次

目次

第1章
グローカル時代の到来と景観

1 景観や地域デザインをめぐる状況

景観は、地域固有の環境、歴史・文化・社会が、ローカルに具象化したものである。景観を守り育むためには、地域に根ざして暮らす人々の生活と営みの蓄積、自立したコミュニティ活動が基盤となり、広く景観や地域デザインに関わるさまざまな人々のローカルへの眼差しと理解、関わりが必要不可欠である。このようなローカルを舞台とする取り組みに加えて、二〇世紀後半からは、大都市への人口と産業の集中、中山間地域の衰退、そして二〇〇〇年代に入ってからは、人口減少や少子高齢化、地方都市の衰退といったわが国が直面している社会情勢の変化が、ローカルな景観に強く影響を及ぼしはじめている。さらに一九九〇年頃からは、情報と経済のグローバル化が加速し、「新自由主義」の台頭、そしてインターネットの急速な普及もあり、国内の社会情勢に加えて、国境を越えたグローバルな情勢が、ローカルな景観に多大な影響を及ぼすようになっていった。

特に二〇二〇年頃から、グローバルとローカルの境界を越えた、未だかつて経験したことがないさまざまな状況が発生し拡大しつつある。例えば驚異的なスピードで拡散した新型コロナウイルスのパンデミック（感染症の世界的大流行）であり、そのパンデミックが引き金となったリモートワークやＳＮＳの急速な普及とライフスタイルの変化がある。また地球温暖化といった気候変動に起因していると言われ世界各地で発生している異常気象と自然災害の発生、そして気候変動を食い止めようとする環境保全や脱炭素社会に向けた世界各地での取り組みなどである。近年のパンデミックや異常気象・自然災害は、「再野生化（rewild）」とも呼ばれている。「人間の制御が及ばなくなり、猛威をふるう」といった意味である。未来に向けた景観研究と景観を守り育む取り組みは、急速にシフトしつつあるこれらの情勢を的確に捉え、踏まえなければならない。

グローバルな情勢は実に多種多様で、それらを分類・整理することは容易ではないが、景観に関する事象を絞り込む手がかりとして、二〇〇〇年に締結された「欧州景観条約」*1がある。この条約では、「『景観』とは、人々によって知覚される地域であり、その特性は自然の作用と人間の作用、あるいはそれら相互作用による結果である。（原文'Landscape' means "an area, as perceived by people, whose character is the result of the action and interaction of natural and / or human factors."）と定義されている。つまり景観にフォーカスするとは、特に「自然」と「人間」に関わる情勢に注視することであり、新型コロナウイルスのパンデミックは「人間」に関する情勢であり、気候変動と異常気象、自然災害の発生は、「自然」に関する情勢である。これらは、実は景観にダイレクトに関係する情勢なのである。日本で一般的に受け止められているような、「景観＝視覚的に認識できる物的環境」という認識では、大切な事象やシフトしつつある情勢を見逃してしまい、視野の狭いタコつぼ的議論に陥り、いつまで経っても「風景の貧困」から脱却できない。

新型コロナウイルスのパンデミックは、世界各地で都市封鎖（ロックダウン）をもたらし、日常的な移動である買い物や外食、散歩、通勤、通学までもが制限された。ワクチン接種が広まり、また治療薬が開発されるにつれて、日常的な移動と国境を越える移動の制限は徐々に解消されていったが、徒歩や自転車で買い物や通勤・通学ができるような職住近接を回復する都市政策が世界各地で注目され広がりつつある。またオンラインでの会議や授業が普及し、これまでなかなか実現しなかった「リモートワーク（テレワーク）」が一気に普及した。リモートワークは、人々の大都市からの脱出を可能にし、「ワーケーション」という新たな働き方とライフスタイルを生みだし、また大都市から地方への移住を促進する可能性もある。今後しばらくは続くであろう新型コロナウイルスのもたらした影響は、大

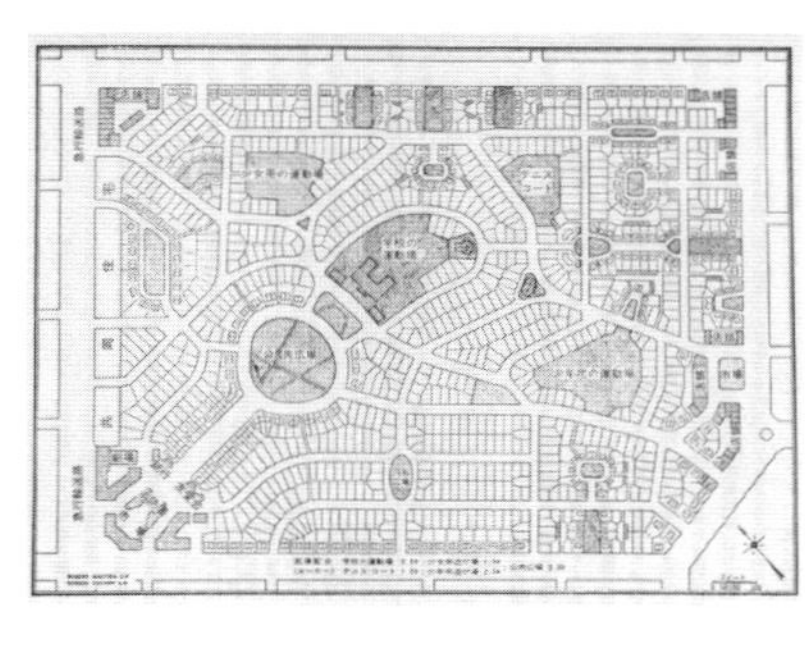

図1|近隣住区論
64haほどの中に、近隣コミュニティを支える小学校や教会、公園、商店、コミュニティセンターなどが配置される。日々の基本的な生活は近隣住区内で完結する(出典:クラレンス・A・ペリー著、倉田和四生訳『近隣住区論』鹿島出版会、1975)

都市の景観だけではなく、地方の景観も変えていくだろう。

建築と都市計画、地域デザインの歴史を振り返っても、一九世紀末のコレラの大流行が近代都市計画の先駆けとなった英国の「公衆衛生法」や「労働者階級住宅法」「ロンドン建築法」を生みだし、さらにエベネザー・ハワードの『明日の田園都市』とその理論を実践した田園都市・レッチワースを生み出すことになった。また二〇世紀初頭のスペイン風邪(インフルエンザウイルスの大流行)は、近代建築の普及を促し、クラレンス・ペリーの『近隣住区論』[図1]を生み出すことにもなった。このように、パンデミックは、建築や都市計画、地域デザインの理論や方法論とともに、各地の景観を大きく変えてきた。

一方「地球温暖化=気候変動」は、世界各地で台風・洪水・干ばつなどの異常気象を引き起こしている。二〇〇〇年から二〇一九年の二〇年間に起こった世界の自然災害発生件数は、先の二〇年間(一九八〇年〜一九九九年)と比べて、四二一二件から七三四八件とおよそ一・七倍も増加し、大規模な洪水の数は、一三八九件から三二五四件と二倍以上に増加したと報告されている*2。日本においては、日降水量が二〇〇ミリメートル以上となる年間の日数を「一九〇一年から一九三〇年」と「一九九〇年から二〇一九年」で比較すると、直近の三〇年間は約一・七倍の日数であり、一時間降水量が五〇ミリメートル以上となる短時間強雨の回数を「一九七六年から一九八五年」と「二〇一〇年から二〇一九年」で比較すると、直近の一〇年は約一・四倍の発生回数となっている*3。甚大な被害によって被災地の景観は変貌し、さらに復旧と復興に伴う堤防や盛り土の整備、居住地の移転は、さらなる景観の変貌を引き起こしている。もはや多発する自然災害を完全に防ぐことは不可能で、「自然災害との共生」や「レジリエンスな地域づくり」が提唱されるようになり、災害に備えた地域づくりは、人々が慣れ親しんだ景観を変えていくことになるだろう。

また、地球温暖化を抑制するための二酸化炭素などの温室効果ガスの排出量削減のために、石油や石炭、天然ガスといった化石エネルギーから、太陽光や風力、水力、地熱、バイオマスといった自然資源による再生可能エネルギーへの転換が先進国を中心として世界的に進んでいる。日本においては、二〇一一年に起こった東日本大震災での原発事故への反省から、原子力発電に頼るエネルギー施策の見直しもあり、「再生可能エネルギー固定価格買取制度（FIT）」が創設されたことによって急速に増加し始めた。その後「国連気候変動枠組条約締結国際会議（COP）」での議論が進み、日本は二〇三〇年までに温室効果ガスの四六パーセント削減（二〇一三年比で）、そして二〇五〇年までのカーボンニュートラル達成を目標としている。カーボンニュートラルの実現には、総電力量の約五〜六割を再生可能エネルギーで賄うとしている。各地で設置が進む太陽光発電パネルや風車は、すでに地域の景観に多大な影響を及ぼすようになっている。

2 触発し合うローカルとグローバル

まずはグローバルから作用するローカルな景観への影響を確認したが、反対にローカルに編みだされた具体的な方法や活動から形成される景観が、人々の共感の輪を広げることで、パンデミックへの対処や地球温暖化の抑制といったグローバルな課題を解決する一つの糸口になるだろう。例えば、パンデミックへの対処では、職住近接を回復しようとするパリの「一五分都市」のような取り組みが、スペイン・バルセロナやイタリア・ミラノなど欧州各都市で沸き起こっているし、日本でも同様な都市施策について活発に議論されるようになりつつある。また大都市を離れ地方を拠点とすることで、リモートワークと豊かな自然環境を享受するライフスタイルは、エッセンシャル・ワーカーを除く限られた階層や職種に限定されているかもしれないが、先進国を中心とする世界各地で広まっている。

環境問題への対処は、「地球規模で考えて、身近なところから始める」"Think globally, act locally"と言われているとおり、特にローカルから始まる多くの活動がグローバルに展開している。例えば地球温暖化の抑制では、スウェーデン人のグレタ・トゥンベリらの活動が世界的に注目され、ソーシャルメディアの力もあって、同様な環境活動が日本を含めた世界各地で沸き起こっている。またドイツ・フライブルクのような環境共生都市政策も、再生可能エネルギーの普及促進や次世代の交通サービス・Maasの促進などと相まって、世界各地で都市施策として議論され、導入され始めている。

景観は具象化しているが故に、人々の認識や共感を広げるイメージ・メディアになり得るので、「触発し合うローカルとグローバル」な状態＝「グローカル（Glocal）」を生み出せるだろう。グローカルまたはグローカリゼーション（Glocalization）とは、「global（地球規模の）とlocal（地域的な）を合わせた言葉で、地域性を考慮しながら、地球規模の視点で考え、行動すること」＊4と説明される。景観は、人々を触発してグローバルに共感の輪を広げていくだろうし、それが逆にローカルな各地で景観に対する人々の関心をさらに高めていくことになるだろう。

3「フロー」と「場所」の二層性

一九八〇年代後半から加速しつづけている経済的フローと情報ネットワークのグローバル化の結果、二〇世紀の終わり頃から世界各国の都市は、従来のローカルな社会的・経済的中心という存在に加えて、グローバルな人流や物流、生産システムとサプライチェーンといった経済活動によって機能する存在という側面が強まっている。これは経済活動が活発な東京や大阪、名古屋といった大都市で顕著な傾向がある。ちょうど二一世紀へと切り替わる頃、「情報都市・テクノポリスとフローの空間」「グローバルシティ」といった概念が発表されるなど、まず地理学や社会学の分野において議論が進み、新たに出現した都市モデルの特性が指摘された。そしてグローバル化が急速に進む中、世界的な都市研究者のM・カステルが「グローバル・フロー（Space of Flows）」と「場所（Space of Places）」の「空間の二層性」を指摘した。ここでいう「場所」とは伝統的な空間であり、「フロー」は場所とは切り離された新しい空間＝「非・場所」を意味している。

「フロー空間」は、例えば都市の新興地区や再開発地区に出現する。「マクドナルド」や「ユニクロ」といったグローバル企業の看板に彩られたショッピングセンターや、「マイクロソフト」や「アップル」といったグローバル企業が入居するオフィスゾーン、裕福な外国人などが住む、または投資対象に購入するきらびやかなタワーマンション群は典型的なフロー空間と言えよう。

一方で、伝統的な「場所」も、グローバル化の中でフロー空間と化すこともある。例えば、東京の浅草では、コロナ禍前から大挙して訪れるインバウンド・外国人観光客を目当てにして、地区外から観光地にチェーン展開する店舗やグローバル企業が急増し、パッチワークのようにフロー空間が出現している。同様な現象は、埼玉県の川越や京都、金沢といった日本各地の有名観光地でも起きている。また東京都心部の渋谷では、駅周辺が「国家戦略特区」に指定され、オフィスタワーが林立する再開発が進み、若者のまち、あるいは流行の最先端をいくまちといった側面よりも、グローバルなフロー空間が多くを占めつつある。

フロー空間が増大する都市や地域では、『ファスト風土化する日本』『俗都市化』や後藤春彦が「コピペ景観」と指摘しているように、巨大なオフィスやショッピングセンター、マンションが林立し、世界中で同じような「ありふれた景観」が生み出されている。

4 研究の方法

本書では、二〇世紀後半から顕在化している都市の「フロー」と「場所」の二層性による「ありふれた景観」の出現を意識しつつ、二〇二〇年頃からの「自然と人」に関係するグローバルな情勢「パンデミックと気候変動（地球温暖化）」に注目し、「触発し合うローカルとグローバル」＝「グローカル」という切り口に基づき、未来に向けた景観の概念や景観保全・形成のアプローチについて議論を深めていく。具体的には、以下の三つをトピックとして掲げる。

・ポストコロナの景観
・再生可能エネルギーをめぐる景観
・自然災害へのレジリエンスと景観

二〇〇〇年以降の景観をめぐる動きを図2に示す。二〇〇〇年の「欧州景観条約」の締結の後、二〇〇四年にはわが国においても「景観法」が制定された。その後、文化や歴史に関わる景観制度が充実していった。二〇一一年の東日本大震災を契機に、自然災害へのレジリエンスと再生可能エネルギーに関わる制度が定められていった。またこの頃から、「道路占用許可の特例」といったポストコロナの景観の展開に関わる制度も定められていき、二〇二〇年からの新型コロナウイルスのパンデミックによって「歩行者利便増進道路制度」

年	景観に関わる主な制度	「自然と人」に関係する景観の事象＊
2000	・欧州景観条約（The European Landscape Convention）締結	
2002	・都市再生特別措置法制定	
2004	・景観法制定 ・河川敷地占用許可準則の特別措置（河川法改正）	
2005	・重要文化的景観施行（文化財保護法改正）	
2006	・まちづくり三法（大店立地法、中心市街地活性化法、都市計画法）改正	
2008	・歴史まちづくり法（地域における歴史的風致の維持及び向上に関する法律）制定	
2009		・イタリア・ラクイラ地震災害
2011	・東日本大震災復興特別区域法 ・道路占用許可の特例制定（都市再生特別措置法改正）	・東日本大震災
2012	・FIT制度（再生可能エネルギー電気の利用の促進に関する特別措置法）	・イタリア・ノヴィディモデナ地震災害
2014		・平成26年8月豪雨・広島土砂災害
2015	・空家等対策の推進に関する特別措置法	・平成27年9月関東・東北豪雨災害
2017	・公募設置管理制度（Park-PFI）制度（都市公園法改正）	
2018	・低未利用地土地利用促進協定制度制定（都市再生特別措置法改正）	・（この頃）日本・インバウンドの急増
2020	・歩行者利便増進道路制度（道路法改正）	・新型コロナウイルス ・令和2年7月豪雨・球磨川流域水害 ・ロックダウン ・日本・カーボンニュートラル宣言
2021		・東京オリンピック ・国連気候変動枠組条約締結国際会議（COP26）
2022	・地域脱炭素化促進事業制度施行（地球温暖化対策推進法改正）	・ロシアによるウクライナ侵攻
2023		・地球沸騰化 ・イタリア・ミラノ浸水

自然災害へのレジリエンスと景観（2011〜）
再生可能エネルギーをめぐる景観（2012〜）
ポスト・コロナの景観（2020〜）

図2｜2000年以降の景観をめぐる動き　＊本研究で取り上げる国・地域の事象のみを記す

が定められた。そして、二〇二一年の「国連気候変動枠組条約締結国際会議（COP）」に合わせて、わが国では「カーボンニュートラル宣言」や「地域脱炭素化促進事業制度」といった再生可能エネルギーに関わる制定が加速していった。その後も、各地で洪水が発生し、二〇二三年の夏には「地球沸騰化」と呼ばれた高温化が発生した。このように、「自然と人」に関係するグローカルな景観の情勢は、三つのトピックに深く関わって推移している。

本研究の構成は、便宜的にこれら三つのトピックで整理するが、それぞれが独立したままで、景観の議論が深まるわけではない。「再生可能エネルギー」と「自然災害へのレジリエンス」は欧州景観条約でいうところの「自然によってつくられる特徴」だが、「人によってつくられた自然の特徴」でもあるだろう。また「ポストコロナ」は、「人によってつくられる特徴」だが、「自然によってつくられた人間社会の特徴」とも言えるだろう。「自然」と「人」を切り分けられないのと同様に、三つのトピックも相互に関係する。本書の最後では、三つのトピックから得られた知見を横断的に検証していくことになる。

もちろん、グローカルな情勢はこれら三つのトピックだけで収まらない。移民問題や平和と安全、民族文化、不動産取引、金融などのさまざまな視点が挙げられる。そこで研究の焦点を絞るためにも、欧州景観条約の定義から「自然と人」に関係する三つのトピックに注視することにした。それでも十分に幅広い議論が可能だと考えているが、さらに議論の幅を広げかつ深めるために、建築学・都市計画学の領域を越えて、「地理学」の知見を踏まえてから、三つのトピックごとに情報を収集し、分析し、考察していく[図3]。地理学の研究領域は、人文科学や社会科学、自然科学などと広範であり、建築学・都市計画学とも関係が強く、景観研究の基盤となる学問領域と言える。

本研究は、グローバルとローカルの境界を越えた情勢に注視することから得られる知

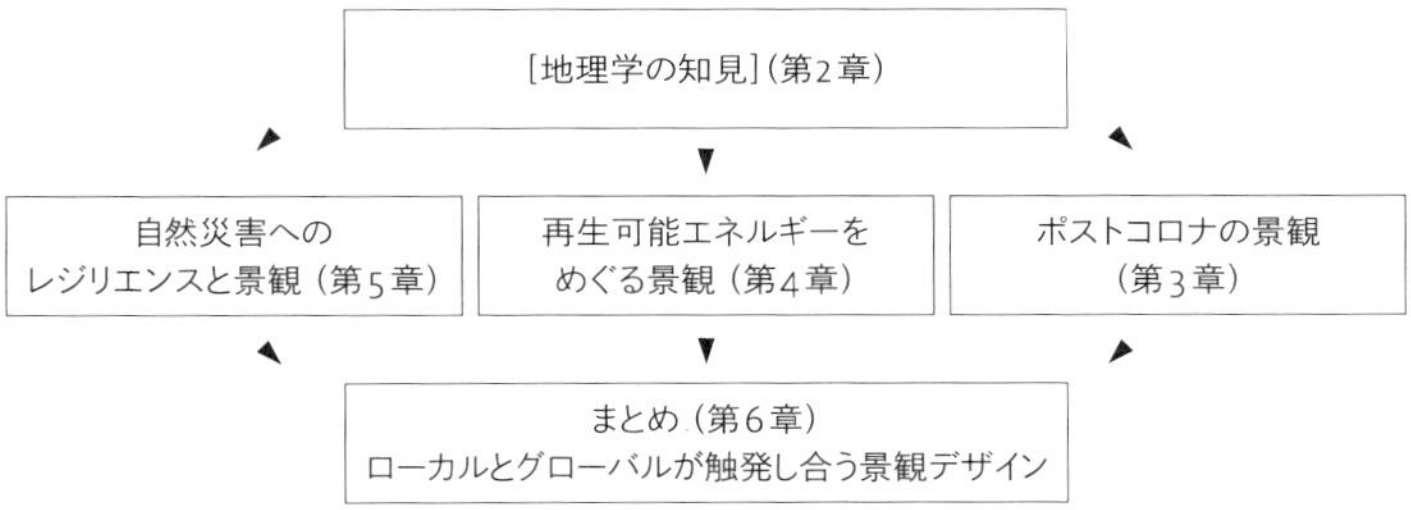

[地理学の知見]（第2章）

自然災害への
レジリエンスと景観（第5章）

再生可能エネルギーを
めぐる景観（第4章）

ポストコロナの景観
（第3章）

まとめ（第6章）
ローカルとグローバルが触発し合う景観デザイン

図3｜研究の構成

見が、さらなる景観と地域デザインの向上をもたらすという視座に立つ。三つのトピックごとに収集したグローバルとローカルの情勢を分析することで、以下のステップで知見を提示することを目的とする。

①急速に変わりつつある景観の現状を把握する
②景観が直面している課題を抽出する
③景観デザイン向上のための論点を明確化する
④今後の景観デザインについて提言する

景観は、イメージ・メディアでもあるので、国内外の具体的な事例に基づく情報収集と考察から、それぞれの知見を提示していく。

5 景観の定義

研究を進めるにあたり、先達による景観の定義を確認し、本研究における景観の定義を明確にしておきたい。

まずわが国の「景観」は、明治時代に植物学者の三好学がドイツ語のLandschaftを訳出するために考案した造語だとされている。Landschaftは、土地の広がりを示す「地域」と、地表のながめである「風景」の二つの意味を有するので、その後の景観の議論では少なからず混乱を生じている。

住宅計画を筆頭に幅広い建築研究に取り組んだ西山夘三は、『景観は、人間の地表で営む生活様式の総体的把握の指標』、また『自然と人間の社会的活動の発展編の総体が景観を通して究明される』と説明した。これは欧州景観条約の内容と通じるところがある」*5。

土木分野の景観工学研究の第一人者である中村良夫は、「景観とは、人間をとりまく環境のながめにほかならない。しかし、それは単なるながめではなく、環境に対する人間の評価と本質的な関わりがある」*6とした。多くの研究で引用されているこの定義は、「単なるながめ」ではなく、「環境に対する人間の評価」という点が「景観」を理解する上で重要であることを指摘した。

建築分野での景観研究の第一人者である後藤春彦は、景観の一概念である「生活景」を、地域社会の像として出現する「社会関係資本」であるとしており、また他者とのコミュニケーションの媒体となる空間的な表現のひとつが「景観」であるとしている。さらに「景域」という用語を「ひとまとまりと人々に認識される景観の領域を社会的文脈から解釈し、生活者によって共有されてきた社会的な記憶が内在する地域単位。生活者によって共有される社会的記憶が宿るもの」と定義し、景域の設定が、市民自治の舞台を築く一助となり得ると述べている。

多くの景観研究者が用いている「景観まちづくり」とは、「単に美しく、魅力的な空間をつくることだけではなく、安全性や機能性などの基本的な性能を確保するとともに、そこに住み、働く人のいきいきとした生活や活動を目指すものであり、総合的なまちづくりと一体的なものである」と説明されている。

法制度での「景観」の定義として、わが国で二〇〇四年に制定された「景観法」の第二条「基本理念」では、「良好な景観は、地域の固有の特性と密接に関連するもの」としている。またユネスコの世界遺産委員会による概念を参考として創設されたわが国の「文化的景観」は、文化財保護法第二条で、「地域における人々の生活又は生業及び当該地域の風土により形成された景観地で、我が国民の生活又は生業の理解のため欠くことができないもの」と定義している。

先に挙げた「欧州景観条約」では、すでに述べたように「「景観」とは、人々によって知覚される地域であり、その特性は自然の作用と人間の作用、あるいはそれら相互作用による結果である」としている。

以上のようなさまざまな景観の定義を概観すると、景観とは、「風景」の意味においても、「単なる視覚的に認識できる物的環境ではない」とされ、また「地域」の意味が多くの研究者によって取り上げられ、また景観に関する法律の条文にも盛り込まれていると言える。

そこで本研究では、景観を単なる視覚的に認識できる物的環境ではなく、「人間をとりまく環境のながめであり、人々の暮らしの積み重ねや地域自治によって成立するもので、持続可能なまちづくりや地域づくりの礎となる」と定義する。この定義は、あくまでも本研究に着手する上での出発点として用いるものであり、研究の成果に基づいて、本書の最後で時代とともに変化している国際的な景観をめぐる議論に言及して、もう一度「景観」の定義を確認したい。

6 景観への意識啓発や景観行政の浸透に向けて

日本の景観をより豊かなものにするためには、景観づくりの取り組みが各地で充実していかなければならない。まず景観行政に注目すると、二〇〇四年の景観法制定から一五年以上が経過して、地方公共団体数一七八八のうち、景観行政団体数は七八七と約四四パーセントにまで増加しているとおり、多くの地方公共団体で景観計画が策定されている。しかしながら、景観行政が全国的に広がりつつある一方で、景観行政団体数も、また景観計画策定団体数も、近年の増加は伸び悩んでおり、地域の個性を十分に反映できていない地方公共団体が見受けられることを国土交通省は指摘している。

さらなる景観行政の全国的な浸透のためには、もはやローカルな地域への眼差しだけでは突破できない壁がそびえている。国土全体、さらに国土を超えるような広域的な視点や、都市計画やエネルギー、防災といった行政担当部局の縦割りに陥らない分野横断的な視点が求められている。発想を切り替えて、グローバルな視点からアイデアを得ることが、人々の景観への意識をさらに高め、景観行政の一層の広まりと深まりをもたらすだろう。

一方で、ボトムアップの市民活動はますます活発になり、例えばNPO法人数は二〇二三年九月時点で五万を超え、まちづくりを活動分野とする団体も二万二〇〇〇を越えている*7。本研究で注目するトピック、コロナ禍を乗り越えようとする市民活動、再生可能エネルギーの普及を含めた環境保全の市民活動、自然災害に対処する防災・減災に取り組む市民活動も活発である。問題は、このように活発に地域課題に取り組む市民が、景観を「単なる視覚的に認識できる物的環境」と矮小化して理解している限り、さまざまな課題を解決する豊かな地域は実現しないということだ。グローカルな視点と発想、行動は、ローカルに差し込む一筋の光となり、市民の景観への認識を変えていくだろうし、「人々の暮らしの積み重ねや地域自治によって成立するもので、持続可能なまちづくりや地域づくりの礎となる」という景観の本来の意味が社会的に定着していくことで、豊かなまち・地域づくりへの相乗効果が生まれると考えている。

註

＊1　The European Landscape Convention, Council of Europe

＊2　国連防災機関 UNDRR、Human cost of disasters An overview of the last 20 years 2000–2019, https://www.undrr.org/publication/human-cost-disasters-overview-last-20-years-2000-2019（二〇二四年八月閲覧時）

＊3　国土交通省二〇二〇、chrome-extension://efaidnbmnnnibpcajpcglclefindmkaj/https://www.mlit.go.jp/common/001370203.pdf

＊4　デジタル大辞泉、小学館

＊5　出典：西山夘三『歴史的景観とまちづくり』都市文化社、一九九〇年

＊6　出典：中村良夫『風景学入門』中公新書、一九八二年

＊7　内閣府、ＮＰＯホームページ、https://www.npo-homepage.go.jp/about/toukei-info/ninshou-seni

参考文献

・デヴィッド・ハーヴェイ著、渡辺治監訳『新自由主義』作品社、二〇〇七

・ジェレミー・リフキン著、柴田裕之訳『レジリエンスの時代』集英社、二〇二三

・日本建築学会編『生活景――身近な景観価値の発見とまちづくり』学芸出版社、二〇〇九

・マニュエル・カステル著、大沢善信訳『都市・情報・グローバル経済』青木書店、一九九九

・サスキア・サッセン著、伊豫谷登士翁監訳、大井由紀・高橋華生子訳『グローバル・シティ――ニューヨーク・ロンドン・東京から世界を読む』筑摩書房、二〇〇八

・三浦展『ファスト風土化する日本』洋泉社、二〇〇四

・フランセスク・ムニョス、竹中克行訳『俗都市化』昭和堂、二〇一三

・成蹊大学グローカル研究センター編『グローカル研究の理論と実践』東信堂、二〇二〇

・後藤春彦『景観まちづくり論』学芸出版社、二〇〇七

・自治体景観政策研究会編『景観まちづくり最前線』学芸出版社、二〇〇九

・日本建築学会編『景観計画の実践――事例から見た効果的な運用のポイント』森北出版、二〇一七

第2章

ランドスケープの近代を越えて

再帰的近代化論からの考察

1 はじめに

グローバル化は、ローカルな空間に対して均質化作用を及ぼす。その一方で、ローカルに生み出された価値がグローバルに発信されることへの期待の声も聞かれる。グローバルフローが及ぼす圧力ゆえに、都市や地域が個性化を促されるということもあるだろう。触発し合うグローバルとローカルとは、建築の視点を中心に置いて編まれた本書の出発点をなす考え方である。しかし、建築にとって直接的な活動の場であるローカルな空間は、グローバルフローの力に屈することなく、あるいはそうした力を逆手に取って、進化しつづけるだけのしたたかさを備えているだろうか。

グローバル化をめぐる風向きが変化し、ローカルの復権を示唆する事象は少なくない。加速する地球温暖化やパンデミックの危機は、大局的にみるなら、高速化と大量化の一途を辿ってきた人やモノの移動に対して軌道修正を促すだろう。もう少し細かく日本の状況をみれば、名目為替レートの円安進行によって、数十年来拡大していた内外の物価格差が誰の目にも明らかになり、消費目的で来日する観光客がコロナ前の水準を超えて増加する、という事態も顕在化している。それを機に、日本らしさというローカルな価値について、新たな評価の視点が生まれるかもしれない。

とはいえ、グローバル化がもたらしたのは、人やモノだけでなく、情報が地球全体で行き交う状況でもある。とりわけ、最新のデジタルプラットフォームやＡＩ技術を握る少数の企業は、全世界から膨大なデータを収集し、操ることで市場支配力を獲得した。そうした状況変化は、パンデミックのもとで、人の移動への厳しい制限とは裏腹にむしろ加速したように思われる。グローバル化は、とりわけ人間が判断の頼りとする知識やアイデアの流通の面で、甚大な力を人間社会に及ぼしているのである。

地球規模での人やモノの往来が一五世紀末からの大航海時代とともに到来したのに対して、情報のグローバルな流通を容易としたのは近代の科学や技術である。そして、知識やアイデアのグローバル化は、物質的なデザインという人間の行為がもたらす結果よりも、行為を背後から動かす人間の認知の様式と深い関わりをもつ。本章では、建築との間で空間に対する関心をともにしつつ、科学と哲学の間に位置する地理学の強みをいかして、近代人によるランドスケープの生産について、認知の構造の視点から考察してみたい。

なお本章では、本書のタイトルにある「景観」に代えて、「ランドスケープ」の語を用いている。ヨーロッパにおいて、ランドスケープないしそれに相当する語が視覚的な眺めやデザインされた空間の意味を獲得したのは近代であり、より古い起源をもつのは、無数の主体の関係性がおりなす場所、つまり日本語でいう地域に近い意味である。そうした概念の系譜は、欧州ランドスケープ条約（二〇〇〇年）が特定の性格を有するarea（英）／territoire（仏）としてランドスケープを定義したことに表れている。筆者のランドスケープ論も、場所としてのランドスケープの回復を重視している。そうした理論的立場から、本章では、一般の理解が視覚的な眺めに矮小化されがちな景観ではなく、ランドスケープの語を使う。

2　近代人がつくったランドスケープ

近代人は、自然界を包み込む神秘を脱魔術化した後、理性と科学の力をもって自らの安全と安心を確保し、高めようとしてきた。ランドスケープという語が発祥したヨーロッパにおいて、近代を開く契機となったのはルネサンスと啓蒙思想である。これらの変革を経ることで人間が手にしたのは、何より、さまざまな概念装置を動員することで世界をとらえ、自らを位置づける認知の様式である。

たとえば、近代以降の国民経済は、誰も全体像として目にしたことのない非可視的存在である。しかしそれは、通貨、財政、税関などの制度を通じて、国境を準拠枠とする市場を形成し、人びとが抱く生活水準の期待値を方向づけるだけの力をもっている。日本において、戦中に始まる食糧管理制度が長年にわたって農地の開発・管理に与えた影響、あるいは、バブル経済によって過熱したリゾート開発と後に残された大量の空き不動産などの例に鑑みれば、国民経済の働きがランドスケープの動態を根底から既定してきたことが理解されよう。

近代人がつくり出した経済・社会・政治の全領域にわたる諸制度は、互いに協調的あるいは輻輳的な関係を結ぶことで、しばしば、個々の人間の認識能力を超えた仮構の環境を構成する。そして、無意識のうちに制御困難なものへ転じるリスクを孕んでいる。たとえば、コロナ禍では、公衆衛生学の権威と人間の生命に介入する生政治が結びつき、見えないウイルスへの恐怖に対応すべく、州間の移動制限から空港の水際措置にいたる数々の防疫線が設定された。軍を動員したペスト発生地区の隔離といったローカルな対応とは異なり、コロナ禍では、物質的空間のグローバル性を当面手放さざるをえないとの認識が世界中に広まった。そうした想像力の一斉動員が経済のみならず、人間のコミュニケーションに与えるリスクについて、幸い、今では多くの人が気づいている。

社会学者のアンソニー・ギデンズやウルリッヒ・ベックなどが提起した「再帰的近代化（reflexive modernization）」の議論にあるように、近代人が身につけた認知の様式は、しばしば制度化による増幅の過程を伴いながら、人間社会の新たな現実を生み出す装置として機能してきた*[1・2]。それがランドスケープの生産にとっていかに重要な意味をもったかについて、以下、速度が取り除いた時間の制約、進歩の概念と結ばれた時間、整序の枠組みへ転じた空間、という三つの視点から試論を提示する。

3 速度が取り除いた時間の制約

前近代の人びとの大部分は、徒歩以外の交通手段をもたなかった。権力者や大商人は、馬や船舶を操ることができたものの、人力・畜力・風力に依存した交通は、速度の自由な選択を可能にするには程遠いものだった。ところが、鉄道に始まる近代的な交通手段の実用化によって、短時間で遠方に到達することが一部の者の特権でなくなる。その一方で、時間と空間の圧縮というべき新しい状況が全ての場所で同時に実現したわけでもなかった。ゆえに、速度の力をもって時間の制約を取り除くことが、立地優位性を確保しようとする地域にとって、また国土の開発を推進しようとする国家にとって、公共投資の強い動機づけとなった。フランスの思想家ポール・ヴィリリオが『速度と政治』*3で論じたように、速度は、たんに物理学やその応用技術の問題にとどまらず、人間社会全体をつくり変える動因となったのである。

鉄道や道路による高速移動手段の開発は、都市システム、すなわち都市間のツリー状の結合関係を上方再編する方向へ作用した。高次の中心地が他を引き離していったということである。たとえば、今日の名古屋駅は、JR快速列車の高速化や新幹線の日常利用が進んだ結果、岐阜・大垣や豊橋を含むリージョナルスケールの中心地になっている。対する名古屋の栄エリアは、名駅より長い歴史を有しながら、地下鉄網で市内各地とつながるローカルスケールの商業核に落ち着いてきた感がある。二〇〇〇年代以降、規制緩和を受けて名駅エリアに続々と出現した超高層ビル群は、この場所に集中する交通エネルギーの垂直的表現ともいえよう。

現代の都市空間では、向こう三軒両隣をつなぐ路地から自動車専用の高架道路、各駅停車の地下鉄から遠方の都市へ直行する新幹線まで、速度感のまったく異なる交通路が併存する。そしてしばしば、「遅い」道の集合がおりなす界隈は、高規格で直線的に突き進む「速い」道によって分断される。名駅エリアを観察すると、異なる速度に対応する空間を縫合することの難しさがわかる。その地中深くでは、速度を信奉したモダンの時代に発し、半世紀を経た現在も勢いを保つ矢のごとく、リニアの建設が進んでいる。

時間と空間の圧縮において極致をなすのは、いうまでもなく、インターネットが可能とした世界規模の同時多方向的な通信である。振り返ってみると、一九六四年東京五輪で行われた衛星生中継は、リアルタイムの歴史にとって画期的な出来事だった。以後、普通の人びとが地球の裏側で起きていることを同時進行で知るという状況が生じたからである。しかしそれは、技術と資本を握るメディアが絶大な影響力をふるう時代でもあった。インターネットの革新性は、少数の者が握っていたリアルタイム情報通信の回路を誰でも、いつでも参画可能なように開放したことにある。人間が生存するためにとる行為の中で、寝食や運動などが物質的空間でしか行いえないのに対して、会議、講演・授業、商取り引きなど、情報のやり取りに関わる活動は、オンラインでもかなりの程度実現できる。コロナ禍が人間社会にもたらした最も重要な結果は、お手軽リアルタイムの汎用化によって、仮想空間と実在空間を隔てる境界の融解が一気に進みはじめたことにあるのかもしれない。

リアルタイム情報が支配するグローバル化についてランドスケープとの関係で考察したのは、今から一〇年余り前にスペインの地理学者フランセスク・ムニョスが提起した「俗都市化」論である*4。ムニョスは、人間の頭に描かれた仮構の設定を孤島のごとく切り取られた地表面の断片に埋め込む都市開発の事例を世界各地から集め、批判的検証の対象とした。よく知られた開発モデルとしては、アメリカ大陸の都市の郊外を席捲するゲーテッドコミュニティがある。これは、バナキュラーな場所から離脱した事業用地に対して、消費材に近い商品としての経済価値を与えるビジネス手法である。パリ郊外のディズニーランドでは、潜在的危険を徹底的に排除する安全空間の概念を埋め込むことで、キャラクターが自由に踊る無垢の空間の商業的価値が担保されているという。いささか極端な例を挙げたが、ある種の典型に従う修景が施された歴史的町並みやウォーターフロントも、俗都市化の進行と無縁ではないとムニョスは主張する。

4 進歩の概念と結ばれた時間

二つ目の視点は、リアルタイムの議論とは対照的に、長い歴史的時間に対する認知の構造に関するものである。前近代の航海者は、羅針盤を使う天体観測によって現在地の緯度を把握することができた。しかし、経度すなわち東西方向に関しては、一八世紀にクロノメーターが発明されるまで、正確な現在地を知りえなかった。天体の動きにかかわらず等間隔の時間を刻む時計という武器を得たことは、大航海に挑む者に対して安心を提供しただけなく、時間軸に沿って出来事を客観視する人間の意識を生み出す重要な契機となった。

近代人が獲得した歴史へのまなざしには、密接に関連し合う二つの面がある。一つは、ルネサンスで獲得された美意識と啓蒙改革を推進した理性の力をもって、蒙昧（もうまい）が支配した過去を棄却しようとする姿勢である。そしてもう一つは、過去のうちに近代人が失った神秘を見出し、愛でるべき対象として顕彰する態度である。両者は相反するようにみえて、最も進歩した時代に自らを位置づけ、人間社会の来歴を評価する特権的地位を行使するという点で共通している。そしてそれは、客観的なようで、来るべき未来についてさしたる知識をもたず、自分たちが偶然に生きている現代を中心に歴史を構成するという、利己的性格を帯びたふるまいかもしれない。

建築に対する人間の態度を相対化し、建築物が辿る長い時間の途上に現在を生きる人間の行為を据える「再利用」の建築観を提示したのは、建築史家の加藤耕一の業績である*5。この議論では、現代人の視点から過去を棄却し、新しい建築で置き換える「再開発」と、時間を巻き戻し、理想化された過去の建築を顕彰する「修復／保存」の両方へのアンチテーゼとして、人間が既存の建築に手を加えつづける「再利用」が位置づけられる。再利用で重要なのは、人間が物質としての建築とともに歩み、歴史を刻みつづけることである。

加藤によって批判的振り返りの対象とされた開発と保存の建築行為が表裏一体で行われた事例は、近代以降の歴史において珍しいものではない。イタリアのムッソリーニ体制は、資源・農地開発を目的として国内各地に計画都市を新造する一方で、統一国家イタリアを称揚する目的で古代ローマの栄光を利用しようと企図した。後者の戦略は、古代帝国の遺構を顕示するために中世以後の被覆建造物を除去する、「内臓摘出（sventramento）」という荒業として具現化された。

長い時間の流れが重要な意味をもつのは、モニュメントを道具とする都市イメージの表象といった政治の領域に限られない。都市計画や土地開発など、計画図の上で平面的に理解されがちな空間への介入行為も、時間の流れに対する人間の感覚と深く結ばれることで大きな流れとなる。「都市の再建をはかろうとするとき、私たちは、都市が人びとの個人的な思い出と個人的な未来への希望を体現していることを忘れてしまっている」とは、アメリカ合衆国の都市計画家ケヴィン・リンチが著書*What Time is This Place?*の日本語訳*6改訂出版にさいして述べた言葉である。

考えてみれば、東京圏をはじめ、世界の数多くの大都市周縁部で過去半世紀あまりに進められた住宅地開発は、右肩上がりの曲線を内面化させた近代人の意識を抜きには成立しなかったであろう。何百万人もの普通の人びとをして、住宅ローン契約を通じて小投資家になるよう駆り立てた時代精神というべき絶大な力を見過ごすことはできない。数々のニュータウン開発が実行しえたのは、土地収用まで盛り込んだ法的仕組みの整備もさることながら、「住宅双六(すごろく)」に描かれた人生物語が渦を巻きながら成長する大都市のイメージと結合したからである。それは、多数の主体のシナジーがもたらす結果であるがゆえに、資本主義の暴走による需給のミスマッチが陰で進行していても、コントロール困難な慣性となって作用するリスクを孕んでいる。

5 整序の枠組みへ転じた空間

三つ目の視点として、ランドスケープ概念の理解に反映される空間認知の構造を取り上げたい。英語のlandscapeという語彙は、ルネサンス期以降に人気を博した風景画などの影響を受けて、視点場からの眺めの意味合いで使われることが多い。日本語で「景観」といえば、視覚的・審美的なニュアンスがより強まるように思われる。他方、国際条約として初めてランドスケープを正面から扱った欧州ランドスケープ条約において、「ランドスケープは、人びとによって知覚されたエリアを意味し、その性格は、自然的および人文的な要因の作用と相互作用の結果である」と定義される。視点場からの眺めか、あるいは人びとが知覚するエリアかで、意味範囲や力点の置き方が相当に異なることはいうまでもない。

ランドスケープのとらえ方の多様性は、この概念の歴史的なりたちと深く関わっている。北欧に活動基盤を置く地理学者ケネス・オルヴィックは、文献学の豊富な知識を下敷きとして、政治的権利を共有する場所と視覚的な眺めとして抽出された空間という大きく二つに分けて、ランドスケープ理解の潮流を論じている*7。地域やコミュニティと強い関連性を有する場所に対して、空間は、透視画法や地図投影との親和性が高い。オルヴィックの議論によれば、ルネサンスと啓蒙思想の時代を経た近代人は、一点透視で見渡される眺めと幾何学的にデザインされた空間への関心を強め、その意味においてランドスケープの語を使うようになったという。

もちろん、近代の到来とともに、人びとが無数の主体の関係性がおりなす場所に対する感覚を無抵抗に手放したのではない。視覚の威力をわがものとする、つまり、人びとをして特定の空間の見方へと仕向けるだけの影響力は、権力者や有産者が手にした特権であり、かれらによる空間管理の意志と一体のものだったはずである。たとえば、イタリア北東部ヴェネトの平原には、ルネサンス期の有名建築家パッラーディオの設計よる邸宅を広大な庭園が囲むヴィッラが点在している。古典古代に着想を得て、対称性重視の幾何学美を追求したパッラーディオ建築が最大限の表現力を発揮できたのは、まさに、古代ローマ起源のグリッドパターンの土地区画が広がるヴェネトの平原においてであった。そしてそれは、カントリーサイドへの勢力拡大をねらう水都ヴェネツィアの富裕層の欲望と結びつくことで、ヴィッラのパースペクティブが与える視覚効果をもって有産者の力を演出した。

近代人の認知の構造に対して、設計図を用いた建築以上に根本的な影響をもたらしたのは、測量と空間投影による地図作成である。その理由は、卓抜した地図技術のおかげで、経緯度系が定義する空間にさまざまな事物を位置づけ、誰のものでもない真天空からの視点で地表面をとらえる空間認識が可能となったことに求められる。社会学者の若林幹夫が『地図の想像力』*8で論じたように、近代人は、概念化された空間を経験世界たる地域に先立つリアリティとすることを当然のように了解している。なじみの地域から一例を挙げげてみよう。今日の日本人にとって、日本が弓なりの列島をなしていて、その一方の端に対馬が位置していることは、日本全国を旅しなくとも自明の理である。また、対馬が日本国>長崎県>対馬市という行政領域の入れ子構造に取り込まれ、九州より近い韓国からの訪問者にとって対馬旅行がいかに手軽であっても、入れ子構造の外側にある釜山との間に、パンデミックが発生するや高い壁が立ちはだかることをよく知っている。

先に紹介したオルヴィックがいう政治的権利を共有する場所としてのランドスケープの後退は、スウェーデンにおける地域組織の再編によく表れている。中世スウェーデンでは、ドイツ語のラントシャフト（Landschaft）に相当するランドスケープ（landskap）が慣習法と議会を有する地域のまとまりとして機能していた。これは、ランドスケープに相当するゲルマン語の語彙が視覚的な眺めよりも、地域を意味する言葉として使われてきたことを端的に示すものである。ところが、一七世紀にスウェーデン帝国が成立すると、ランドスカープは、中央による国土管理の単位であるレーン（län）へと組み替えられる。レーンは、面積的にはランドスカープに近いものの、官僚が組織する行政制度のために考案された空間整序の枠組みにほかならない。オルヴィックは、地理学者にしてランドスケープ理論家でもある広い視野から、前近代のランドスカープを糸口としながら、場所としてのランドスケープを取り戻す必要性について発信しつづけている。

6 ランドスケープの未来を開く扉

以上、時間と空間の両軸にわたる認知の様式が人間の行動を条件づけ、新たな現実を生み出す装置として機能してきたことについて、再帰的近代化論を手がかりとして考察してきた。そうした時空間認知のあり方がランドスケープに与えた深い影響は、俗都市化、資本主義の暴走、視覚の支配など、さまざまな側面に表出している。しかし、われわれが現在という時の断面から大地と人間の未来を展望するとき、理性と科学、合理と技術という近代人の発明を冷めた眼でとらえなおし、使いこなすことは不可能ではないし、そのための努力を惜しむべきではない。考えうる方途をいくつか例示しておきたい。

俗都市化に抗うための重要な方法論の一つは、空間利用の多様な可能性を許容し、予期せぬプロセスの発生を促す公共空間をつくり、育てることである。建築は、環境の人間への働きかけに対して想像力を働かせ、空間デザインの側面から公共空間づくりの実践を手助けできるはずである。

たとえば、バルセロナ現代文化センター（CCCB）が二〇〇〇年に開始した「ヨーロッパ都市公共空間賞」の表彰プロジェクトは、公共空間の創出・回復・改善に向けて多くの示唆を与える*9。ムニョスの『俗都市化』の中で紹介された、ウォーターフロントに関わる二つのプロジェクトにふれておきたい。一つは、港町コペンハーゲンを縦走する運河沿いに開かれた公共海水浴場、ハウネバード（Havnebadet）の事例である。「港の浴場」を意味するその名のとおり、新旧の建造物が囲む都心の水面から、休日の海水浴という工業化時代の町の記憶に接合する開かれた空間利用を実現した。もう一つの事例、クロアチ海岸のザダル（Zadar）の海辺にデザインされた「海のオルガン」では、海に向けてゆっくり下る石階段の下に埋め込まれたパイプが水と空気の動きによって共鳴音を発する。いたってシンプルな設定のうちに、場所のアイデンティティを基本に据えたスローな空間づくりの実践をみることができる。

長い歴史的時間の中で、現代人が無意識のうちに陥りがちな特権的視点を相対化し、多くの人びとをして、過去と未来をつなぐ空間の編集者とするには、どのような方法が考えられるだろうか。手がかりの一つは、オランダを中心とする地理学・考古学・歴史学の専門家が進める「ランドスケープの履歴（landscape biographies）」研究に見出すことができる。そこでは、ランドスケープの作り手として、計画家や開発業者といった大きな力を有する主体だけでなく、農民、都市住民、小事業主など、普通の人びとに光が当てられる。そして、多様な物質文化が人間に働きかけ、ランドスケープの作り手同士の間に時を超えたつながりを生み出す過程を考究し、また、そうしたつながりを活性化する方法論を探求する。

ランドスケープの履歴研究の中間総括にあたる書物*10の中で、編著者の一人である地理学者のハンス・レネスは、羊皮紙を使って書き込みと消去を繰り返したパリンプセストのたとえを用いながら、土地と意味の積層としてランドスケープを理解することの重要性を力説した。その考えによるなら、永遠の都ローマのランドスケープは、ムッソリーニが自らを継承者に任じた古代ローマの遺構、あるいは中世以降のカトリック教会による聖都の建設といった一つの層には集約されえない。教会は、競技場としての用途を失ったコロッセウムから聖堂建設のための石材を調達する一方で、古代ローマによって迫害された殉死者の伝説を縁として、コロッセウムの保存を主張した教皇もいた。教会とこの巨大建造物の屈折した関係に象徴されるように、ランドスケープにとって最も重要なのは、諸々の事物の起源でも形態でもなく、それらのライフヒストリーなのである。

将来に向けたランドスケープづくりの観点では、多様な主体がおりなす場所と視覚的な眺めというランドスケープ理解の系譜をふまえ、人間の経験を切り口として両者の接点を拡げることが意味をもつだろう。そのささやかな試みとして、筆者らは、名古屋・中川運河の再生運動への参加をきっかけに「空間コード研究」を始めた*11。空間コードは、建築設計などに対して準拠すべき形を示すデザインコードとは異なり、人びとの手で継承・進化させるに値する持続性と発展性のある都市・地域の文脈を可視化し、議論の俎上に載せるための一種の言語である。これまでの研究では、自然・人工環境の相互浸透的な関係、人間の経験のうちに立ち現れる空間のリズム・パターン、インフラストラクチュアの共同利用を通じた関わり合いの作法という、大きく三種類の空間コードを提案した。

7 おわりに

われわれが身を置くランドスケープが立ち現れる過程について、人間の行為を背後から動かす思考に焦点を当てて考察することは、ランドスケープ研究という大きな領域に対して地理学がなしうる貢献の一つである。そうした観点から進めた本章の議論は、建築の専門家との協働を通じて、将来に向けてのランドスケープづくりという応用的な課題に橋渡しすることが可能になるだろう。地理学のような空間を扱う学問分野、あるいは広く世間が建築に対して期待しているのは、何より、人間社会の利便性や福祉を向上させるために役立つ空間のデザイン、あるいはそれに理論的根拠を与える研究ではないかと思う。

「再生可能エネルギー」や「レジリエンス」など、本書の組み立てを表現するキーワードは、非常に長い変化の波長をもつ地球環境やその上に形成された生態環境に対して、人間が行ってきた介入がいかなる変調をもたらしたかを振り返る意味をもつ。そもそも再生可能性やレジリエンス（柔靭性、回復力）とは何か。それは、地理学を含む広い学問的見地から問われるべき問題である。建築は学問的な議論を支えとしつつ、われわれが身を置くローカルな空間への介入を通じて、地球環境や生態環境の動態といかに向き合ってゆくべきかを提案できるはずである。その糸口として前節では、建築と関わりをもつ地理学者の立場から、予期せぬプロセスの発生を促す公共空間の構築、物質文化を媒介とする時を超えた対話、人間の経験を切り口とするランドスケープ理解の拡張の三つを試論的に提示した。

われわれが近代から安全と安心を受け取ったと信じるかぎり、近代が生み出したランドスケープを乗り越えるための試行錯誤の営みは、前近代への回帰ではありえない。必要なのは、近代人の認知の様式に端を発し、暴走のリスクを孕むにいたった無意識の環境装置を相対化する視点をもつことである。土地やその上に築かれたインフラの共有は、個人および集団としての自分たちの幸福につながっているか。そうした単純な問いの扉を開くことから、ランドスケープの近代を乗り越えていきたい。

註釈

＊1 アンソニー・ギデンズ著、松尾精文、小幡正敏訳『近代とはいかなる時代か——モダニティの帰結』而立書房、一九九三、二五四頁

＊2 ウルリッヒ・ベック著、島村賢一訳『世界リスク社会論——テロ、戦争、自然破壊』平凡社、二〇〇三、一七七頁

＊3 ポール・ヴィリリオ著、市田良彦訳、『速度と政治——地政学から時政学へ』平凡社、一九八九、二二九頁（原著：一九七七）

＊4 フランセスク・ムニョス著、竹中克行・笹野益生訳『俗都市化——ありふれた景観 グローバルな場所』昭和堂、二〇一三、二九五頁

＊5 加藤耕一『時がつくる建築——リノベーションの西洋建築史』東京大学出版会、二〇一七、三六四頁

＊6 ケヴィン・リンチ著、東京大学大谷幸夫研究室訳『時間の中の都市——内部の時間と外部の時間』鹿島研究所出版会、一九七四、三八七頁（新装版『SD選書254時間の中の都市』鹿島出版会、二〇一〇）

＊7 Olwig, Kenneth R.: *The Meanings of Landscape: Essays on Place, Space, Environment and Justice*, Routledge, 2019, xvi+ p. 258

＊8 若林幹夫『地図の想像力』河出書房新社、二〇〇九、三三七頁（初版：講談社選書メチエ、一九九五）

＊9 Grey, Diane: *Europe City: Lessons from the European Prize for Urban Public Space*, Lars Mueller, 2015, p. 199

＊10 Kolen, Jan; Renes, Hans; and Hermans, Rita eds.: *Landscape Biographies: Geographical, Historical and Archaeological Perspectives on the Production and Transmission of Landscapes*, Amsterdam University Press, 2015, p. 437

＊11 竹中克行編著『空間コードから共創する中川運河——「らしさ」のある都市づくり』鹿島出版会、二〇一六、二二一頁

第3章

ポストコロナの景観

1節・ポストコロナの景観への視点

全世界の人類に共通して起こった感染症
——新型コロナウイルス

二〇二〇年一月に、新型コロナウイルスによる感染者が日本国内で確認された。日本では二〇二三年三月一三日に、マスク着用に関して個人の判断が基本という考え方が国から出され、同年五月八日からは、新型コロナウイルス感染症の感染症法上の位置づけが二類から五類となった。これまでの人類と感染症の歴史を振り返ると、明確にこの時期からアフターコロナと言える状況は来ず、ウィズコロナとアフターコロナが混じり合った生活が展開されている。

コロナウイルスへの対応の地域性

今回の新型コロナウイルスが、私たちの生活に影響を及ぼしたことは明らかであるが、二〇二〇年の最初の緊急事態宣言下の行動制限と、二〇二二年の感染者数が多いがステイホームは求められていない状況下では、生活への影響が大きく異なった。最初の緊急事態宣言時は、感染すれば死ぬ可能性が高いという認識下での行動制限で、感染と死との距離が近いものであった。二〇二二年春の時点では、ワクチン接種済みでも感染する場合があるが、感染しても一～二日で発熱から回復する場合もあれば、時には無症状の場合もあり、自治体の決める日数の自宅隔離が求められる行動制限であった。日本では、都道府県知事の権限や勤務先の指針でウィズコロナの行動制限が決められ、諸外国の都市と比較して、外出時のマスク着用が当然という日々が長く続いた。行動制限の間、感染者数がすでに多かった都心部と、感染リスクが高い高齢者の割合が高い地方部では、感染に対する恐れが異なった。一方、海外の多くの都市では、ノーマスク生活が日本より早くから見られ、行動制限は国や自治体などの指針によって異なった。

政治的な対応や行動制限の内容が違えども、コロナ禍の国内と海外の空間活用の事例を眺めてみると、ウイルスの感染予防に取り組みながら、自分の生活を充実させたい、人と交流したい、人が集まる場を提供したいという意欲を発端とした工夫がみられる。

ポストコロナの都市空間・景観の変化について、①コロナ禍前から存在した動きで、コロナ禍に注目を集めたものや利活用が促進されたもの、②コロナ禍で大きな変化を余儀なくされ、目に見える事象や暮らしが変わりつつあるもの、③コロナ禍で現象が顕在化、もしくは注目が集まり、コロナが終わっても継続しそうなものがあるという試案を立て、各執筆者が事例について考察を行った。

なお、本書では、新型コロナウィルスが収束した後という時期的な意味の場合をアフターコロナ、コロナ禍を経て、生活様式や価値観などが変化した状況という意味の場合をポストコロナと表現する。

事例からポストコロナの景観を考える

そこで、次節より次の事例紹介を通して、ポストコロナの景観の新たな視座を得たい。

①暮らしの変化と景観まちづくりの可能性

②空間の使い方

・変容する景観の「地模様」——欧州諸都市の取り組みから

・アジアの「国際ハブ都市」での動向——シンガポール

・ストリートファニチャーによる公共空間の利活用——富山市

③働き方と暮らし

・テラス席の展開と郊外の再評価——イタリア

・多様化する地方居住を豊かにする景観——新潟県湯沢町

2節・暮らしの変化と景観まちづくりの可能性

新型コロナウイルスによりわれわれの暮らしは、テレワークの普及や屋外空間の充実へのニーズの高まり、仕事から生活重視の価値観の変化などを背景とした地方移住の関心の高まりなど暮らしや景観に変化をもたらした。

［1］国民の働き方や暮らしの変化

本節では、内閣府や国土交通省による調査結果に基づき、国民の働き方や暮らしの変化を概観する。

働き方の変化

コロナ感染拡大防止策による行動制限の要請により、われわれの働き方に大きな変化が生まれた。全国のテレワーク実施率は、コロナ禍以前（二〇一九年一二月）の約一〇パーセントから、全国を対象とした第一回緊急事態宣言（二〇二〇年四月一六日）直後には二七・七パーセントと急増し、その後も約三〇パーセントで推移している。特に、東京二三区では約五〇パーセントで推移しており、他の大都市圏でも同様の傾向であると推察される［図1］。

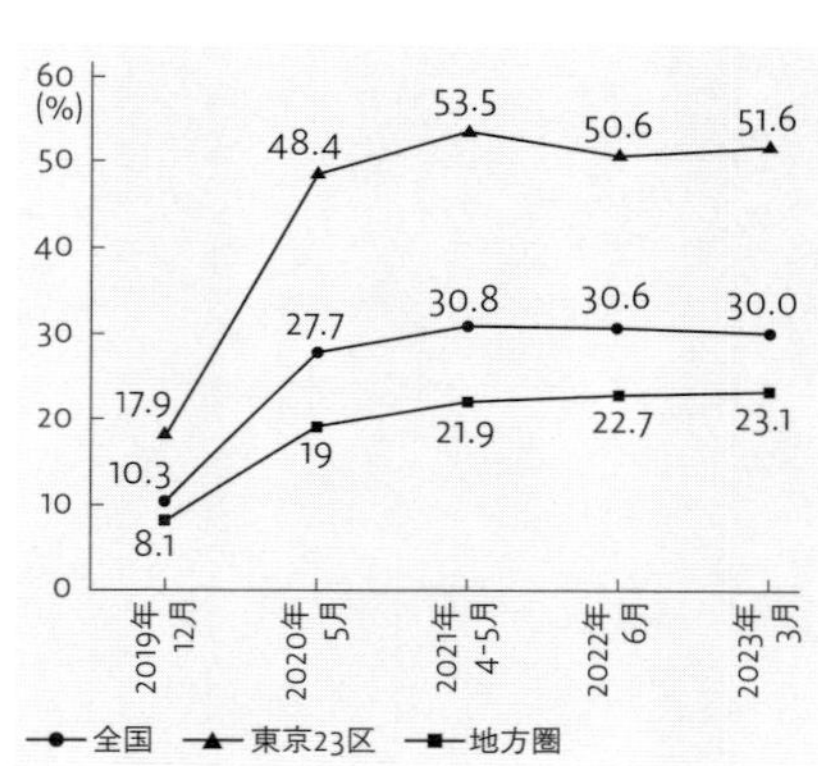

図1｜テレワーク実施率
＊働き方に関する問いに対し、「テレワーク（ほぼ100%）」、「テレワーク中心（50%以上）で定期的にテレワークを併用」「出勤中心（50%以上）で定期的にテレワークを併用」「基本的に出勤だが不定期にテレワークを利用」のいずれかに回答した人の割合
出典：第6回 新型コロナウイルス感染症の影響下における生活意識・行動の変化に関する調査（2023年4月19日、内閣府、一部抜粋）

暮らし方、時間の過ごし方の変化

ソーシャルディスタンスの確保や密の回避、テレワークによる健康への関心の高まりや精神的ストレスの緩和などを

背景として、公園や広場、テラスなどの屋外空間の充実、自転車や徒歩などの回遊空間の充実へのニーズの高まりが示されている［図2］。実際に都市公園やキャンプ場などの密を回避できる場所において利用者が増加しているとの報道も数多く見られた。また、栃木県が公表した県営都市公園の利用者数によると、新型コロナウイルスの影響により二〇二〇年度の利用者は減少したものの、二〇二一年度以降の利用者は増加傾向にあり、二〇二三年度の利用者は約四七六万四〇〇〇人と、二〇〇〇年度以降、最多の利用者数であるという*1［図3］。

地方移住の関心の高まり

コロナ禍以前より都市と田園の二地域居住への志向が高まりつつあったが、テレワークの定着化、自然環境への魅力

項目	割合
公園、広場、テラスなどゆとりある屋外空間の充実	44.6%
自転車や徒歩で回遊できる空間の充実	39.4%
屋外での飲食やテイクアウトが可能な店舗の充実	30%
駐車場の整備など自動車利用環境の充実	29.4%
リアルタイムで混雑状況を把握できるアプリ等の充実	23%
(屋内ではなく)屋外でのイベントの充実	16%
この中にはない	22%

図2｜都市空間に対する意識（充実してほしい空間）
出典:「新型コロナ生活行動調査」(2020年8月、国土交通省)

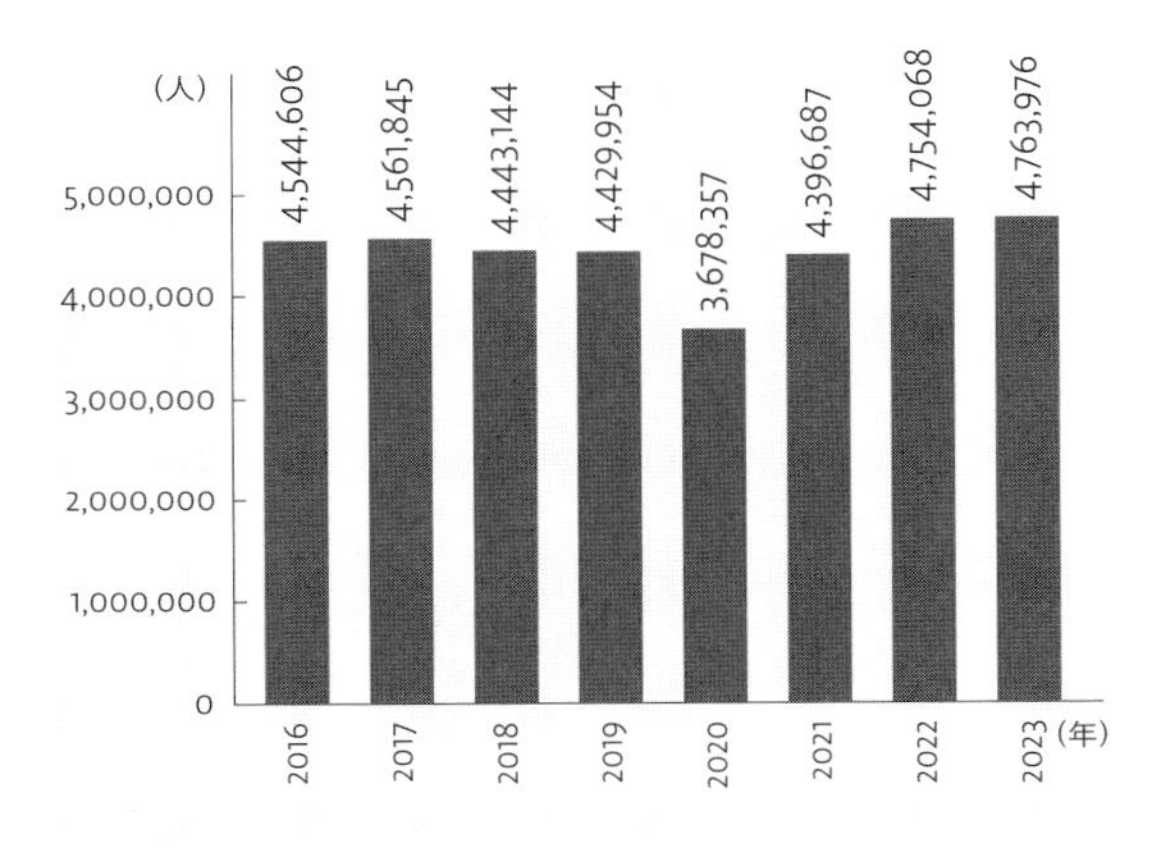

図3｜栃木県営都市公園の利用者数の推移
出典:2023年度県営都市公園の利用者数（栃木県都市整備課）

や仕事重視から生活重視の価値観の変化などを背景に、三大都市圏居住者の一五パーセントが地方移住の関心が高くなったと回答している［図4］。

都市と地方の交流・移住・定住を支える認定NPO法人ふるさと回帰支援センターによれば、二〇二二（令和四）年の相談件数（面談・電話・メール・見学・セミナー参加）は、前年比で五・七パーセント増の五万二三一二件となり、二〇二一（令和三）年（四万九五一四件）を上回り、二年続けて過去最高の相談件数を更新したという。また、窓口相談者の移住希望地の一位は静岡県、以下、長野県、栃木県の順であったという＊2。

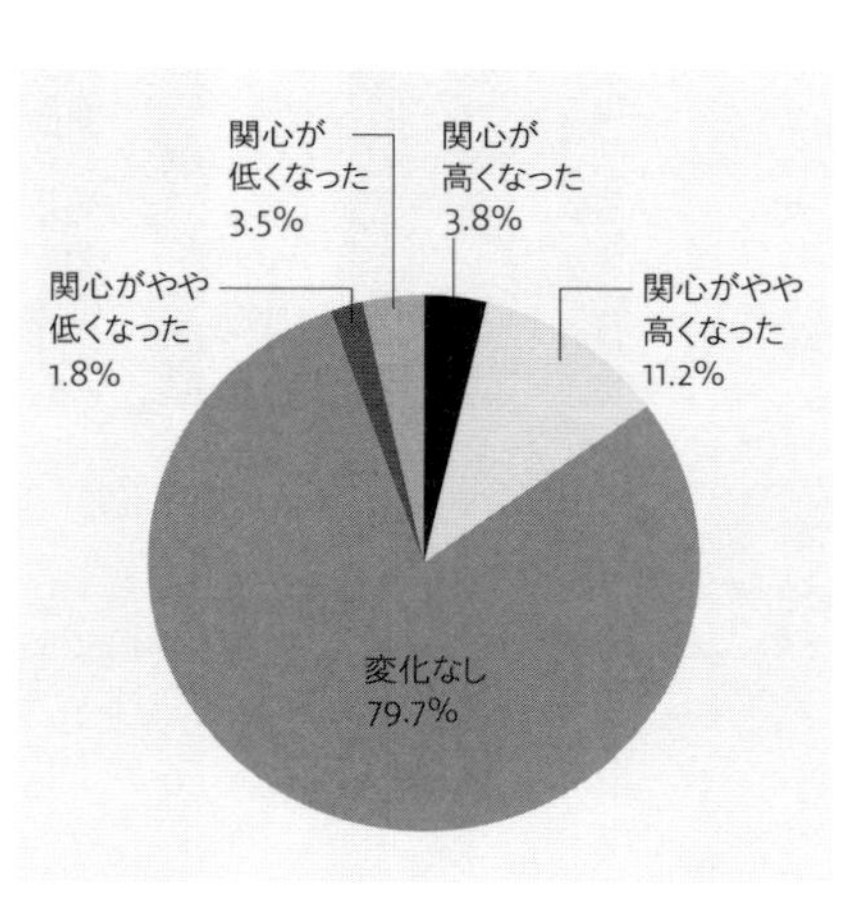

図4｜地方移住への関心の変化
出典：未来投資会議（第42回）基礎資料（2020年5月25日–6月5日にかけて実施したアンケート調査（回答数10,128名）「今回の感染症の影響下において、地方移住への関心に変化はありましたか」に対する回答結果（三大都市圏（東京圏、大阪圏、名古屋圏）居住者への質問）

［2］わが国の都市政策とその取り組み

わが国の都市政策の概要

国土交通省は、都市再生や都市交通、公園緑地や都市防災、働き方の有識者、地方公共団体、都市開発・公共交通・情報通信関係の事業者のヒアリング結果に基づき、「新型コロナ危機を契機としたまちづくりの方向性」（論点整理、二〇二〇年八月発表）をとりまとめた。

新型コロナ危機を契機とした変化と今後の都市政策の方向性（要点）として、「都市の持つ集積のメリットは活かして、国際競争力強化やコンパクトシティなどは引き続き進めつつ、「三つの密」の回避など「ニューノーマル」に対応したまちづくりが必要」とした。その上で、新型コロナ危機を契機としたまちづくりの方向性（イメージ）として、①人々の働く場所・住む場所の選択肢を広げるとともに、大都市・郊外・地方都市と、規模の異なる複数の拠点が形成され、役割分担をしていく、②複数の用途が融合した職住近接に対応し、さまざまなニーズ、変化に柔軟に対応できるまちづくりを示している。

また、都市政策の方向性として、大都市では、クリエイティブ人材を惹きつける良質なオフィス、住環境（住宅、オープンスペース等）、文化・エンタメ機能などを、郊外・地方都市では、住む、働く、憩いといったさまざまな機能を備えた「地元生活圏の形成」の推進、街路空間、公園、緑地、オープンスペースを柔軟に活用するなどの九点を示している*3。

道路占用許可の緩和措置

新型コロナウイルス感染症の影響を受ける飲食店等への緊急支援措置として、二〇二〇年六月～二〇二一年九月（その後、二〇二三年三月まで延長）の間、地方公共団体と地域住民・団体等が一体となって取り組む沿道飲食店等のテイクアウトやテラス営業などの路上利用に伴う道路占用許可の緩和措置が取られ、全国約一七〇自治体で適用された。なお、本措置は二〇二三年三月末で廃止されたため、占用主体に継続希望がある場合は、二〇二〇年一一月二五日に創設された「歩行者利便増進道路」（通称：ほこみち）制度に移行することとしている。

［3］今後の景観まちづくりの可能性

このように、新型コロナウイルスは、私たちの暮らし方や働き方の再認識を促し、水辺や道路、公園・緑地の使い方を再考する契機となり、新しい動きを生み出しつつある。

例えば、二〇二〇年一二月から、横浜市は東急と連携し、新型コロナウイルス感染症の影響による多様な働き方の急速な普及や職住近接ニーズの高まりなどの社会の変化を捉え、東急田園都市線青葉台駅前にある青葉台郵便局三階の空き区画を小規模オフィスやコワーキングスペースとしてリノベーションするとした。また、東急が同施設二階に活動交流スペースやワークショップスペースなどの地域交流拠点（「スプラス青葉台」）として再整備することで、郊外住宅地における「住む」、「働く・活動する」が融合した新たなライフスタイルの実現に取り組んでいる。

一方、水辺や道路、公園・広場では、マルシェの開催や居場所づくりに関する社会実験などが活発化している。東京都は、コロナ後を見据え、社会情勢の変化等を踏まえ、隅田川の水辺を含む公共空間では、オープンスペースが持つ「ゆとりと潤い」の活用が求められていると認識した上で、「隅田川等における未来に向けた水辺整備のあり方（二

図5｜隅田川の親水テラス（台東区）

〇二三年六月）」を公表した＊4。今後の隅田川等の水辺整備に関する方向性を「水辺のゆとりと潤いを活かした東京の顔づくり」とし、居心地が良く歩きたくなる水辺空間の創出やまちづくりと連携した河川整備の推進、恒常的な利活用の仕組みづくりなどに取り組むとしている［図5］。

　このような空間の使い方の変化、屋外空間と人やまちとの関係性の深度化、地方移住のニーズの高まりは、まちの活力向上や暮らしの拠点再編や賑わい・交流の創出が期待される。今後、まちの価値の再構築に向けて、景観まちづくりと一体的に取り組むことで、さらに持続性のある取り組みとなることが望まれる。

註釈

＊1　栃木県都市整備課「県営都市公園の利用者数について」https://www.pref.tochigi.lg.jp/h09/2022kouennriyousyasuu.html（二〇二四年八月二八日閲覧）

＊2　NPO法人ふるさと回帰支援センター　https://www.furusatokaiki.net/topics/press_release/p48101/（二〇二三年一一月三〇日閲覧）

＊3　国土交通省都市局まちづくり推進課「新型コロナ危機を契機としたまちづくり」https://www.mlit.go.jp/toshi/machi/covid-19.html（二〇二三年一一月三〇日閲覧）

＊4　東京都建設局河川部計画課「『隅田川等における未来に向けた水辺整備のあり方』について」https://www.kensetsu.metro.tokyo.lg.jp/jigyo/river/teichi_seibi/mirainomizube_arikata.html（二〇二三年一一月三〇日閲覧）

3節・空間の使い方

[1] 変容する景観の「地模様」
——欧州諸都市の取り組みから

新型コロナウイルスの世界的蔓延はさまざまな産業や経済分野に甚大な影響を与えたがゆえに、都市政策を含むその後の種々の政策は停滞からの「回復」や「復興」に力点を置かざるを得ない。では、具体的に都市はどのような対応をとり、空間変容を導こうとしているのだろうか。本節では欧州諸都市を対象に、政策的対応の基本的な考え方と具体的な取り組みについて紹介し、ポストコロナ期におけるグローカル景観デザインの可能性について論じたい。

新型コロナウイルス感染症と欧州都市

新型コロナウイルス感染症は基本的に都市型のパンデミックである。国連によると、報告された新型コロナウイルス感染症の症例の約九五パーセントを都市部が占めており、コロナの影響を受けた都市は一五〇〇近くにのぼる*1。

パンデミックは人々の行動様式・生活様式に大きな変容を迫った。新型コロナウイルス感染症は伝染病であるため、高密度な居住や人々の集い方が問題となり、日常生活全般でも社会的距離（ソーシャルディスタンス）の確保が当然の了解事項となった。厳しいロックダウンが実施された欧州諸都市では、人々の自由な往来や移動がたびたび制限された。ステイホームの号令下、それ以前の日常生活は突如停滞を余儀なくされ、まちなかでの買い物やレストランでの外食も困難となった。人々の消費活動が停滞し、それに応じるかたちで、店舗の閉店や休業が増加した。

欧州諸都市の中心市街地はコロナで最も打撃を受けたエリアである*2。歴史的に形成された中心市街地は長年にわたり観光産業が主要な経済活動のひとつであったが、ロックダウンや旅行制限の影響により、観光客数は過去最低に落ち込んだ。二〇二〇年にロンドンは約九八〇万人、ローマは約五六〇万人、パリは約五四〇万人、バルセロナは約四九〇万人、アムステルダムは約四三〇万人もの観光客を失い*3、相当数のホテルや飲食店、小売業が閉鎖に追い込まれた。

また、中心市街地だけでなく、以前から貧困や社会的排除の課題を抱えていた郊外のスプロール市街地や相対的に環境の劣る団地などでは、その他のエリアよりも遥かに高い新型コロナウイルスによる死亡率を記録した。その要因として、住宅の質の低さや過密、さらには貧困層の健康問題（コロナを原因とする死者の多くが慢性的な心血管疾患や肥満の問題を抱えていたことがわかっている）が指摘されている*4。

一方、日々の経済活動が低下したり自動車交通量が大幅に減少した結果、大気汚染や水質汚濁が改善されていくという意外な効果も見られた。改めて、従前の経済活動が環境に与えていた負荷が可視化された。また、人々の移動の自由度が停滞する中、直接顔を合わせずとも行政手続きや政策決定の参加プロセスなどを促進するためのデジタル技術のさらなる普及の必要性も浮き彫りとなった。

新型コロナウイルス感染症をめぐる都市政策

地域経済の抜本的な構造改革や新しい生活様式、働き方が必要となったことを受け、欧州諸都市ではパンデミック期の都市政策の練り直しが進められた。

二〇二〇年七月に経済協力開発機構（ＯＥＣＤ）は報告書『新型コロナウイルスへの都市の政策対応』（Cities Policy Responses）を発表した。この報告書は、パンデミック後を見据えた長期的な再生とレジリエンスの確保のために、新型コロナウイルスで打撃を受けた社会的弱者の包摂の道筋を示した「包摂的な回復」、資源のより効率的な利用や循環型経済の推進、自動車交通からの大幅な転換など、地球レベルでの環境改善を念頭に置いた「環境の回復」、自治体のサービス、情報、参加手段、文化的資源のデジタル化を進める「スマートな回復」などを講じている。今後、「スマートで緑豊かで包摂的な都市」「循環型経済を基盤とし、デジタル化によって住民の生活がより快適になるような、よりレジリエンスに富んだ環境に優しい都市」へと変貌を遂げる長期的な戦略の構築の必要性を指摘している。

その翌月に、ＥＵは都市政策URBACTプログラムにおいて「新型コロナウイルス感染症以降の貧困エリアの住環境への対策について」と題する記事を公開し、パンデミックが特に大都市近郊部の貧困層の集住地を非常に困難な状況に追い込んでいる現状を明らかにした。ホームレスのケア、家賃の値上げや立ち退き要求に苦しむ社会的弱者に対する住宅支援、貧困層の食料問題の解決といった処方箋が示されているが、景観の観点からは「公共空間の民主化」の必要性が訴えられていることが興味深い。ここでいう「民主化」は、市民自らが空間の質や利用の方法を講じていくことを指す。こうしたアプローチは「都市空間のコモンズ化（urban commoning）」とも表現され、相対的に環境に劣るコミュニティを支援しながら公共空間を再構築するための新しい方法として有効であることを説いている*5。

二〇二〇年一二月には、EUのすべての加盟国に金融支援を行う次世代のEU基金（Next Generation EU）が始動する。本施策は新型コロナウイルスからの復興パッケージであるが、「単なる復興計画ではなく、経済と社会を変革し、すべての人のために機能する欧州を設計する、千載一遇のチャンス」を生かすことを狙っている。具体的な補助対象テーマとして、Make it Green（気候変動への対応、再生可能エネルギーの推進、自然環境の保全などへの投資）、Make it Digital（超高速ブロードバンドの普及、医療・交通・教育の改善に向けたデジタル技術の導入、市民のデジタルスキルの向上などへの投資）、Make it Healthy（新たな疾病に対する治療法開発のための研究や技術革新、医療制度の近代化などへの投資）、Make it Strong（グリーン・ジョブのように将来の新たな扉を開く科学技術を学ぶ若者の進学や実習の支援、若い起業家への融資や助成金の提供などへの投資）、Make it Equal（ジェンダー平等と女性のエンパワーメントの推進、LGBTQI+コミュニティの権利保護、インクルーシブ教育などへの投資）が設定されている*6。

二〇二一年一〇月に発表されたイギリスの王立都市計画家協会（RTPI）の報告書『COVID-19以降の都市計画』は、「健康および経済の危機」「気候および生態系の危機」「持続可能でレジリエント、包摂的な回復」「プランニングの再構築」をテーマに、社会的排除への対策として「住宅・健康・ウェルビーイング」、パンデミック期の人々の消費行動の変化を踏まえた「グリーンインフラの促進」、低炭素な交通を支え都市内外のアクセスを改善する「移動と都市インフラ」の観点から、パンデミック後の都市計画の方向性を整理している。本報告書では、パンデミックに直面した各国で景気刺激策、賃金補助、家計への直接支払いなど、各家庭や事業所に対して一時的な救済措置が展開されたが、こうした措置は「最も困難な状況に置かれた弱者に向けられていなければ、将来的なレジリエンスの観点からはリスクをはらんだものとなる」ことが指摘されている*7。

欧州七都市（アムステルダム、バルセロナ、フィレンツェ、ゲント、ナント、リュブリャナ、プラハ）を対象に、都市政策に限らずパンデミック時に実施されたさまざまな分野の政策を包括的に紹介した研究報告は、着目する政策を「経済と雇用」「観光」「住宅と社会的支援」「ガバナンスと参加」「デジタル・イノベーション」「文化、スポーツならびにレジャー」に分けて分析している*8。対策の六割以上は短期的な措置であった。施策数を分野別に見ると、経済・雇用（二四パーセント）と観光（二四パーセント）、住宅・社会的支援（一八パーセント）に関する措置が多くを占め、観光産業の低迷による経済活動の停滞と不況、社会的弱者の居住環境が重要な課題として捉えられていることが浮かび上がる。

景観がその界限の健全な経済活動や居住実態の反映であるとするならば、コロナ禍では「地元テナントが不動産を確保しながら商いを継続できるよう財政支援すること」が重要である。さらに、観光活動も活発な都市では「主に観光客が利用する短期滞在型宿泊施設を住宅へ転用すること」も欠かせない。ポストコロナの都市再生戦略は、環境の持続可能性と市民の福祉をよりよく調和させるという考え方に基づく。これは世界的にも重視されつつある「公正な移行（just transition）」との考え方にも重なっている。

復興政策における論点と政策的対応の方向性

こうした一連の対策や今後の方針の再検討を整理すると、ポストコロナの復興政策の論点として、おおまかに以下の四点が見えてくる。

・社会的不平等の是正・社会的弱者の包摂
・気候変動への対応、脱炭素型社会の実現
・人々の身体的・精神的な健康の増進とウェルビーイングの重視
・地域経済の保護と再生

まず、社会的不平等の是正の必要性である。欧州では二〇〇八年以降、住宅の家賃が平均所得を超えるほど膨れ上がる一方で賃金は低迷し、社会保障や公共サービスが削減された。この傾向はその後も継続的に観察され、多くの都市で都市内の社会的格差が拡大し、経済的・社会的な脆弱性が高まっていた。このことが現在のパンデミックに対する各都市の回復力に影響している。

また、気候変動への対応や脱炭素型社会の実現の視点にも改めて焦点が当たっている。なぜなら、今後数十年は気候変動に伴う局所的な異常気象や生態系の悪化によるリスクがさらに高まり、社会的弱者に及ぶ悪影響がより深刻になることが予想されるからである。世界銀行は、気候変動が二〇三〇年までに一億人以上の人々を貧困に陥れる可能性があると推定している*9。

パンデミック期には行動制限下で自宅に閉じ込められ思うように運動ができない状態が続いたことや、仕事の停滞や雇用への不安が増大したことから、肉体的にも精神的にも健康の維持が課題となった。欧州諸都市では、日常生活におけるウェルビーイングの視点からも、誰にでも開かれた公共空間の重要性が再認識されるに至った。屋外での混雑を避け、ソーシャルディスタンスを確保するために、歩行者空間を広げることが多くの都市で検討され、一時的な交通対策が実施された。歩行者空間の拡大はビジネスの再生にもつながりうる。屋外での学校教育や子どもの遊び場としても、コロナ禍の公共空間は重要な役割を果たしてきた。

地域経済、特に小規模小売店や事業所は、エリアの活力源でもある。それらの維持・再生のために、直接補助金の給付、免税または納税猶予、家賃の凍結・減額・免除、雇用保護措置（給与確保のための補助金など）が講じられてきた。

ポストコロナの復興プロセスでは、「より良い都市を取り戻す（*build back better*）」とのキャッチフレーズがしばしば用いられてきた。すなわち、コロナ以前の状態に戻すのではなく、当時よりもさらに良い状態に導こうとする姿勢である。これは政策立案者の理想を反映させたものではなく、人々の意識の変化を踏まえてのものである。イギリスでの世論調査では、パンデミック以前の「通常に戻ること を望む」人の割合は九パーセントにとどまった一方、ポストコロナでは「政府が経済成長よりも市民の健康や福祉を追求することを望む」と回答した人の割合は六〇パーセントを超えた*10。ポストコロナの都市景観には、こうした市民の意識の変化が及ぼす影響も少なくない。

地域経済の再生を見据えた歩行者空間の戦略的導入

「社会的不平等の是正・社会的弱者の包摂」「気候変動への対応、脱炭素社会の実現」「人々の身体的・精神的な健康の増進とウェルビーイングの重視」「地域経済の保護と再生」を総合的に解く方法として、改めて歩行者空間化政策への注目が高まっている。

特に、歩行者空間化を都市再生の切り札として展開してきた経緯を有する欧州諸都市では、その政策に「徒歩を基盤とする生活圏」の視点を新たに付与した取り組みが進みつつある。本節では、代表的な取り組みとしてパリとバルセロナの事例を取り上げる。

①パリの「一五分都市圏」

二〇一四年に環境保全派のA・イダルゴが市長に就任してから、「一〇〇パーセント自転車都市パリ構想」に代表されるように、自動車交通からの脱却を目指した各種の政策が進展してきた。コロナ禍をきっかけに、仕事、家庭、買い物、余暇、教育、そして健康管理をめぐって、暮らしのリズムを再生することを目的に大々的に打ち上げられたのが「一五分都市」構想だった[*11]。一五分都市の発案者であるパリ第一大学ソルボンヌ校のカルロス・モレノは、この構想は環境と気候への負の影響を減らすために、自動車交通からの脱却をコミュニティレベルで目指すものであるが、単なる交通計画というわけではなく、市民の日常生活の劇的な変化を導く考え方であることを述べている[*12]。

一五分都市の主な取り組み内容は、「幹線道路の車線を減らし、遊歩道や自転車道に転換する《道路空間の再配分》」「市民キオスクの設置」(市職員が常駐して市の情報の提供やコミュニティ活動の支援、家やオフィスの鍵の預かりなどをする)、「リモートワークの普及による、市全体としてのモビリティ総量の削減」「路上駐車の削減」「校庭の緑化を促進、放課後や夏場での住民への開放」などである[*13]。

一五分都市の提案に通底しているのは、さまざまな社会階層がコミュニティに参加し、交流できるようにするという発想だ[*14]。たとえば、多様な住宅タイプ(低廉住宅、手頃な価格の住宅、より高価な住宅等)の混在を目指している。また、小学校を地区の最重要な資源として捉え、授業時間以外は地区に開放し、住民がレクリエーションやスポーツ、文化活動を楽しめる場へと転換していく。

また、一五分都市を成立させるためには、チェーン店ではない個性的な小規模な店舗が軒を連ねていることも不可欠である。小さな商店が大手チェーンに押しつぶされないように、パリ市は外郭会社を設立し、投機的な不動産市場を下回る価格で市内の小売エリアを管理している[*15]。パリという都市の文化的環境を保全するための投資を行い、パン屋や本屋等の小規模店舗や職人のアトリエの維持を図っている。モレノによれば、現在までに五〇の地区で一五分都市の構想に基づく再整備が進んでいる。

②バルセロナの「スーパーブロック」

二〇一六年から開始された既成市街地を段階的に歩行者空間へと転換する政策であり、パンデミック発生後にその動

図1｜交差点空間が市民の新たな憩いの場に

きを加速させてきた。「スーパーブロック」との表現はあまり耳なじみがないが、複数の街区・街路で形成される領域を一つの大きなユニット（大街区）として捉えたものであり、その内側を原則的に歩行者優先の空間に転じようとする取り組みである。

バルセロナでは、自動車交通の多さと、それに起因する大気汚染や騒音が居住環境を年々悪下させていたことが問題となっていた。そこで、EUが定める二酸化炭素とPM10の基準値を満たすことを念頭におきながら、四〇〇メートル四方（九街区分）、おおよそ徒歩一〇〜一五分程度の圏域を「スーパーブロック」として歩行者空間化することで、自動車優先の都市構造を市民のための空間へと転換する野心的な試みが展開されてきた。市内の一般的な道路幅員は二〇メートルであり、道路が交わる交差点はスーパーブロック政策により、地区住民が集う新たな広場としての可能性を備えることになる［図1］。

現在、市が最も力を注いでいるのが、スーパーブロック構想において「緑の軸」と呼ばれる事業である［図2］。対象は、一九世紀の都市計画に基づいて計画的に形成されてきたものの自動車交通が優勢であり、街区の建て詰まりなどにより緑地や空地に地区内外の主要な公園や周辺地区における主要施設と連結しうる道路を大規模に改変し、豊かな植生や緑地を取り入れた新たな遊歩道として再整備する提案である。

「面的な」歩行者空間化を進めるというスーパーブロックの原始的な構想をさらに発展させ、「面」からより「広域的な線へ」と緑豊かな都市的な街路を市全体に広げていく。これにより、市民の緑地へのアクセスを改善し、自動車交通を減らすことで大気汚染や騒音問題を改善し、毎日の通勤や余暇で身体活動を促進することで市民の健康を増進することを目指している。特に新たに生まれる緑の軸の近隣に住む市民に対して、パンデミックの期間に課題となった身体的な健康（心血管疾患や呼吸器疾患、交通事故の減少）、精神的な健康（うつ病や不安神経症の改善）、および社会的な幸福感をもたらすことが期待されている*16。

本節で紹介した取り組みは、いずれもコロナ禍以前に開始されており、コロナ禍の諸問題を受けて構想された取り組みではない。とはいえ、都市空間での人々の生活様式や地域経済の構造に変革が迫られる中、ソーシャルディスタンスを確保しながら、快適な生活を実現するために、歩行者に有利な都市構造の実現へと政策を転換あるいは加速させ、路上に新たな活動の可能性を見出した都市は数多い。

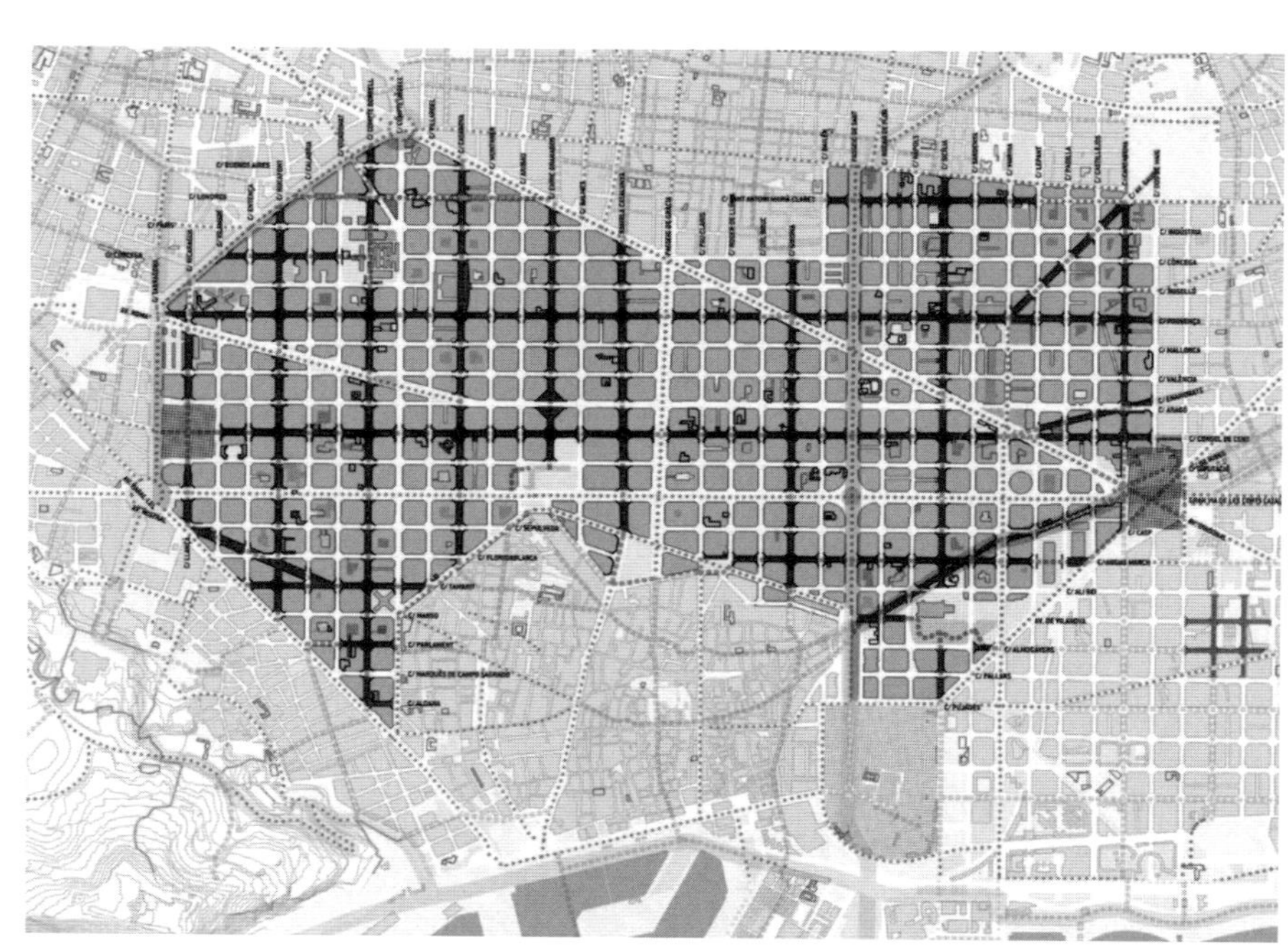

図2｜スーパーブロック構想における「緑の軸」 計画的に形成された市街地において、合計21の街路（図中の濃い線）が「緑の軸」として歩行者空間化される構想である（出典:Ajuntament de Barcelona, Cap a la Superilla Barcelona,2020）

こうした取り組みは、パンデミックが収束した後も、あるいは収束した後だからこそ、さらに強化され、地域コミュニティの活性化や地元小規模経済の再生に向けた有力な方法として定着していくものと考えられる。

もちろん、これらの取り組みが万能であるわけではない。歩行者空間化は、場合によってはジェントリフィケーションを引き起こし、コミュニティの質を大きく損なってしまう危険もあるだろう。しかし、新型コロナウイルス感染症でいったん疲弊が進んだコミュニティにおいて、徒歩圏レベルで歩行者空間化を進めることは、住民間のコミュニケーションや経済活動の回復を含めた新たな生活様式を人間らしいスピードで徐々に積み上げていくにあたり、欠かせなくなるだろう。

都市空間をコモンズ化する

新型コロナウイルスに直面した都市は、改めてその構想の練り直しを余儀なくされたが、そのことは地域自治を基盤とするローカルな景観の価値の再発見と再創造の視点が不可欠であるとの認識にもつながりつつある。包摂的な観点からは地元ビジネスの支援、地元消費の促進、脆弱な家庭に対する支援、低廉住宅の整備促進の必要性が浮き彫りとなった。歩行者空間化の進展やグリーンインフラの整備は、景観を捉える視点の広域化を示している。

「誰のものでもない」ように感じていたコミュニティ内のインフラ空間を自分たちの手に取り戻すこと――すなわち、公共空間を民主化していく過程では、地域資源の共同管理・活用、すなわち都市空間のコモンズ化が欠かせなくなるし、それこそが今後の地域社会のレジリエンスにつながっていくのではないだろうか。

[2]アジアの「国際ハブ都市」での動向――シンガポール

シンガポール共和国は、一九六五年の建国以来著しい経済発展を続けており、東京二三区よりも若干大きい程度の国土(七二八平方キロメートル)に、五七〇万の人々が暮らしている(二〇一九年)[図1]。もともと一九世紀の初めに、東アジアと南アジア、中東、欧州をつなぐ交易拠点としてまちの発展が始まったという歴史的経緯もあり、シンガポール国民は約六割の三五〇万人で、永住者とその他の外国人は四割近くの二二〇万人という人口構成で国際都市が形成されている(二〇一九年)*1。加えて、隣接するマレーシアからの通勤者も多い。これだけ多くの人々の生活の拠点になってきたのは、シンガポールが「国際ハブ都市」と呼ばれる、東南アジアにおける貿易・交通・金融などの中心地としての役割が大きい。シンガポール港は、その地理的要因から、コンテナ貨物取扱量世界第一位を中国・上海との間で競い、シンガポール・チャンギ国際空港は、年間の旅客数が約六八〇〇万人（二〇一九年）に上るだけではなく、世界で最もサービス水準が高く・機能的に洗練された空港の一つと評価されている*2。

国際ハブ都市おける「フロー」と「場所」の空間特性

シンガポールをはじめとする東南アジアの新興国の大都市バンコクやマニラ、クアラルンプールは、二〇世紀後半から加速しているグローバル化の中で経済発展と都市開発の近代化が急速に進み、「空間の二層性」*3・4によるところの「フロー」としての空間特性（Space of Flows）が「場所」としての空間特性（Space of Places）よりも、都市の資源配分や機能を決めている部分が大きい。グローバルな資本（人材・物資・資金）フローを戦略的に特定の場所へ集積させて、東南アジアでのハブ都市の地位獲得を争っている。

例えば「国際ハブ都市」に必要不可欠な国際空港を見ると、北京、マニラ、香港、台北、ソウルやその他のアジア諸国の首都は、近年、新規空港や都心部への公共交通に巨額の投資を行ってきた。巨大インフラ施設の建設で交通システムの効率性を追求するばかりではなく、空港周辺に経済特区を設けてグローバル企業を誘致することで、さらに資本フローの集中と経済活動の集積を高めようとしている。また増加する観光客をターゲットとして、空港内に大規模で総合的なショッピングモールやアトラクション、ホテルやイベント施設などを開発・経営することで、付加価値の高い体験型サービスの消費を促し地域経済を活性化さ

居住エリア
都市鉄道ネットワーク
チャンギ空港

図1｜シンガポール居住エリア分布2019（シンガポール都市再開発庁（URA: Urban Redevelopment Authority）が公開しているマスタープラン（2019年改定版）のデータから居住エリアを特定）

せようとしている。このような「フロー」としての空間特性の促進が都市のグローバルな国際競争力を高めると考えられている一方で、従来の「場所」としての空間特性が急激に変容し都市のローカルな人々の生活環境や社会関係性にどのような影響があるのかも関心がもたれている。特に、「空港都市」と呼ばれるような空港を中心とした都市開発モデルは持続可能性の観点からも国際的な研究が少しずつなされるようになってきた*5~7。

ところがコロナ禍の発生によって、グローバル化の流れの中での国際競争力を重視する都市政策の考え方は一変し、「フロー」としての空間機能や経済集積の強化一辺倒ではなく、従来型のローカルな「場所」としての空間特性や生活機能の重要性を見直して、限られた都市資源をいかに配分するかが喫緊の課題となっている。自他共に認める国際ハブ都市・シンガポールでは、そのような都市政策や空間機能の変容の動向が最も顕著に見られると言える。

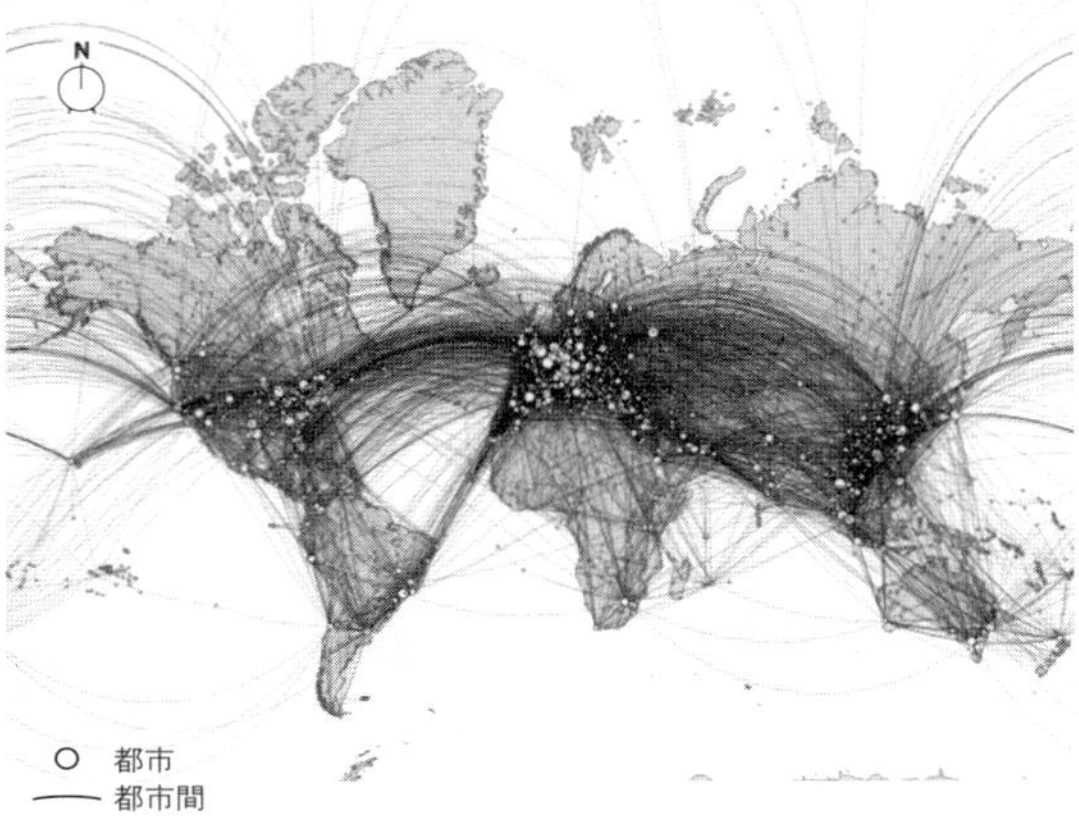

N
○ 都市
— 都市間

図2｜世界の航空輸送フロー減少パターン
ICAO（国際民間航空機関/International Civil Aviation Organization）の航空輸送量グローバルデータを用いて、2019年から2020年における発着便数減少量を都市間および空港ごとに算出

コロナ禍による航空輸送システムと関連産業への打撃

コロナ禍が始まった二〇二〇年の世界の航空輸送フローは前年比で九割近く減少した*8[図2]。世界中に張りめぐらされた航空ネットワークは、人やモノの流れを効率化し経済活動のグローバル化を加速させてきたが、感染症についても短期間で効率的に世界中に拡散させるシステムとして機能してしまった。航空輸送システムの麻痺は、グローバルリスクに対する航空関連産業や観光サービス業、その他多くのサプライチェーンシステムの脆弱さを露呈させることになった。

アジアの国際ハブ都市でも、コロナ禍が始まった二〇二〇年の春から旅客数が激減した。人流を完全に停止する「ロックダウン」が各地で実施されたことが大きい。国内線の航空旅客需要が大きいベトナムやインドネシアなどは比較的に早い回復を見せているが、国際線の旅客需要がメインであるシンガポールなどでは、回復に時間がかかっていた*9。一方で、チャンギ空港における貨物取り扱い量は早い段階で急激に回復しており、コロナ禍のような非常時におけるサプライチェーンとその中におけるハブ空港の重要性が示されることとなった[図3]。実際には、貨物取り扱い量の急激な回復とその後の増加に伴い、ジョブ・セキュリティとサービスの安定供給の観点から、空港施設を含む航空輸送システムの自動化・無人化が急務とされている。

ポストコロナの都市景観への示唆

コロナ禍に見舞われた国際ハブ都市・シンガポールの動向から、都市景観ビジョンとアプローチについて以下の五つを示唆したい。

①アダプティブな土地利用の推進

コロナ禍のような不測の非常事態によりグローバルなフローに麻痺が生じると、そのグローバルなシステムにつながって多大な経済的恩恵を受けている国際ハブ都市は、社会活動全体がストップしてしまい甚大なダメージを受けるリスクも高い。国際ハブ都市に限らず、近年のアジア各国に見られる「グローバル経済における国際競争力」を重視し、フローとしての空間機能の強化に極端に偏った資源配分は、持続可能な都市開発戦略とは言い難い。リスクマネジメントの視点からも、地域・都市内での「ローカルなフ

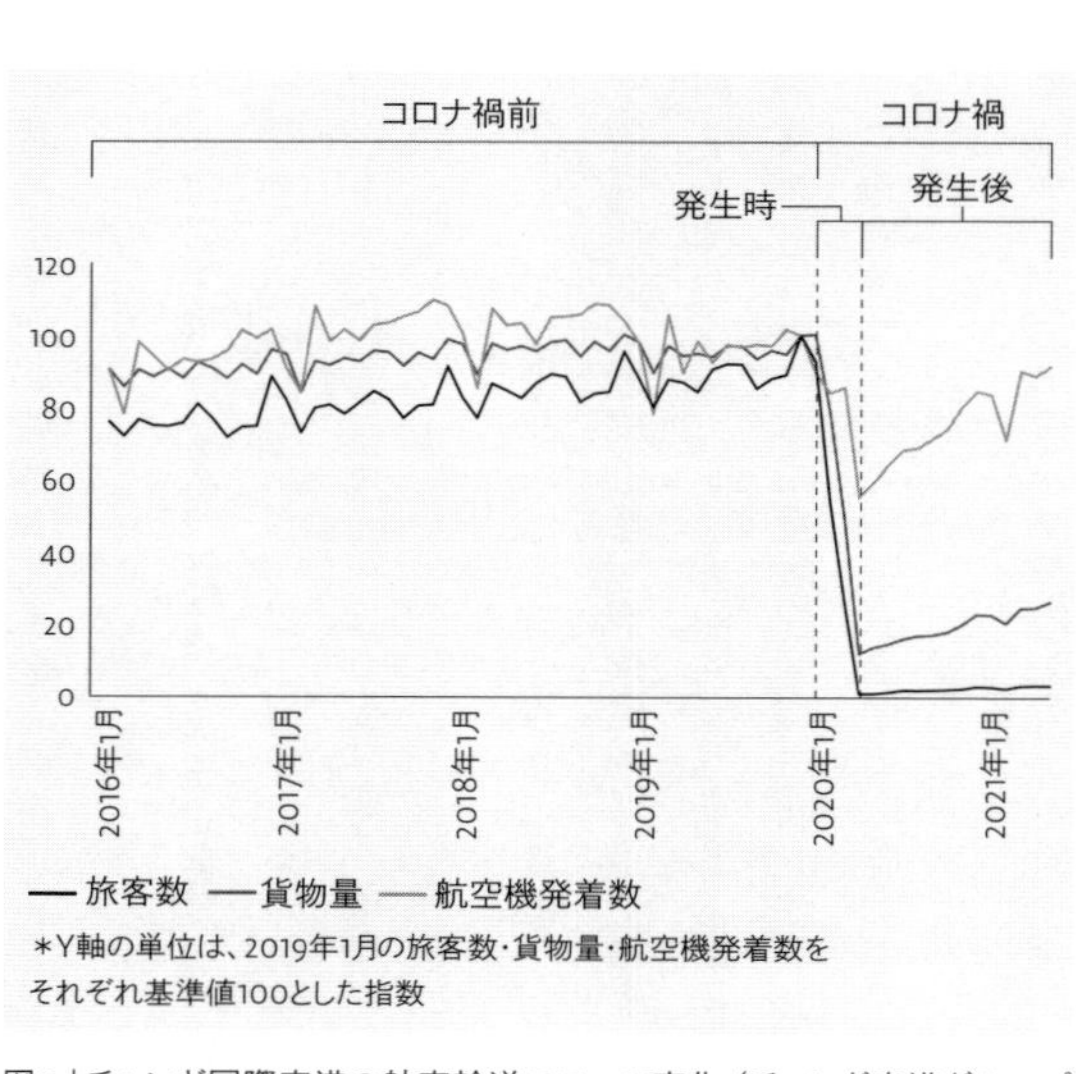

図3｜チャンギ国際空港の航空輸送フローの変化（チャンギ空港グループ（Changi Airport Group）の航空交通統計（Air Traffic Statistics）からグラフを作成）

ロー」や「場所」としての空間機能に再注目し、資源配分や利用方法を考え直す必要がある。

　チャンギ空港周辺は、これまで巨大な物流施設やハイテク産業の集積ゾーンとして計画的に開発がなされ、MICEを促進するようなビジネスパークや国際展示場、工科系研究大学キャンパスの整備も戦略的に進められてきた。しかし、コロナ禍による渡航制限期間中は、空港アクセスという立地の優位性は大きく失われ、チャンギ空港に近接・依存する施設の多くは利用率や稼働率の劇的な低下を経験した。全く利用されなくなった国際展示場の一部は、ローカルの人々が健康増進や娯楽目的で楽しめるバトミントンコートやゴーカートレース場に一時転用された。

　チャンギ空港敷地内では、「ジュエル」というショッピングモール、アトラクション、ホテルなどからなる複合商業施設が、コロナ禍前の二〇一九年にオープンしていた。国際ハブ空港のターミナルを利用する旅客フローの増加を見込み、付加価値の高い体験型サービスの消費を生もうとした斬新な施設開発であった。この商業施設の営業も、コロナ禍によって失われた国際旅客に代わって、地元住民をターゲットとした集客努力をすることになった。例えば、クリスマスシーズンに開設した、人工雪でクロスカントリーを楽しめる場所を提供することで、ローカルの集客に一定の成果を上げた。また空港敷地内の安全管理が可能な外周エリアと隣接する公園に、恐竜のオブジェを配置したサイクリングパス「ジュラシックマイル」を整備したり、サイクリングカフェを運営することで、今まで一般利用されてこなかったターミナル施設の外の空間にローカルな場所としての利用価値を創出した[図4]。

　不動産市場の動向を分析してみると、空港アクセスがよい場所にある工業施設の不動産取り引き価格は、コロナ禍で相対的に高まった。これは国際ハブ都市内の生産・流

図4｜ジュラシックマイル

通において立地優位性がさらに重視されるようになったことを示している。もう少し細かくチャンギ空港周辺の三つの工業団地、Loyang、Changi North、Changi Southを見ると、Changi Northにおける不動産取り引き価値は一八パーセントも相対的に高まった［図5］。これは、半導体や医療機器を開発・製造しているグローバル・ハイテク企業が空港に隣接する工業団地における立地優位性を生かしていることが考察される。一方で、港湾に依存しているLoyangの不動産取り引き価格と立地優位性は相対的に低下したことがうかがえる。ただし、不動産価格の下落は港湾の機能低下や回復遅延を意味するものではない。近年、輸送時間・スピードに依存する軽量で高付加価値製品の供給に携わる企業が増えたこともあり、周辺工業地区の生産活動が旅客利用の減った空港システムへの依存度を増したことが示唆される。

以上のように、国際ハブ空港とその周辺で展開される産業活動は、感染症や自然災害、テロ活動や戦争などの不測の国際情勢の変化とそれによるフロー激減の影響が極めて大きいことがわかる。これは、巨大な空港施設とその周辺の広大な敷地をグローバルなフローの空間として特性（土地利用）を固定的にすることの問題を示唆している。非常時においては、柔軟にローカルな「フロー」と「場所」としての空間機能を持たせられるように、よりアダプティブな土地利用ゾーニングを設定すべきだろう。

②デジタル・ネイション（スマート・ネイション）化によるモビリティの管理と消費選好の変化

スマート・ネイションとも呼ばれるデジタル・ネイションは、シンガポール政府が二〇一四年に打ち出した人工知

N
Loyang −14.4%** 価格値下げ
（統計的な有意水準が5%以下）
Changi North +18.1%* 価格値上げ
（統計的な有意水準が10%以下）
Changi South +14.6% 価格値上げ
（統計的に有意な水準にない）

図5｜チャンギ空港周辺工業系不動産の取り引き価格の変化（シンガポール都市再開発庁（URA: Urban Redevelopment Authority）が管理する不動産データベースREALISの取引記録から価格変動率を推定）

能・AIやデータアナリティクスなどの最新の情報通信技術・ICTを用いて、人々の生活を豊かにするとともに、新しいビジネス機会の創出を狙った国家構想である。コロナ禍による感染防止対策の一環として、デジタルデバイスを用いた人流の情報収集や施設へのアクセス管理の手法が飛躍的に確立された。また、各種都市施設においては、ロボットなどによるサービスの無人化も進んでいる。これらのデジタル・ネイション化が進むことで、個人の生活行動パターンがより正確に把握され、モビリティの管理や街路デザインに反映されるようになるであろう。

また、コロナ禍によってeコマースや各種宅配サービスの市場が劇的に拡大し、人々の消費選好が大きく変化したことも、「場所」としての空間機能のあり方に影響してくる。実際に、買い物客で賑わう市場や商店街、若者で賑わう流行を追った物販店街、ショッピングセンターの景観はコロナ禍の前後で変容したので、商業地・店舗集積やそれを背後でサポートする物流施設や都市インフラの配置計画も大きく見直されようとしている。

ただし、旅行や飲食、娯楽活動などに代表されるような、実体を伴う消費活動への需要が完全に失われるわけではなく、特定の体験型サービスを提供する実店舗の空間的な付加価値は長期的には大きくなるかもしれない。

③観光地・商店街振興施策の転換

コロナ禍の初期、大型ホテルに近接するショッピングセンターの不動産取り引き価格は急落した。外国人観光客のフロー(いわゆるインバウンド需要)に依存し過ぎた商店街振興施策はリスクの高いアプローチであることが示された。ただし、それらの不動産取り引き価格は、短期間である程度の回復を見せている。この回復は、シンガポール国内の住民が近場のホテルや観光地で休暇を過ごす、いわゆるステーケーション需要に支えられたと考えられる。特に、歴史的なまち並みを残すチャイナタウンやリトル・インディア、ブギス地区とカトン地区には、個性的なブティックホテルとショップハウスが建ち並んでおり、ローカルな人々の往来と消費により少しずつ賑わいを取り戻しつつある。伝統的なフードコート形式の屋台街である「ホーカーズ」も、コロナ禍による営業規制のために大きな打撃を受けた。しかし、政府からの臨時的な営業補償に頼るばかりではなく、飲食スペースの衛生面をさらに改善したり、宅配プラットフォームアプリ(グラブやフードパンダなど)を利用した新しいサービス提供形態を展開したことで一番難しい時期を乗り越えた。現在は、ローカルコミュニティの生活の場所として通常時の活況を見せている。

④ESG投資*10による都市システムのグリーン化

コロナ禍により国際旅客のフローが止まったことで、チャンギ空港の超大型拡張建設プロジェクト「T5（第5ターミナル）」も一時的な中断を余儀なくされた。しかし、シンガポールが国際ハブ都市であり続けるためには、空港関連施設を含む都市システムへの巨額投資を維持しなければならない。コロナ禍以降、これまで以上に国際金融市場を通じたグローバルな開発資金調達が期待されているが、それは単に都市システムの近代化と短期的な効率性・収益性を追求するものではない。投資対象となる都市開発プロジェクトは、温室効果ガスの削減や気候変動への対応に貢献するなど、いわゆる「ESG投資評価基準」を満たすことが、国際金融市場のなかでも求められるようになってきた。つまり、グローバルな開発資金（フロー）のグリーン化が、国際ハブ都市の景観（場所としての空間機能）に大きな変容をもららすことが予想される。

シンガポールでは、初代首相のリー・クアンユーのリーダーシップで一九六〇年代から八〇年代にかけて「ガーデン・シティ」と「美化運動」が推進された。現在、魅力的な場所として知られるオーチャード通りの緑化や、シンガポール川とカラン湾の美化活動は一九八七年に完了した。都市交通についても、世界クラスの公共交通システム網を計画的に整備することで、交通渋滞や自動車排出ガスの抑制に努めてきた。それらの総合的グリーン化の取り組みにより、都市のビジネス環境が著しく向上し、自然条件や治安の良さもあり、グローバル企業の進出が増え、国際ハブ都市としての地位を確立した実績が既にある。コロナ禍以降の大きな課題として、空港関連施設を含む既存都

図6｜ソーラーランドプログラム

市システムの脱炭素化と太陽光発電などの再生可能エネルギーの推進が挙げられている。実際に、チャンギ空港周辺の工業団地やビジネスパークの開発予定地では、約一二ヘクタールにわたり太陽光パネルを設置する「ソーラーランドプログラム」が展開され、さらに太陽光パネルの下を農地として活用する「ソーラーシェアリング」も想定されている[図6]。

⑤都市型農業の振興と国際ハブ空港の運用

シンガポールは気候が安定していて、食文化も多様で豊かであるが、一九八〇年代からの経済成長により、もともと限られていた農地はさらに激減し、住宅や業務用地へと変貌していった。現在、シンガポールの食料自給率は一〇パーセント未満と極めて低い水準にあり、「食の安全保障(Food Security)」に対する危機意識は高い。不測の事態を想定した食料の安定供給は重要な政策課題となっている*11。実際に、長期化するコロナ禍やロシアによるウクライナ侵攻によるサプライチェーンの混乱で、食料品の急激な価格高騰が起こっている。

シンガポールの具体的な対策として、「輸入先の分散」と「自給率・生産性の向上」が挙げられている。例えば、二〇二〇年にマレーシアからの陸路による卵の輸入が滞った際には、タイからの空輸による供給ルートを確保する緊急措置をとった。食の安全保障の観点からも、国際ハブ空港の多機能な整備と運用の重要性が示されることとなった。また、シンガポール都市再開発庁は都市型農業の振興に力を入れようとしている*12[図7]。限られた国土の様々な場所で都市型農業を展開しようとしているが、そのアプローチは大きく二つに分類できる。一つは、最先端技術を応用したビル屋内・屋上の空間で展開される企業経営型の栽培事業で、その技術的ノウハウや知的財産をもって国際事業展

図7|都市型農業の取り組み
食用植物による庭園づくりを促進している団体の拠点。
都市農園のモデルとなっている

開も視野に入れている。もう一つは、あまり使われていない国有地などを活用した家族運営・市民参加型の栽培活動で、都市生活者に農業体験や社会交流の機会を提供している。

「空間の二層性」が生み出す グローカルな都市景観のエッセンスとは？

世界の都市研究において、「空間の二層性」は新しい考え方ではない。過去二〇年間、デジタル技術の発展と経済のグローバル化によって変容する都市の空間機能や広がる地理的な格差問題を説明するのに使われてきたロジックである。とはいえ、空間の二層性という視点は、コロナ禍以降の都市景観の動向を理解して、今後の都市政策のあり方を議論する上でも必要であろう。欧州で起こっているようなローカル化が、アジアや中東の国際ハブ都市でも進むとは考えにくい。一方で、国際ハブ都市におけるローカルな場所の空間機能の重要性は見直されなければならないタイミングでもある。本節では、シンガポールのコロナ禍以降の状況とさまざまな取り組みを報告したが、グローバル化（フローの空間）とローカル化（場所の空間）を対立的に捉えて、どちらか一方の都市政策アプローチを批判することは意図していない。Volatility（変動性）・Uncertainty（不確実性）・Complexity（複雑性）・Ambiguity（曖昧性）のＶＵＣＡ時代と形容される世界情勢の中で、国際ハブ都市の空間機能を「グローカル」な景観として臨機応変にアダプトさせる都市政策のプラグマティズム（実践主義）に、われわれが学ぶべきエッセンスがあると考えている。

[3] ストリートファニチャーによる公共空間の利活用 ——富山市

新型コロナウイルスの感染拡大は、人々の外出機会や交流機会の減少に多大な影響をもたらした。その影響は、屋内空間はもとより、屋外空間、とりわけ本来誰もが利用でき、社会的つながりや都市活力を提供する公共空間においても制約や制限を強いられることとなった。コロナ禍初期にはまちは静まりかえり、その後、寄せては返す感染の波の変化に合わせるように、人々の行動も規制、緩和を繰り返すように順応してきた。

公共空間のうち、街路空間においては、三密（密閉・密集・密接）を回避し、新しい生活様式への対応などを前提に、沿道飲食店などの路上利用の占用許可基準を緩和する特例措置（コロナ特例）が二〇二〇年六月五日に導入されたこと

（その後、同年一一月二五日施行の歩行者利便増進道路に移行）や、ソーシャルディスタンスの確保を前提とした人数制限下での黙食、時間制限などの制約条件に縛られながら、空間の利活用が実現化されてきた。

二〇二三年五月以降、新型コロナウイルスは五類の感染症に位置づけられ、外出自粛は求められなくなり、マスク着用も個人の判断に委ねられることが基本となった。

それぞれのまちが、かつての日常の景観を緩やかに取り戻しつつあるが、現在もそれらの影響や余波は完全には拭えていないといえよう。また、わが国においても、ウィズコロナからポストコロナへと移り変わりをみせているが、公共空間の活用にあたっても、継続的な対応について考えていくことが重要となるだろう。

ここで二〇二〇年一月、新型コロナウイルスの第一波が本格化しようとする少し前に遡る。富山市の中心市街地における大通り・大手モールでは、ＴＯＤ（公共交通指向型都市開発）によるＬＲＴの環状線化に伴った質の高い街路空間の整備のみならず、良好な景観形成や賑わい創出といった重点的な取り組みが実施されてきた。

大手モールでは、地域組織である越中大手市場実行委員会を中心とした越中大手市場が二〇〇二年から月に一度のペースで継続的に開催されるなど、街路空間のハード面の整備はもちろん、人々のアクティビティもその場所の景観形成において重要な要素と捉え、日常時やイベント時に街路空間で利活用可能なストリートファニチャーについてもデザインの機運が高まっていた。そこで、地域組織・建築家・大学が「都市寄生型」のストリートファニチャーのデザイン・開発・実装を協働で実践してきた。そのストリートファニチャーがコロナ禍の街路空間の使い方に変化をもたらすこととなった。

大手モールの歩車道境界におけるボラードは支柱間隔が二・五メートルであり、コロナ禍におけるソーシャルディスタンスを可視化できる都市空間の構成要素として着目された。このボラードに寄生するかたちで展開されるBOLLARD TABLEは、ウィズコロナ時代の新たなストリートファニチャーとしての役割を担う可能性が示唆された［図1］。

BOLLARD TABLEの構想に至った背景

大手モールは、富山城址公園を北側正面に望む通りで富山地方鉄道のＬＲＴが貫通する地理的条件を備える。大手モールは、富山市景観計画の景観まちづくり推進地区に指定され、毎月開催の越中大手市場をはじめ、トランジットモール社会実験などの取り組みが地域主導で実施されている街路空間でもある。

その大手モールの歩車道境界には、横断防止柵のボラードが存在する。その支柱間寸法は二・五メートルであることが明らかとなった。そこで、ソーシャルディスタンスを可視化しながら滞留空間を創出し、利活用を誘導する装置としての可能性に着眼し、ウィズコロナ時代の新たなストリートファニチャーとしてBOLLARD TABLEの構想に至った。

BOLLARD TABLEのデザインの実現プロセス

BOLLARD TABLEのデザインの実現にあたっては、人々の柔軟な利活用を想定し、まず誰でも運搬・設置可能であり、省スペースで管理・運営できる機能が求められた。これらの機能を満足するとともに、大手モールという場の特性として、軌道敷ではLRTが走行し、まちのシンボルである富山城を眺められるなど、ローカルなまちの魅力を再認識する新たな視点場を付与する役割もデザインの検討にあたっての重要事項となった[図2]。

誰でも容易に利活用できるという点で重量やサイズに

図1｜大手モールのBOLLARD TABLE
富山城をアイストップに、LRTが目の前を走行する景観も印象的である（写真提供：沼俊之）

従来の歩車道境界
ボラードによる横断防止柵
車道
歩道
ウィズコロナ時代の歩車道境界
一定の距離を保ちながら多様な活動を創出
道路占用等で車道利活用が可能な場合の応用も可能

図2｜BOLLARD TABLE設置平面図
木製の円形テーブルは直径600mm

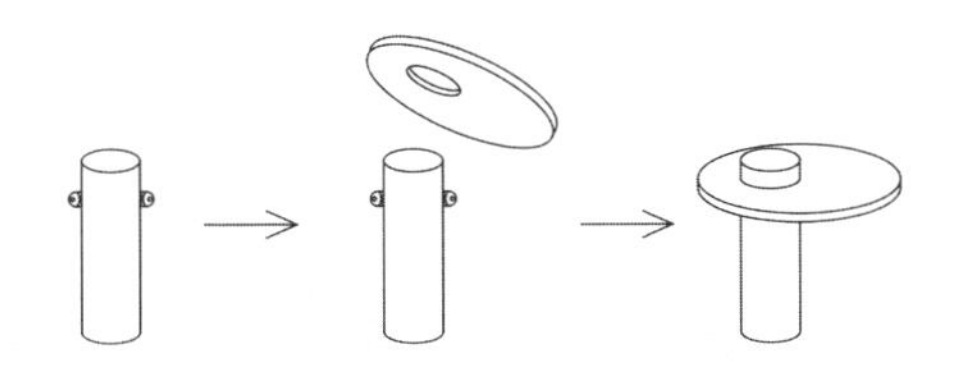

図3 | BOLLARD TABLE概略図

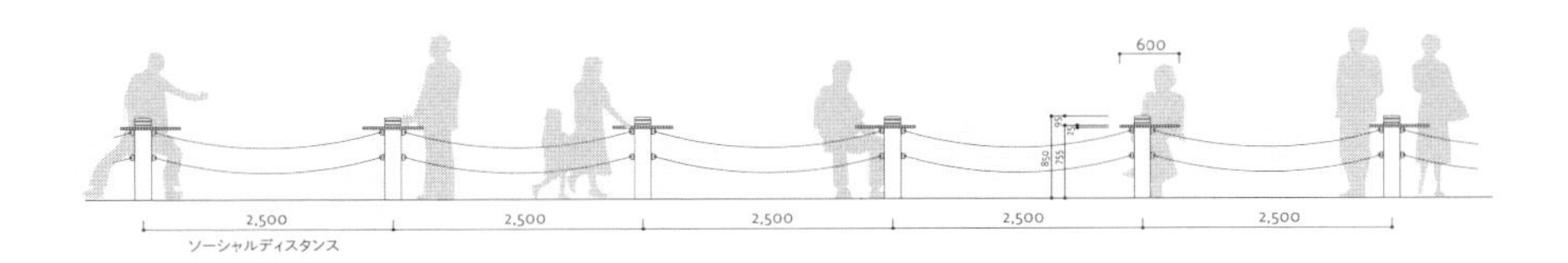

図4 | BOLLARD TABLE設置立面図

図5 | BOLLARD TABLEによる街路の滞留空間の創出（写真提供：藪谷祐介）

図6 | 越中大手市場開催時の大手モール（2020年9月）

も配慮した計画とし、既存のボラード支柱に寄生する形で円形の木板をボラード支柱の径に合わせて削孔し、ボラードに付帯するチェーン用吊金具を支持材として添架する仕組みで設計を行った。支柱と円形木板の微小な空間は楔材で調整し、安定させる工夫を施した［図3・4］。

BOLLARD TABLEデザインの独自性について

都市構造物を活用した都市寄生型ストリートファニチャーの事例はほかにも存在するが、BOLLARD TABLEは以下の二点において、それらとは異なる。

一点目は、大手モールは石畳、コンクリートや石タイル壁など、基本的には無彩色系の素材で統一されたまち並みが形成されている。ここに、木質の親しみやすい素材が連続して並ぶことで、線的・面的な景観を意図した点が類似事例とは異なる点である。

二点目は、大手モールらしさとして認識されている富山城址、LRT、石畳などのまちの構成要素を眺めることのできる新たな滞留空間や視点場を提供するとともに、線的・面的な展開による都市活動の創出など、ウィズコロナ時代、そしてポストコロナ時代の新たな日常、地域のローカルな景観形成に働きかける装置となっている［図1・5・6］。

BOLLARD TABLE 実装の効果検証

BOLLARD TABLEはこれまで一二台制作し、以降、越中大手市場などで地域主導により継続的に利活用されている。また、著者らは、これらのBOLLARD TABLEの展開の効果検証を行っている。

来訪者によるBOLLARD TABLEと従来型の一般的なスタンディングテーブルとの印象評価の比較を行った結果、BOLLARD TABLEの印象の方が、全一七項目中一五項目が高い平均値を示し、滞留者が高く評価している傾向が全体的に見られることがわかった。特に、「デザイン性が高い」「活気・にぎわいがある」「眺めが良い」などの項目は、スタンディングテーブルと比較して突出した傾向を示すことが明らかとなった［図7］。

さらに、これらの取り組みがSocial Good Distance Design Competition（主催：有楽町「micro food & idea market」他）において審査員賞を受賞するなど、コロナ禍における都市空間の新しい遊び方、楽しみ方のデザインとしても一定の評価を得た。また、コロナ禍において実施された「都市寄生デザイン会議」（都市空間の既存のオブジェクトに寄生することで、都市やストリートの新たな価値を引き出す行為を「都市に寄生する都市デザイン」とし、その実践者が集い、寄生の現場を語り合

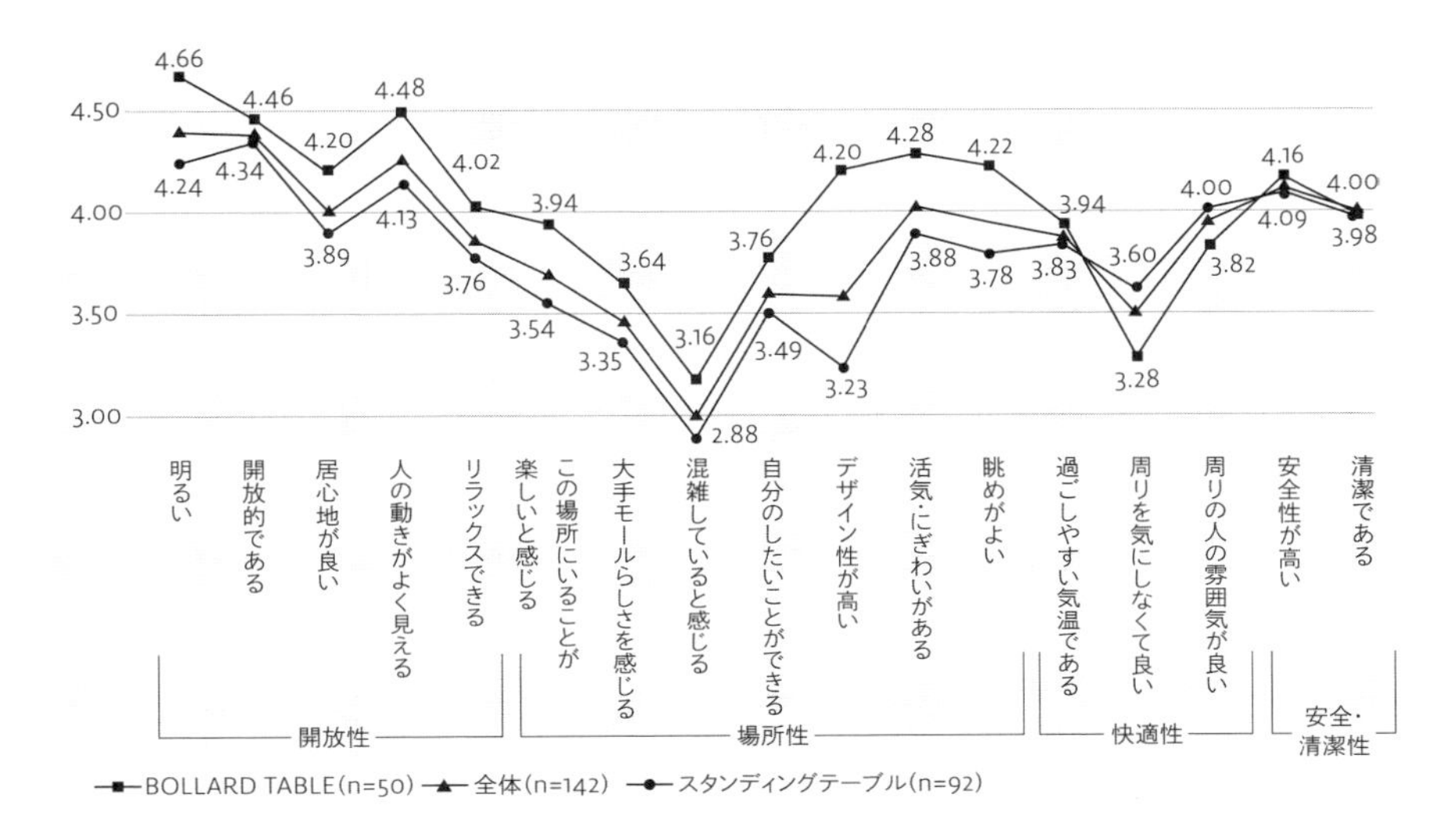

図7｜来訪者による印象評価の差異
（出典：有原千尋・籔谷祐介・阿久井康平・沼俊之「ウィズコロナ時代の景観形成に資するストリートファニチャー「BOLLARD TABLE」の実装と効果検証」『日本建築学会技術報告集』第29巻第69号、2022、pp. 941–946）
（2020年9月）

う場）では、BOLLARD TABLEのほか、「ガイトウスタンド（上野湯島・仲町通り）」などの事例があったことも紹介しておきたい。

今後の展望

現状でのBOLLARD TABLEの設置は、越中大手市場などの道路占用許可に伴ったものが主となっているが、今後は日常的にも利用希望者に利活用可能となるような取り組みとなることを目指している。そのためには、ボラード本来の道路付属物としての機能が担保されることを念頭に置きながら、BOLLARD TABLEの位置づけを地方公共団体や関係機関との共通認識を深め、議論することも求められるといえよう。

また、日常における利活用や景観形成を実現するためには、例えば景観協議会などを設けるなど、主要な活動主体や地方公共団体がルールづくりに関する議論を行う場を構築することや、景観法に基づく景観政策の枠組み活用をはじめ、歩行者利便増進道路制度などと連動した柔軟な地域のまちづくりのルールづくりなど、制度や仕組みづくりに働きかけることも今後の重要な課題になると言えよう。

註釈

3節［1］

＊1 United Nations (2020). Policy Brief: COVID-19 in an Urban World (online).

＊2 Garcia Chueca, Eva et.al, "TOWARDS A JUST URBAN TRANSITION IN EUROPE: The case of post-pandemic city centre recovery", CIDOB briefings, 36, pp.1-10, 2021

＊3 Oxford Economics. *Cities COVID-19: Pandemic impacts in Europe*. Oxford: Oxford Economics, 2020

＊4 Royal Town Planning Institute (RTPI), *Urban Planning after COVID-19. Supporting a global sustainable recovery* (RTPI Research Paper), 2021

＊5 阿部大輔「都市デザインは変わるか？」『コロナで都市は変わるか　欧米からの報告』矢作弘・阿部大輔・服部圭郎・G・コッテーラ・M・ボルゾーニ著、学芸出版社、二〇二〇、一六九-一九〇頁

＊6 Next Generation EU: https://next-generation-eu.europa.eu/index_en

＊7 Eva Garcia Chueca et.al, Towards a just urban transition in Europe: The case of post-pandemic city centre recovery, CIDOB briefings 36, 2021, pp.1–10.

＊8 Royal Town Planning Institute (2021)、前掲書

＊9 World Bank-Climate Change Group & Global Facility for Disaster Reduction and Recovery (2020). Revised Estimates of the Impact of Climate Change on Extreme Poverty by 2030. Policy Research Working Paper 9417. Washington: World Bank Group.

＊10 阿部 (2020)、前掲書

＊11 矢作弘「15分コミュニティ論　アフターコロナの都市戦略」『コロナで都市は変わるか　欧米からの報告』矢作弘・阿部大輔・服部圭郎・G・コッテーラ・M・ボルゾーニ著、学芸出版社、二〇二〇、一二七〜一四八頁

＊12 Horton, Helena. "Why has the '15-minute city' taken off in Paris but become a controversial idea in the UK?", Guardian, April 6th, 2024

＊13 矢作 (2020)、前掲書

＊14 Horton (2024)、前掲書

＊15 Horton (2024)、前掲書

＊16 Magrinyà, Francesc et.al, "Merging Green and Active Transportation Infrastructure towards an Equitable Accessibility to Green Areas: Barcelona Green Axes", *Land*, 12, 919, 2023 (https://doi.org/10.3390/land12040919)

3節［2］

＊1 Singapore Department of Statistics 2022 Population and Population Structure https://www.singstat.gov.sg/find-data/search-by-theme/population/population-and-population-structure/latest-data

＊2 Skytrax 2022 World Airport Awards https://www.worldairportawards.com/

＊3 Castells, M. (1996). The space of flows. *The rise of the network society*, 1, 376–482.

＊4 Castells, M. (2020). Space of flows, space of places: Materials for a theory of urbanism in the information age. In *The city reade* (pp. 240–251). Routledge.

＊5 Kasarda, J. D., & Lindsay, G. (2011). *Aerotropolis*: the way we'll live next. Farrar, Straus and Giroux.

＊6 Freestone, R., & Baker, D. (2011). Spatial planning models of airport-driven urban development. *Journal of Planning Literature*, 26(3), 263–279.

＊7 Charles, M. B., Barnes, P., Ryan, N., & Clayton, J. (2007). Airport futures: Towards a critique of the aerotropolis model. *Futures*, 39(9), 1009–1028.

＊8 International Civil Aviation Organization (ICAO) Traffic Flow Global Data (Shape File) https://store.icao.int/en/traffic-flow-global-data-shape-file (二〇二四年八月八日閲覧時)

＊9 Changi Airport Group 2022 Air Traffic Statistics https://www.changiairport.com/corporate/our-expertise/air-hub/traffic-statistics.html

＊10 ＥＳＧとはEnvironment（環境）、Social（社会）、Governance（ガバナンス）の単語の頭文字をつなげたもので、環境や社会に配慮して事業を行い、適切なガバナンスがなされている会社に投資すること。

＊11 Singapore Food Agency (SFA) 2022 Food For Thought https://www.sfa.gov.sg/food-for-thought/food-supply

＊12 Singapore Urban Redevelopment Authority (URA) 2022 Urban Farming https://www.ura.gov.sg/Corporate/Get-Involved/Plan-Our-Future-SG/Innovative-Urban-Solutions/Urban-Farming

参考文献

3節［1］

- Ajuntament de Barcelona (2019). *Supermanzana de Sant Antoni*. https://ajuntament.barcelona.cat/superilles/es/content/sant-antoni
- Ajuntament de Barcelona (2021). Supermanzanas Barcelona. https://ajuntament.barcelona.cat/superilles/es/
- Ajuntament de Barcelona (2015), *Plans i Projectes de Barcelona 2011-2015*.
- Agència d'Ecologia Urbana de Barcelona (2021). BCNECOLOGIA. 20 anys d'Agència d'Ecologia Urbana de Barcelona.
- Laker, Laura. "Milan announces ambitious scheme to reduce car use after lockdown", *The Guardian*, 21/Apr/2020, https://www.theguardian.com/world/2020/apr/21/milan-seeks-to-prevent-post-crisis-return-of-traffic-pollution
- Rueda, Salvador, et.al (2012). *El Urbanismo Ecológico. Su aplicación en el diseño de un ecobarrio en figures*.
- 阿部大輔「欧州諸都市の歩行者空間化政策の新たな展開：「歩いてまわれる」生活圏の再発見と再構築」『日本不動産学会誌』二〇二三、Vol.36, No.4（一四三号）
- 阿部大輔「都市デザインは変わるか？」矢作弘・阿部大輔・服部圭郎・G・コッテーラ・M・ボルゾーニ著『コロナで都市は変わるか――欧米からの報告』学芸出版社、二〇二〇、一六九–一九〇頁
- 矢作弘「15分コミュニティ論――アフターコロナの都市戦略」同書、一二七～一四八頁

3節［3］

- 国土交通省道路局「コロナ占用特例からほこみち制度へ」（二〇二三年七月二一日閲覧時）https://www1.mlit.go.jp/toshi/content/001397867.pdf
- 阿久井康平・籔谷祐介・沼俊之「街路空間の景観形成に資するストリートファニチャーの開発とその検証――富山市大手モールを対象に」『日本建築学会技術報告集』第二七巻第六五号、二〇二一、四四〇～四四五頁
- 阿久井康平「4・4まちなかで育まれゆく市民活動――大手モールでの二〇年の取り組みとその軌跡」中島直人・高柳百合子・永野真義編『コンパクトシティのアーバニズム』東京大学出版会、二〇二〇、二〇六～二二二頁

4節・働き方と暮らし

[1] テラス席の展開と郊外の再評価――イタリア

新型コロナウイルスは世界中でさまざまな影響を与えた。北イタリアに位置するヴェネツィアでは、二〇二〇年二月二二日、開催されていたカーニバルがフィナーレを迎える二日前に突然、中止を発表した。イタリア全土で感染者七七名、死亡者二名だった。二月二四日は、イタリア全土で感染者は二二九名、死亡者は七名に増え、三月八日には死亡者三六六名と急激に増え、ロックダウンの厳戒態勢に入った*1。ベルガモでは、二〇二〇年三月だけで六〇〇〇名も亡くなり、その半数が新型コロナウイルスだったという。棺桶がずらっと並ぶ映像は世界に衝撃を与えた*2。

ヴェネツィアの感染症対策は歴史的に長く、そのなかでも英語の検疫所（quarantine）の語源となった施設がヴェネツィアにある。ヴェネツィア共和国が設立した検疫施設の「ラッザレット（lazzaretto）」である［図1］。一四六八年、ラッザレット・ヌォーヴォ島は、アドリア海からヴェネツィアに入る人を一定期間滞在させる場所となった。ここでは、感染の疑いのある人を四〇日間も島に滞在させ、病気が発症しないか確認したのである。四〇日間のことをクアランテナ（quarantena、四〇はクアランタquaranta）と言い、現在では検疫期間を意味する言葉として使われる。

それ以前の一二世紀には、ハンセン病患者を受け入れていたというサン・ラッザロ（S. Lazzaro）島がある。ハンセン病患者を受け入れるようになった後、この島名になった。医学の発展していない当時は、ヴェネツィア本島からハンセン病を隔離することが望ましいと考えられた証しである。また、一四五六年には、ペッレストリーナ島に位置するサン・ピエトロ・イン・ヴォルタ（S. Pietro in Volta）に、三〇日間隔離する提案もあった*3。このようにヴェネツィア本島内にいかに伝染病を持ち込まないかが考えられてきたのである。というのも、海洋都市国家ヴェネツィアは東方貿易で財を成してきた一方で、東方の伝染病も持ち込んでしまうことにつながった。その結果、伝染病がヴェネツィアを襲い、人口を半分に減少させた年もあった。そうした猛威を振るう伝染病をヴェネツィア本島の外側で食い止める必要があったのである。現代でもロックダウンという方法で、感染拡大を防止する措置に出た。

その後、行動規制を伴いつつ、また、ワクチンの普及とともに規制も緩和され、徐々に普段の生活を取り戻していった。その過程でオンラインへの移行が急激に進み、学校の授業がオンラインに切り替わるだけでなく、講演会やイベントなどもオンラインで配信されるようになった。世代交代も手伝い、オンライン化が加速していったようである。

図1｜ラッザレット・ヌオーヴォ島の検疫施設

図2｜クラテッロ博物館のオンライン解説

博物館や美術館では、規制により見学のできない期間に展示物をオンラインで解説するという動きも見られた［図2］。普段、簡単に訪問することのできない外国人のわれわれにとって、ありがたい機会となった。オンラインで行われるため、質疑応答もあり、直接意見交換もでき、画期的なシステムが構築された。シンポジウムなどもオンラインで行われるようになり、日本にいながらにしてイタリアの情報を得る機会が増えたのである。

新型コロナウイルスによる都市への影響としては、オープンテラスの利用が増えたことも挙げられる。行動規制が緩和された後も、飲食店は屋内で営業できず、屋外で営業する時期があった。通気性を確保するためである。イタリアでは、コロナ禍以前からオープンテラスの利用は多く、とりわけ広場に面したカフェでは、カードゲームを楽しむ老人たちや、おしゃべりに夢中なご婦人方の集いが恒例の光景である。

ヴェネツィアでは、水辺のテラス席や水上に張り出したデッキのテラス席という、水の都ならではの場所もある。しかし、その歴史は意外と新しく、水辺は一八九〇年頃、水上は一九三〇年代の近代に獲得した風景なのである。ここではその歴史について少し紹介しておきたい。

そもそも、ヴェネツィアという独特な地形ができたのは、大陸から注ぐ河川の土砂による堆積と、アドリア海の波によって土砂を削る作用の関係によるものである。自然現象「ラグーナ」という潟が誕生し、さらに長い年月をかけ、人工的に埋め立てることによって現在見られる群島が形成された。ヴェネツィアは、地の利を生かして、東方貿易で栄え、金、銀、鉄、絹、毛皮、香辛料、砂糖など各地からあらゆる商品が集まり、国際的な大商業中継地として発展した。

この頃のヴェネツィアは、先に述べた検疫施設がラグーナの島に位置していたように、ラグーナ全体に港湾機能が分散していた。商船の動きを見ていくと、アドリア海沿岸や本土の河川からラグーナに入った商船は、種類に応じてスピニョン、サン・ピエトロ、ポヴェーリアなどの島に寄港する*4。乗組員と商品はラザレット島などで検疫を受け、疫病潜伏期間の四〇日間にわたり強制的に収容され、その後、ヴェネツィア本島内に入った。アドリア海から入る商船はカナル・グランデの河口であり、都市の玄口にあたる「海の税関」で扱われた。そして、都市内の税関で荷を積み替え、その次の目的地であるヴェネツィア内や大陸都市、ヨーロッパ中へ輸送したという。

荷を陸に揚げる際、商品検査が行われ、税がかけられる。商品の種類ごとに荷揚げする岸が決められており、例えば、ワインはリアルト橋の南西とサン・ザッカリア近くの岸で行われた。現在もワインを意味する「ヴィン(VIN)」という地名が残っている。ほかにも鉄、石炭、オイルの地名が残っている岸が挙げられる。

このように、ヴェネツィア共和国時代、サン・マルコ広場周辺には港機能が集まり、サン・マルコ広場正面の水域は、都市の玄関口の役割を果たした。ドゥカーレ宮殿は、都市の象徴として何度も描かれてきた。

カナル・グランデ沿いには、運河から直接搬入出するのに適した建物が建設された。一二〜一三世紀には、リアルトを中心とした大運河沿いでは水際に正面玄関を設けて一階から直接荷揚げできる開放的なポルティコを持つ商館建築が建ち、商船が行き交う交易の幹線水路としての役割を担った*5。一五世紀頃、手漕ぎ舟競争の「レガッタ」が開催されるようになり、カナル・グランデは華やかな空間をつくりあげていった。また、古典主義的で豪壮なパラッツォが建てられ、カナル・グランデは共和国を象徴する格式高い性格を強めた[図3]。こうして、ヴェネツィア共和国時代は都市全体が港機能を持ち、カナル・グランデにおいては祝祭的な空間としても意味を含めながら、舟と建物が密接な関係で成り立つ都市を形成したのである。この時代は、運河沿いの建物にはテラス席はまだなく、船から直接アクセスする正面玄関としての意味が強かった。

一七九七年、ヴェネツィア共和国崩壊後、フランスとオーストリアに交互に統治され、陸の視点から都市整備されれた。それまでの港を中心とした都市構造が大きく変化していく*6。

都市の変化の大きなきっかけとして、一八四六年、オーストリア政府によって行われた鉄道橋の建設が挙げられる。本土とヴェネツィア本島が陸路で結ばれると、多くの人が都市の西側にたどり着くようになった。これは都市の西側が玄関口として役割を担う転換点である。

また、一八六九年、都市の西端にU字埠頭による近代的な港湾が整備され、荷役作業の中心はサン・マルコ水域からジュデッカ運河を通り、ヴェネツィア本島の西側へ移動することになった。その結果、サン・マルコ水域の港機能が縮小した。

港機能が縮小したサン・マルコ広場側では、経済復興のため、新たに観光業に力を入れるようになる。その例として、宿泊施設やダンスホールなどを併設した巨大複合施設の計画がある。結果的には却下されたが、その思いはリドに移ることになる。リドには、海水浴場が整備され、一八六八年、蒸気船によるヴェネツィアとリドを結ぶ路線が誕生し、多くの海水浴客を運んだ。すでに、一八世紀にイギリスで始まったグランドツアーが一九世紀も盛んに行われており、海水浴が流行していた。その波をヴェネツィアも受けたかたちである。サン・マルコ広場周辺では、パラッツォを転用したホテルも登場した［図4］。

一八八一年には、イギリスやイタリア国内の大型観光船がリドに寄港し、海水浴場は観光地として発展した。同年、カナル・グランデでは、ヴァポレット（蒸気船）がフラ

図3｜カナル・グランデ沿いのパラッツォ

ンスの会社によって定期運航が開始された。ゴンドリエーレによる反発はあったものの、一八九五年に開幕したヴェネチア・ビエンナーレの会場へ客を運ぶ際に活躍し、ヴァポレットの存在も認められていった。

この頃、サン・マルコ広場に近いスキアヴォーニで営業していたカフェ・オリエンターレでオープンテラスの利用が見られる［図5］。これは、現段階で確認できた、ヴェネツィアの水辺におけるオープンテラスの始まりである。カフェ・オリエンターレの前には、海水浴場のあるリドへ向かう水上バスの停留所があり、カフェには、水上バスの時刻表が貼ってあった。このことから、人の集まる場所にカフェが登場し、そこにテラス席が設けられたのであり、水辺を眺めるためのオープンテラスとは意味が異なると思われる。おそらく、水辺を眺めるためのテラスということになると、次の時代まで待つ必要がありそうである。

二〇世紀初頭、ヴェネツィアの経済は向上しつつあった。第一次世界大戦後は、マルゲーラ港の開発、自動車社会の影響を受け、道路橋の架橋など目覚ましい発展を遂げていた。その一方で、文化面にも力を入れ、ビエンナーレの拡大、映画祭開催など国際的文化都市としての性格を高めていった。この頃、カナル・グランデ沿いに並ぶホテル

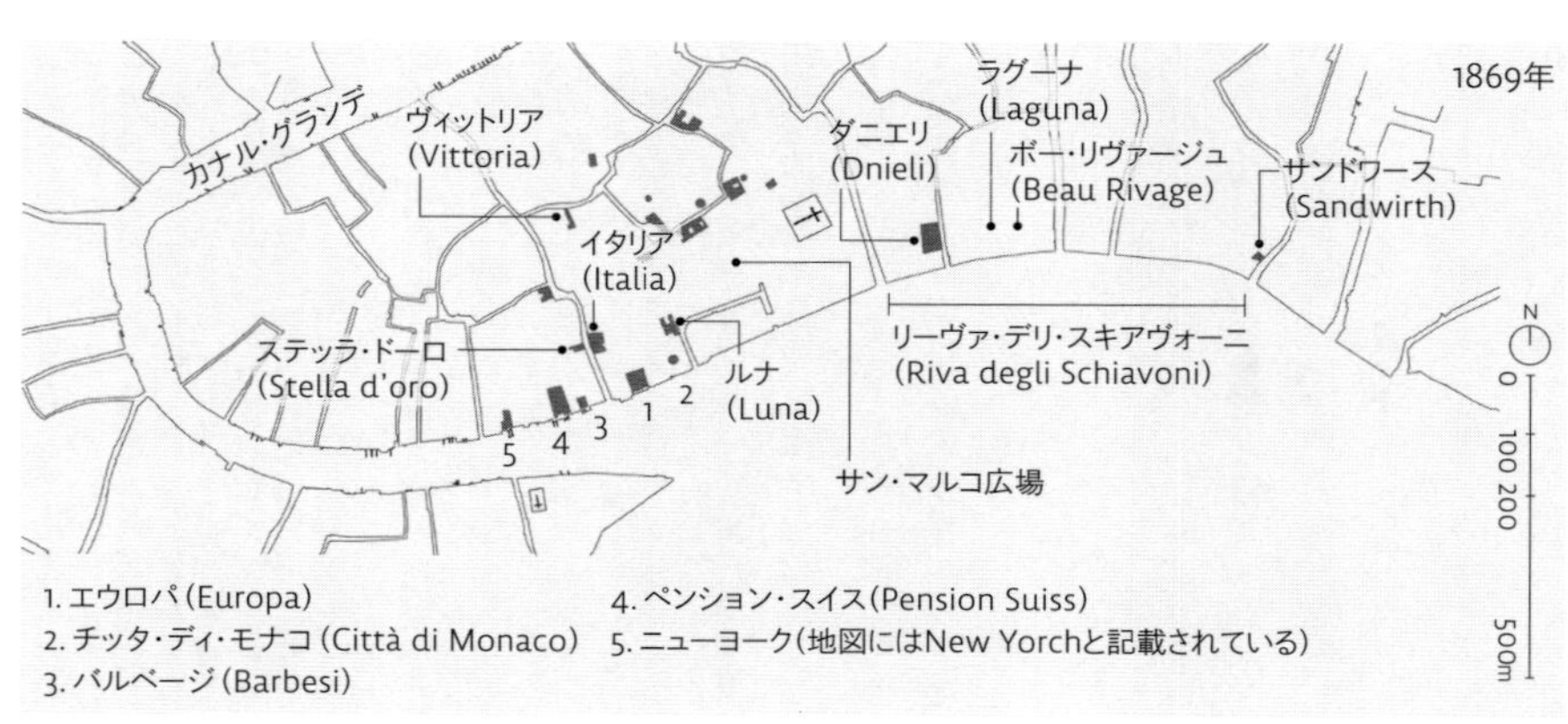

図4｜1869年、主なホテルの分布
(Carlo Bianchi, Nuova pianta di Venezia : sul rapporto di 1 a 6000: pubblicata nel 1869 dall'editore litografo Carlo Bianchi Venezia, Piazza S.Marco N. 90, 91 , Venezia, 1869をもとに作成)

でも変化が見られた*7。

まず、一九世紀後半にパラッツォからホテルに転用された大運河沿いのホテル・モナコでは、一九〇三年、街路と正面玄関を結ぶ木造の接岸用桟橋が計画された。これは、一八八一年にホテルに隣接した街路に蒸気船の停留所が設置された影響だと考えられる。一九三一年、正面玄関にふさわしい安定したテラスが計画され、その後、憩い空間が展開する。

また、カナル・グランデ沿いに位置するグランド・ホテルでは、一九三五年の接岸用桟橋としての利用が、一九三六年にはレストラン席として使用され始めた。一九三七年の写真にも水際でくつろぐ様子がはっきりとわかる。これは水上テラスを憩い空間として利用する最初の例である。

ホテルの桟橋が舞台装置として、新たな意味を加えてきた頃、サン・マルコ水域に沿って、埋め立てが行われ、サン・マルコ広場からビエンナーレの会場のあるジャルディーニまで歩行者空間が誕生した。それ以前のサン・マルコ水域には、造船所が広がっていたが、都市の外に移転させ歩行者空間を実現させている。このように、水辺は荷役空間として機能してきたが、一九三〇年代においては、人が憩う楽しむ空間として、新たな意味を加えた。

図5｜カフェ・オリエンターレ（出典:MORETTI Lino (a cura di), *Vecchie immagini di Venezia*, Venezia: Filippi, 1966.）

図6｜コロナ後にオープンしたカナル・グランデ沿いの水上テラス

一九六〇年代に入り、リアルト橋付近でも水辺にテラス席が増えていった。これは、一階を倉庫として利用していた空間がレストランとして転用されたことで、増えていったと考えられる。

現在では、運河沿いや広場などにオープンテラスの席が増えている［図6］。オープンテラスの増加は、コロナ禍の影響で、ほかの都市でも見られるが、車の走っていない、歩行空間で成り立つヴェネツィアだからこそ、のびのびと展開でき、快適な環境が提供できているように思う。

コロナ禍に加速した動きとして、都市郊外や田舎の再評価も挙げられる。先に述べたオンライン化により、イタリアでは、学校教育のオンライン授業だけでなく、リモートワークも導入され、通勤が不要になった。その結果、首都ローマでは、ローマの中心部よりも周辺部の方が住環境として人気になったという。だが、田園の再評価や田舎への移住はコロナ禍に始まったわけではなく、それ以前から動きはあった。一九八五年の自然景観の保全回復を目指した景観保全法（ガラッソ法）や、同年の農場や農村で休暇・余暇を過ごす観光を目的としたアグリトゥリズモ法が挙げられる。文化的景観の代表例である世界遺産のオルチャ渓谷では、祖父の家が空き家になったために移住した人、レストランやホテルを開業するIターンの人などに二〇一〇年の調査で出会った*8。

ヴェネツィアでもヴェネツィア本島の周辺に広がるラグーナへの再評価が行われている。精神病院の廃止から高級ホテルへの転用［図7］、軍事施設からホテルやレストランへの転用など、二〇〇〇年に入り、ネガティブなイメージからポジティブなイメージに少しずつ転換してきた。ラグーナの島々は、ヴェネツィア本島に集中する観光客の受け皿としても役割を担っている。

また、都市と周辺環境とを一体として捉えるテリ

図7｜ホテルに転用されたサン・クレメンテ

トーリオ（地域）の動きも見られる。近代化の過程のなかで、ヴェネツィアとその周辺を取り巻くラグーナを切り離して考え、ラグーナではマルゲーラ港を開発するなど、大規模な工業化的開発が進められてきた。しかし、一九六六年一一月の大水害をきっかけに、ラグーナの工業開発への反省が起こり、自然環境の価値に目が向けられるようになった。そして、二〇一五年頃、ヴェネツィア本島内には「ヴェネツィア=ラグーナ（Venezia è laguna）」という旗も掲げられ、ラグーナをヴェネツィアのテリトーリオとして捉え、ヴェネツィア本島をラグーナ全体の一部であるという認識をようやく取り戻しつつある。この度の感染症の影響により、ラグーナの豊かな自然環境に目を向ける動きがますます高まり、ヴェネツィアは新たな時代に向けて動き出しているのである。

［2］多様化する地方居住を豊かにする景観
——新潟県湯沢町

コロナ禍を契機とした地方居住の多様化

①新しい働き方

都市は通勤を介して住むための空間と、働くための空間とを分離しつつ、相互に結びつくことで構造化されてきた。通勤時間による制約のみならず、企業が負担する通勤コストの負担にも限界があり、実質的に時間距離、コスト距離によって居住地選択には大きな制約がかかっていた。しかし、在宅勤務、テレワークの普及は居住地の選択に大きな影響を与えており、週に一〜二回出社すればよい、あるいは月に一回出社すればよいといった働き方も生まれている。例えば、東京から新潟県の越後湯沢駅までの時間距離はわずか八〇分程度である。コストは往復で一万五千円程度。週に一回程度の出社でよければ企業の負担限度内での通勤が可能になるかもしれない。

インターネットが普及しはじめた頃から、新しい働き方への変化は始まっており、大きく変革するためのきっかけを待っていただけだったのかもしれない。コロナ禍という非常時を経て、日常では起こりにくい変革が加速した。もちろん、コロナ禍以前の働き方に戻る企業も多いと思うが、職種によっては継続的に新しい働き方が実現されていくと予想される。

通勤における制約が緩和される中で、選択可能な居住地が広がり、個々人が望むライフスタイルを享受することができるようになっている。家族との関わり方、身近な環境との関わり方も変化する。それらを通して暮らしの質への意識が高まっている。これまで考えもしなかった新しい方法で、自らの暮らしの質を高めていく可能性が示唆されたのがコロナ禍の経験ではなかっただろうか。オンラインが可能にする新しい生活様式を個々人が有効に取り入れながら、自らの暮らしをより豊かに編集していく時代が到来している。

②地方居住の多様化

都市への一極集中への懸念から、一九八七（昭和六二）年の第四次全国総合開発計画では、都市住民等の余暇を重視した生活ニーズの充足や、退転職者、芸術家等の農山漁村での居住を想定した「マルチハビテーション」が提起された。また、二〇〇五（平成一七）年には地方回帰への期待の高まりや、団塊世代の定年退職者を中心とする都市住民による農山漁村等への中長期、定期的、反復的滞在という新しい動きの中で「二地域居住」の概念が提唱された。二地域居住は交流から定住へと移行するプロセスの中に位置づけられた概念である。二つの地域における滞在がそれぞれ異なる役割を持ち、定住への移行プロセスとして週末居住や数か月程度の長期的滞在を行うことが想定されている。近年では、新しい生活様式の普及に伴って、地方や郊外での生活が主となり都市との関わりも副次的に残すようなタイプも含めるなど二地域居住の概念は広がっている。

　このような状況の中で、現在では都市居住と地方居住との間に多様なバリエーションが生まれつつある。特徴的なものとして、主たる居住地を地方に移しつつも、主たる職場を都市に持ち続けることで、通勤から居住を切り離したライフスタイルが挙げられる。定期的に都市へと通勤することで一定のアーバニティを享受しつつ、主たる居住地を地方に移し、都市と地方とを行き来しながらより豊かなライフスタイルを実践する居住者が増えている。マルチハビテーションや二地域居住の概念とは異なり、物理的に離れた二つの拠点がそれぞれに独立した空間として存在するのではなく、オンラインを通して接続され、暮らしを取り巻くひとつの世界として統合された「トランスハビテーション」とも呼べるライフスタイルの萌芽である。

　住むこと、働くこと、楽しむこと、移動すること、この四つが現代的可能性をもってリミックスされていく中で、地方の潜在的な価値を生活の中に効果的に取り入れ、多彩な余暇活動を個々人のライフスタイルがより豊かになるように編集し、統合していく可能性が広がっている。

③居住地との関わり方の変化

近年の新しい地方居住の特徴は、本質的な仕事の拠点や仕事の基盤が必ずしも地方に存在しないライフスタイルが可能になったことだろう。オンラインを通した仕事が可能になったことが居住地との関わり方を変化させる契機となっている。一般的に、仕事を持っている人であれば、生活時間の多くが仕事や、仕事を介した社会的ネットワークに費やされる。これまでは、日常的な暮らしにおける社会的ネットワークは必ずしも居住地が中心となっているわけではなかった。一方で、新しい地方居住の実践者は、職場のある都市とは異なるもう一つの日常と、その中での非日常という複層的な構造の中で、居住地でのコミュニティの形成、自然の中でのアクティビティ、社会的活動への参画など、新しいニーズを追求している。そして、居住地との関わり方の変化は個々人のライフスタイルをより豊かにするという目標に向けて動いている。

コロナ禍の経験を経て、歩行環境の充実、オープンスペースや公共空間の利用、アーバンアメニティの充実などにより、徒歩圏内の身近な居住エリアにおいて自律できる界隈を構築しようというさまざまな取り組みが生まれている。しかし、既存の都市の構造や都市住民の意識を大きく変えようとせずとも、地方に移動すればそれが実現できるかもしれない。なぜなら、少しの変化でこのような目標を達成できる可能性のあるエリアが地方には存在している。すでにつくられた人口の集積の中で都市のかたちを変えようとする動きと同時に、すでに望ましい都市のかたちやコミュニティが存在する地方において、新しいライフスタイルを実践していく可能性もこれからのトレンドを支えることになるだろう。

地方居住における景観の生産と消費

①新しい景観認識

居住地との関わり方の変化は認識される景観にどのような変化を生み出すのだろうか。数日の旅行であれば、観光スポットを訪れ、美しい景観に出合う。多くの旅行者は、短時間で景観を切り取り、消費する。必ずしも地域の総体としての環境を深く理解し、環境が生活の一部となるわけではない。一方で、移住などによる地方への生活拠点の移動は、多くの場合、その地で仕事を探すか、仕事を生み出すことになるため、地域における制約を受けたものとなる。そして、景観を生み出す生活文化が個々人の暮らしの中に取り込まれ、生活の総体を構成していくことになる。日々の暮らしの中で風土と対峙し、季節の移ろいを認識するとともに、日々の暮らしにおける困難もその地で生きてきた人々と同様に、共有していくことになる。

かつてブルーノ・タウトは柏崎から長岡へと移動する車中から見た農村の景観を以下のように評している。「この暴風と豪雨のなかで、ロマンチックな蓑笠で身拵えした農民があちこちにかたまって働いている様を見て、私は感動に堪えなかった」*1。ブルーノ・タウトもそれが辛い仕事であることを理解しているが、それでも、旅行者はその景観を美しいものとして認識することができる。農民たちからすれば、それは感動の景観でもなんでもない。景観は立場によって認識が変わるということを如実に示している。

近年の地方居住の傾向は、新しい景観認識のバリエーションを生み出していく可能性がある。日常と非日常が曖昧となり、ライフスタイルを豊かにするために、自由に流動しながら景観や環境の価値をベストミックスさせていくような景観認識である。必ずしも、地域の暮らしと同化するわけではない。景観を客体化しながらも、より深く関わることを求めるようになる。一つ一つの景観は断片的で部分的ではあるけれど、個々人の居住地との関わり方、理想的なライフスタイルに応じて編集される。そして、SNSをはじめとするメディアの流行はその傾向をさらに強めているといってよい。短時間で映し出される映像が蓄積され、断片の集合として地域の景観が認識されていくのである。

②景観の消費

新しい地方居住の実践者にとっては、自らが主体となって映し込むことのできる体験や景観が非常に重要であると言える。都市居住者にとって魅力的に映るこのような地方の魅力、景観の魅力は悠久の歴史の中で積層された地域性や風土に根ざしている。それは、その地で受け継がれてきた生活の総体であり、現代において受け継ぎ、育む生活者に多くを依っている。四季折々に行われる行事や風習も、それ自体が独立したイベントとして存在しているわけではない。四季の変化の中で豊作を祈り、収穫を祝い、冬の寒さに備え、雪融けを喜ぶ。時間の連続、地域の循環の中で、人間関係が構築され、魅力的な景観が生み出されているのである。そして、都市居住者は、このような地域性や風土に根ざした景観を消費することで新しい発見、アイデアを得ることができる。一方で、景観をより深く知ろうとすれば、必然的に風土を育むアクターになることを志向する。しかし、風土に根ざし、暮らしを受け継いできた生活者とは一定の距離を置く存在となる。ライフスタイルの充足を目指すアクターにとっては、一定程度、対象を客体化するとともに、消費する喜びを得ることが目的化しているからである。

ここに景観認識の課題がある。移動する人々は、時に集落にとって非常に有益な存在となり、社会をより良くする源になるだろう。しかし、都市に新しい活力を持ち込み、変えていくためのエネルギーをもたらしてくれる新しい力の傍らに、土地に根付き、変わることのない生活や暮らし、地域の価値を継承していく人々の営為が横たわっているという事実がある。景観には生産と消費の関係がある。景観を生産するのはその土地の風土であり、風土を受け継ぎ、生活を実践する人々である。地方居住の新しいかたちは、地域の魅力を映し出す景観のマネジメントにおいて新しい方法論や仕組みを要請している。

地方居住を豊かにする景観——新潟県湯沢町の取り組み

①新潟県湯沢町の概要

新潟県南端に位置する湯沢町は人口約八〇〇〇人の町である。在来線の上越線と上越新幹線が乗り入れている越後湯沢駅があり、東京駅からは直線距離にすると一六〇キロメートル以上離れているものの、上越新幹線の利用により八〇分でアクセスする事が可能である。首都圏の人にとって、短時間で環境を大きく変えられる地方の小都市である。

湯沢町では多様な移住定住促進制度を設けているが、特徴的なものとして新幹線通勤補助金がある。新幹線でのアクセスが容易であることから、移動コストを削減できれば首都圏へも通勤が可能となる。そのため、首都圏や新潟市内で働いていた人が湯沢町に移住した後も仕事を続けられるように、新幹線通勤補助金を用意している。年齢制限はあるが、通勤手当控除後の上越新幹線通勤定期代の二分の一（上限：五万円／月）を補助している。

②ポストコロナの動向

湯沢町では、都心部からのアクセスが良い自然豊かなエリアであることに加え、多様なアクティビティの存在や大規模な音楽イベントの開催などによって認知度が向上しており、人口の社会増が継続している。近年の人口動態を見ても、生産年齢人口の社会増が継続している。周辺地域と比較すると人口減少率は低い値で推移しており、多様な移住定住支援制度により転入人口獲得へと繋がっていることが予想される。二〇二二年度では、人口減少率は新潟市に隣接する聖籠町、新潟市に次いで三番目に少ない。転入超過数は三二人で、県内では聖籠町に次いで二番目となっている*2。コロナ禍を境としてリゾートマンションの相談件数も増加傾向にあり、コロナ禍を契機として移住してくる人が着実に増加している。観光客についても、コロナ禍が落ち着きを取り戻した二〇二二年度にはインバウンドによる観光客の増加など、まち全体が活気を取り戻し始めている。

このような状況の中で、湯沢町では二〇二〇年より、リゾートマンションの一室を、テレワークをしながら暮らすための部屋としてリノベーションし、実際にお試し移住体験ができる部屋を運用する取り組みを始めるなど、新しい生活様式に対応したまちづくりを進めている。

③生産と消費を一体化する体験型の景観づくり

越後湯沢駅の東口エリアでは、生活と観光の双方のニーズに応え、相乗効果を生み出すことで、楽しく過ごしやすい魅力あるエリアの形成を目指すまちづくりが動き出している。観光客だけではなく、移住者や二地域居住者など、新しい居住者がまちと関わることのできるような拠点づくりの取り組みにもつながっている。

図1｜参加型で実施された雪像イベントとナイトマーケット

二〇二二年の冬には、東口エリアの有志が集まり、雪だるまや雪像でまちを飾る参加型のイベントを実施した。雪を資源として捉え、誰でも参加することのできる雪国らしい景観創出の取り組みを通して、多くの人にまちに関わってもらうことを目標とした。制作された作品は、SNSを通して情報発信を行った。取り組みは二か月にわたり継続して実施した。最終日は観光まちづくり機構との連携のもとに、車道を歩行者空間にしたナイトマーケットの実施に合わせて雪像づくりのイベントを実施し、たくさんの来場者に雪国らしい景観の魅力を楽しんでもらうことができた[図1]。二〇二三年の夏には地域組織によって受け継がれてきた地域行事を有志組織がサポートすることで、地域の子どもたちに喜んで参加してもらえるような企画を充実させて、これまでにない多くの地域の人々の参加があった。

多くの地方都市が抱える課題であるが、地域自治を支えてきた旧来の組織は、定住人口の減少、少子高齢化などにより弱体化しており、地域のイベントや伝統文化を維持継承していくことが困難になりつつある。すなわち、魅力的な景観(生活景)を生産することのできる、その土地の風土を受け継ぐ定住者の体力が弱体化しているのである。一方で、新しい居住者にとっては、地域に受け継がれてきた風土を背景として生み出される景観は、その場所に居住し、暮らしを豊かにしてくれる資源でもあり、これまで以上にニーズが高まっている。ライフスタイルの充足を目指す新しい居住者にとっては、景観を客体化することで、消費する喜びを得ることが目的化されるという側面があるが、同時に、風土を深く理解し、景観を生産することを体験として享受することに魅力を感じるという両義性も有している[図2]。実際に、新しい居住者にはこのような伝統行事や歴史文化の継承において積極的な協力を惜しまない人々も多く存在する。景観を維持し、創出していくさまざまな取り

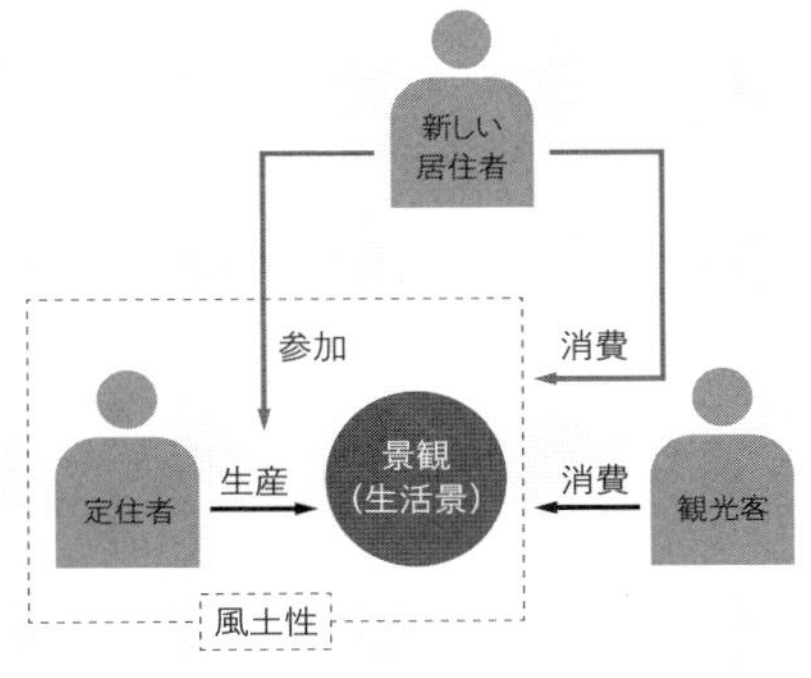

新しい居住者
参加
消費
定住者
生産
景観(生活景)
消費
観光客
風土性

図2｜景観の生産と消費が一体化するイメージ

組みにおいて、生産者と消費者が分離するのではなく、一体となるような参加型の取り組みにしていくことで、その土地に根付き、生活してきた定住者と、トランスハビテーション、テレワークを実践する新しい居住者が喜びを共有し、景観の充実につなげていくことが期待される。

地方居住を豊かにする景観のマネジメント

新しい地方居住者の景観認識に対して、固有の地域性や風土を地域の魅力として維持し、高めていくためには、その土地の風土性を受け継ぐ定住者による体制構築と適切なマネジメントが必要になる。地域の魅力的な景観を生み出す伝統文化や体験機会の創出を、その土地に根付く生活者たちによるマネジメントによって一定程度コントロールしながら、新しい居住者、循環する人々の参加を促し、バランスを保った関係を構築していくことが必要だろう。地方居住の魅力である景観の保全や維持の問題は、多様な人々の集落における同化を求めるのではなく、多様な人々の相互理解を基盤として、それぞれの生活と暮らしをよりよくしていくための共生と参加のかたちを模索していくことではないだろうか。

湯沢町ではかつて実施されてきたさまざまな行事やイベントを、新しい組織が現代的にアレンジしながら、地域のイベントとして再興していく取り組みが進められている。旧来の組織を支援する中間支援という役割も見出せるが、もっと積極的に個々の取り組みに関与しながら、ともに実施していく主体としての役割が期待される。そして、このような地域が主体となる組織を介して、さまざまなニーズをもった新しい居住者との関係を構築し、ともに地域の魅力を伸ばしていくような取り組みへと発展させていくことができるのではないだろうか。

註釈

4節［1］

＊1 NHK BS1スペシャル「そして街から人が消えた〜封鎖都市・ベネチア〜」二〇二〇年四月一九日放送

＊2 NHK BS1スペシャル「医療崩壊〜イタリア・感染爆発の果てに〜」二〇二〇年六月二八日放送

＊3 Gerolamo Fazzini (a cura di), *Venezia: Isola del Lazzaretto Nuovo*, Venezia: Tipografia Luigi Salvagno, 2004, p.26

＊4 VANZAN MARCHINI Nelli-Elena (a cura di), *Le leggi di sanita della Repubblica di Venezia*, vol. 1–4, Vicenza: N. Pozza, 1995–2003

＊5 陣内秀信『ヴェネツィア——都市のコンテクストを読む』鹿島出版会、一九八六

＊6 樋渡彩『ヴェネツィアとラグーナ——水の都とテリトーリオの近代化』鹿島出版会、二〇一七

＊7 樋渡彩「ヴェネツィアの水辺に立地したホテルと水上テラスの建設に関する研究」『日本建築学会計画系論文集』第八〇巻第七〇九号、二〇一五、七五五〜七六三頁

＊8 陣内秀信、植田曉、マッテオ・ダリオ・パオルッチ、樋渡彩『トスカーナ・オルチャ渓谷のテリトーリオ——都市と田園の風景を読む』古小鳥舎、二〇二二

4節［2］

＊1 ブルーノ・タウト著、篠田英雄訳『日本美の再発見』岩波書店、一九三九、七〇頁

＊2 令和四年　新潟県人口移動調査

5節・ポストコロナの景観の行方

新型コロナウイルスが景観に与えた影響

新型コロナウイルス感染症と過去の感染症との違いは何か。モータリゼーションの進化により世界中を移動しやすい社会であるため、新型コロナウイルスの感染症の影響が急速に世界中に広がった点と、情報化社会の現代において、インターネットや個人のスマホで撮影された動画などで、世界中の諸都市の新型コロナウイルスの影響を知ることができた点である。

本章で記述した、テレワークが急速に進んだ動き(第3章2節)、通勤から解放され、郊外が再評価される動き(第3章2、4節)と居住地近辺の公共空間を利活用する動き(第3章3節)は、グローバルに共通して確認できた事象である。さらに、新型コロナウイルスは都市政策にも影響を与えており、環境の持続可能性、デジタル化、健康、公平性などをキーワードとした政策が、日本やヨーロッパ、シンガポールの事例で確認できた(3章2、3節)。シンガポールの事例では、グローバル化(フロー空間)とローカル化(場所の空間)の二層性があり、VUCA(Volatility/変動性、Uncertainty/不確実性、Complexity/複雑性、Ambiguity/曖昧性)時代において、臨機応変な都市政策の必要性を示唆している(第3章3節)。

本書の冒頭で、景観を「人間をとりまく環境のながめであり、人々の暮らしの積み重ねや地域自治によって成立するもので、持続可能なまちづくりや地域づくりの礎となる」と定義した。ローカルな環境では、公共空間の柔軟な使いこなしと民主化の促進が、新型コロナウイルスが都市に与えた大きな変化であり、第3章3節の富山の事例と4節の湯沢町の事例で確認でき、今後も継続するトレンドだと考えられる。そして、新型コロナウイルスの影響による厳しい行動制限を経て、移動行為が複合的な機能を持つようになった。移動行為は単なる場所移動ではなく、パリの一五分都市構想(第3章3節)のように、徒歩での移動の過程で、仕事、医療、買い物、学習、余暇といった社会的な機能も提供する環境づくりを目指す都市政策が加速している。日本においては、新型コロナウイルスの流行前から、立地適正化計画において、コンパクトなまちづくりが目標とされてきたが、今後も徒歩圏で多様な社会的な機能を提供する都市・まちづくりがますます進むと考えられる。また、公共空間の民主化や郊外への移住によって、景観まちづくりに関与する人々が多様になる可能性がある。

ポストコロナの景観の課題と論点

景観法が二〇〇四年に制定され、約二〇年が経過し、景観計画の見直しが進む自治体があるが、ポストコロナの景観を明確に意識した見直しとは言い難い。本章の事例を通して、景観の課題・論点を提示する。

①公共空間とその周りの一体的な質の向上

新型コロナウイルスの影響によって規制緩和が進み、民地（飲食店舗など）での外部空間テラスの設置や常設化がみられる。行政が所有・管轄する公共空間は、公園のリニューアルや、歩行者空間の拡幅などの進捗が見られるものの、広場周辺の建物や沿道建物の景観形成については、民間活力に委ねている。公共空間の使いこなし、および、その周辺の民間の建築物の両方の質の向上を一体的に考える視点が必要だと思われる。

②デジタル社会への対応

一人一台スマホを持って行動するデジタル社会では、個人の認識の中で、まちの広さが伸縮しているといえよう。実際の物理的な尺度と認識の間で、まちのスケール感の乖離が人それぞれになり、個人の居住地や行動の選択に影響を与える。居住地の選択では、通勤に拘束されて住むまちを決める必要性が弱まり、仕事と私生活の線引きが曖昧で、生活する場所を選択しやすくなった。さらに、住民の概念が変化し、移動者や移住者を考慮に入れた上での景観の意味が問われる。景観の認識の広がりを理解した上で、景観に関する計画や政策を考えていくことになろう。

③人の流動性を前提とした、景観まちづくりの仕組みと担い手の必要性

景観まちづくりの担い手は、地域団体というのが常識であり、地域に根差した景観まちづくり団体の長年の活動の積み重ねが、地域らしい景観を形成してきた。しかしながら、VUCA時代においては、多様な担い手を増やして、景観

まちづくり活動の種類や状況の変化に応じて、適材適所に活動できる体制をつくっておくことが、地域の景観を持続的にマネジメントできる担保となる。

第4章

再生可能エネルギーをめぐる景観

1節・再生可能エネルギーと景観の視点

地方の山間部や田園地域では、メガソーラー設置による景観破壊や土砂崩れなど、沿岸部では、風力発電の林立による鳥害や景観破壊などのトラブルを起こし、各地で問題ある構造物として捉えられている。そのため、ソーラー設置を規制する地方自治体も増え、エネルギーを生成する太陽光発電や風力発電施設は、景観を破壊するものとして規制に向かっている様子がみられる。しかし、郊外や沿岸で生成されたエネルギー電力のほとんどが都市部に供給されており、地方の再生可能エネルギー設備の問題は、エネルギーを需要する都市部でも考えていかなければいけない問題である。また、二〇二三(令和五)年四月から東京都では太陽光発電設置の義務化による運用が開始され、都市部でも太陽光発電による自家発電が普及し、太陽光発電パネルによって屋根景観への影響も表出するようになると考えられる。

一方、グローバルの視点では、二〇二二(令和四)年二月にロシアによるウクライナ侵攻で引き起こされたエネルギー問題は、世界的にも大きな影響を与え、日本においても燃料費高騰や電気代値上げなど、エネルギー問題がより一層身近な問題として捉えられるようになってきている。そのため、再生可能エネルギーの拡大が求められる昨今、今まで景観を破壊する構造物とされてきた再生可能エネルギー施設の捉え方にも影響を与え、皮肉なことに再生可能エネルギーと景観の選択の中で、地域の景観価値もまた再認識させられる状況になっているといえるだろう。

さらに、地産地消の再生可能エネルギー活用によるローカルな取り組みも近年みられるようになった。地産地消のエネルギーの構造は、自分たちが生成したエネルギーを住民で使用するため、需要と供給のバランスが明確で、住民の理解が得られやすいと考えられる。また、地方で生成された電力の都市への送電は、巨大な鉄塔と送電線が田園景観にも影響を与えるため、地産地消できるローカルな電力供給は送電通過する地域景観への負担軽減にもつながる。

以上のことから、再生可能エネルギー設備は、地球温暖化対策や他国に依存しないエネルギーからの自立のために、どこかには増やしていかなければいけないものという考えに立ち、日本や海外の事例を交えて昨今の社会情勢における地域の景観を再認識した上で、グローカルな視点から再生可能エネルギーと景観における共生の可能性について説いていく。また、地球温暖化に対してグローバルに生じている人為的作用であるため、具体的にローカルな事象を交え提示する。

①日本と海外における再生可能エネルギーの現状から景観への影響を把握する

②日本の再生可能エネルギー施設に関する事例調査

- ゾーニングによる農地と太陽光パネルとの共生を考える（新潟県新潟市）
- 静岡県において世界遺産富士山と共生を考える（静岡県や静岡県掛川市と富士宮市など）
- 自然景観と再生可能エネルギー施設の共生を考える（北海道や北海道えりも町など）

③海外事例の再生可能エネルギー施設に関する事例調査

- ゾーニングによる風力発電との共生を考える（イギリス、ドイツ、イタリア）
- 歴史的建造物と太陽光発電設備の共生を考える（ドイツ・フライブルクとレーゲンスブルク、ローテンブルク）

④地域循環エネルギーから景観とエネルギーの共生を考える

- 農業と景観の共生を考える（千葉県匝瑳市）
- 地域循環エネルギーと景観の共生を考える（福岡県、湘南、板橋区、大阪府など）
- 海外事例では、地域エネルギーと景観の共生を考える（ドイツ・フライブルク）

2節・再生可能エネルギーにおける制度と議論の整理

［1］太陽光発電施設の景観課題に関わる論点

太陽光発電施設の急増

太陽光発電施設をはじめとする再生可能エネルギー（以下、再エネという）施設の立地が地域景観に与える影響は、決して小さいとは言えない。再エネ施設の立地に起因する景観問題は、国際的にも議論がなされている。欧州では三七か国が参加して「再エネと景観の質（RELY: Renewable Energy and Landscape Quality）」をテーマに、再エネ施設の景観に対する影響の大規模実証研究が行われた。国際学術専門家チームは、ヨーロッパ諸国で再エネ施設が土地利用や景観に与える影響のうち、とくに風力発電施設と太陽光発電施設が、自然景観に対照的な人工的要素を加えていると指摘している＊1。

日本では、二〇一一（平成二三）年の東日本大震災後、原発事故による電力不足に対応するために、二〇一二（平成二四）年に政府が再エネの固定価格買取制度（FIT（Feed-in tariff）制度）を導入し、再エネ施設の立地状況が大きく変化した。FIT制度導入の背景には、当時、日本で再エネ事業者が少なかったことに加え、エネルギー自給率が二〇一二年時点で約六パーセントと、世界的にも極めて低水準にあり、エネルギーの安定的供給からも、その導入が強く求められていたことがあった＊2。

FIT制度は、国内の太陽光発電施設の立地を急増させ、現代版ゴールド・ラッシュとも言える「ソーラー・ラッシュ」現象を生み出した＊3。FIT制度を利用すれば、誰でも発電所を設置する土地と設備購入の初期投資資金のみで、確実な収入が得られる。太陽光発電は、投資家たちにとって安い土地を仕入れることでうまみが得られる、これまで手がつけられていなかった管理が不十分な里山や荒廃農地など、安価な土地をターゲットとする、新しい投資ビジネスとなった。

太陽光発電は、地熱や風力のように立地場所の選定や大規模な設備を必要とせず、ごく小規模でも成立する。さ

タイプ	買取規模（kW）	買取期（年）	買取価格（円）		
			2012	2017	2022
太陽光	10未満	10	42	28~30	17
	50以上	20	40+tax *1	21+tax *2	10
風力	陸上 *3	20	22+tax *4	21+tax *4	16
	浮体式洋上	20		36+tax *5	36
地熱	15,000未満	15	40+tax	40+tax	40
	15,000以上	15	26+tax	26+tax	26
水力	200未満	20	34+tax	34+tax	34
	5,000未満	29	29+tax *8	27~29+tax	27
	30,000未満	29	24+tax *9	20+tax	20
バイオマス *10	20,000未満	20	24+tax	24+tax	24 *6
	20,000以上	20		21+tax	− *7

再生可能エネルギー調達価格全体の一部を抜粋。ダブル発電、リプレースを除く
*1：種別区分なしかつ10kW以上 *2：10kW以上2000kW未満。2000kW以上は入札制度により決定 *3：入札制度対象外 *4：20kW未満を除く *5：洋上に区分なし *6：2022年度の区分は10,000kW未満 *7：入札制度による、現時点で非公表 *8：200kW以上100kW未満 *9：1000kW以上30000kW未満 *10：一般木質バイオマス農作物残さ

表1｜主要な再エネの買取価格の推移

らに、制度導入当初は他の再エネと比較して圧倒的に買取価格が高額だった。表1に、主要な再エネの買取価格の推移を示す*4。初期の太陽光発電電力の買取価格は現在の約四倍であり、いかに有利な状況だったかがわかる。この結果、日本各地で地域コミュニティと太陽光発電事業者との対立が急増し、社会問題に発展した*5。

何が問題なのか

①地方公共団体が認識する課題

太陽光発電施設の景観問題が加熱するなか、FIT制度運用開始から五年後の二〇一七（平成二九）年三月に、経済産業省・資源エネルギー庁は太陽光発電施設の設置ガイドラインとなる「事業計画策定ガイドライン（太陽光発電）」を公表した*6。ここには事業者が「防災・環境上の懸念から地域住民との関係が悪化」するケースが存在することが明記されている。前掲した表1に示すとおり、二〇一七年時点で太陽光発電の買取価格は既に当初の半額程度に下落していたが、それでも二〇二二年と比較すると倍の価格が維持され、電力の買取価格は認定時のものが適用されるため、ソーラー・ラッシュ時に大量に駆け込み申請された太陽光発電施設が無秩序に立地し、地域の景観に大きな影響を与

える状況は継続していた。

筆者らの調査グループは、このような太陽光発電施設の立地に伴う景観問題の発生状況を把握するために、二〇一七年九月、全国一七四一市町村のうち土地利用規制などに特別な権限のある六八の政令市・中核市を除いた一六七三市町村を対象に、アンケート調査を実施した*7。アンケート回収数は一六三七件、回収率は九七・八パーセントであった。この結果の一部を図1に示す。

まず、太陽光発電施設の導入に関し、最も深刻な課題を三つ選択する問いに対し、「眺望景観の阻害」「災害リスク」「設備放置懸念」「自然環境破壊」「地元住民との話し合い不十分」の五つが五〇〇を超える市町村から選択された。なかでも「眺望景観の阻害」が六二一市町村、約四〇パーセントに相当する市町村から選択されたことは注目に値する。

次に、「隣接地との景観不調和」「管理不備」「事故リスク」「反射光の影響」を約三〇〇の市町村が課題として挙げ、「事業者への不安」「不十分な協議・情報提供」を一五〇以上の市町村が課題として挙げていた。

これらの課題は相互に関係しており、例えば山の斜面に太陽光発電施設を設置する場合、緩斜面の樹林地がその対象地となり、樹木の伐採による自然環境への影響や、土砂災害リスクの懸念が増加する。また、斜面地では太陽光発電施設の視認性が高くなり、景観阻害が発生する。地元が事業者との話し合いの機会を十分に持てない場合、事業者に対する不信感が生じ、発電施設の放置という懸念にもつながる。これらの課題が共通して発生するのは、里山やその周辺の集落エリアであり、こうしたエリアにおいて再エネに関する重点的な景観対策が必要だと考えられる。

②規制の必要性

太陽光発電施設に対する立地規制に関しては、一六三七市町村のうち六〇パーセントに該当する九八四市町村が規制が必要だと回答し、具体的な規制内容を尋ねたところ、図1に示すように九〇パーセント以上の市町村が「事業者と地域住民との十分な話し合い」「景観への配慮」「自然環境への配慮」を回答した。

これらの回答から、市町村は単なる太陽光発電施設の立地規制ではなく、十分な話し合いに基づく配慮を求めていることがわかる。しかし、現状では景観法を利用しても、勧告を行うことが可能なのは届出から三〇日以内、変更命令は九〇日以内に限定されており、地方公共団体がこの期

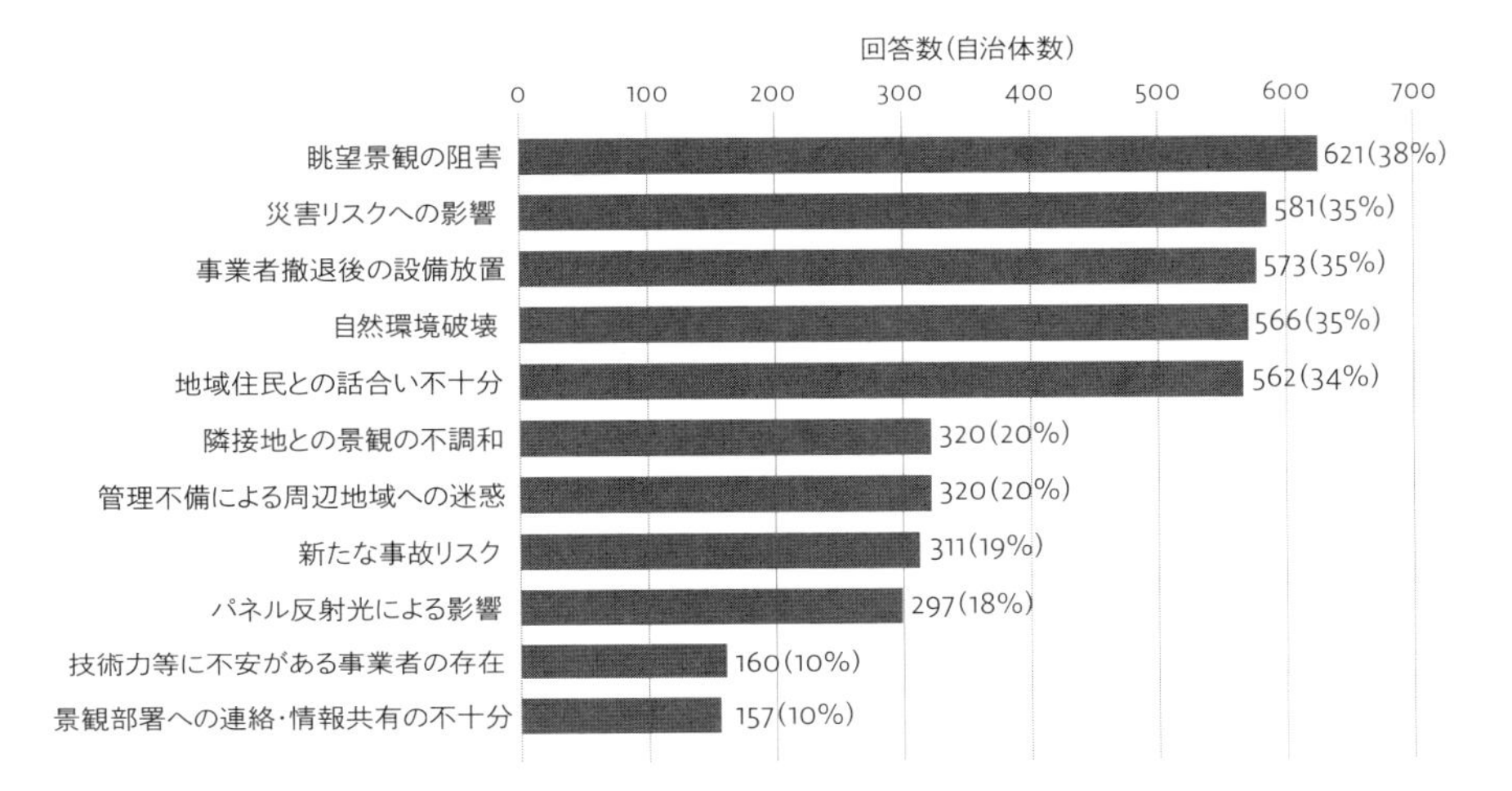

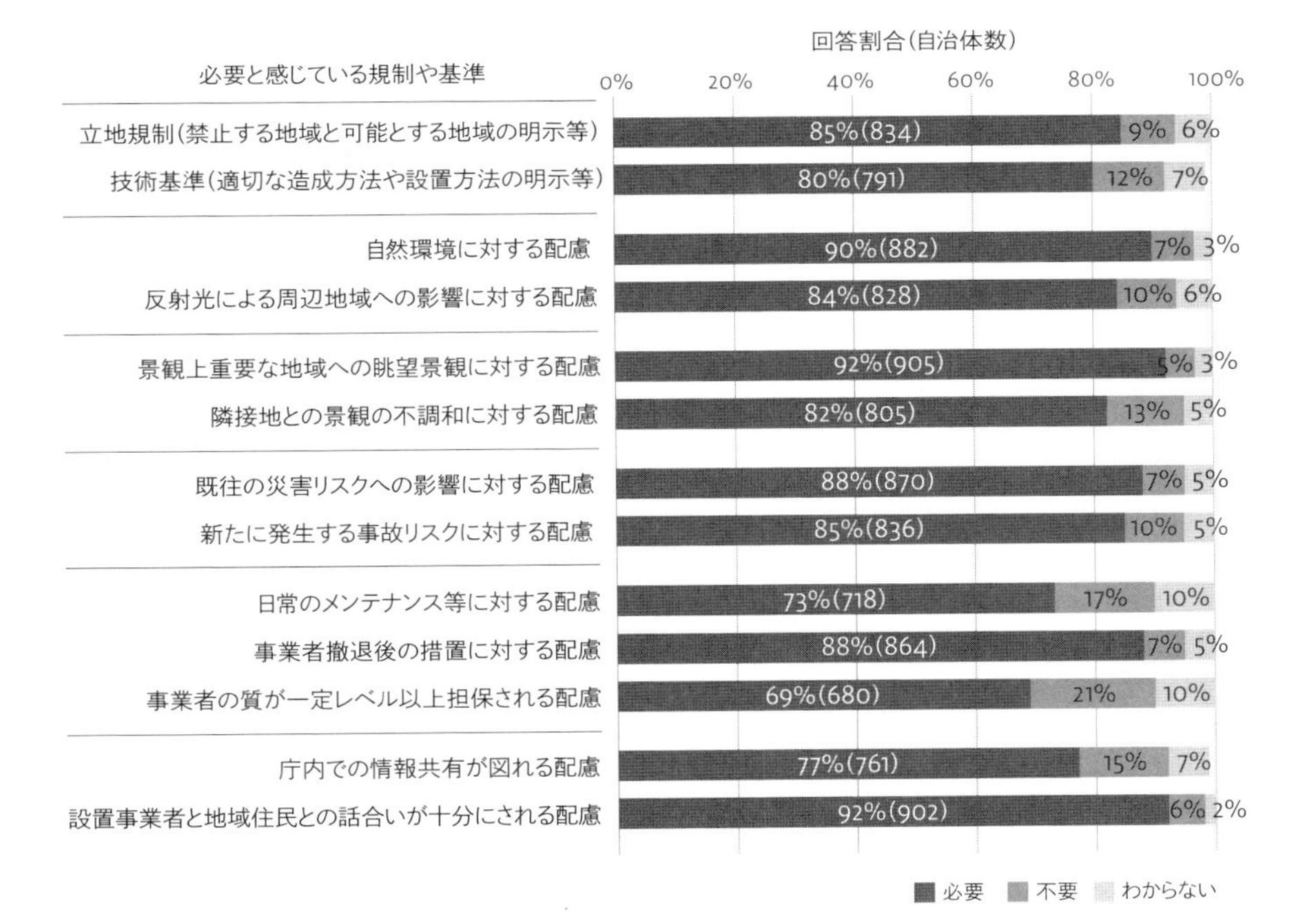

図1｜太陽光発電施設の立地への懸念と必要な規制

間内に勧告や変更命令を行うことは、現実的にはほとんど不可能に近い。再エネの必要性が既に広く社会で共有されていることを踏まえると、その立地については合意形成のプロセスが不可欠であり、そのためには、地方公共団体や地域コミュニティと時間をかけた十分な協議の機会と期間を担保する仕組みが求められる。

何が起こったのか

①太陽光発電が集中する地域

ソーラー・ラッシュによって新たに導入された大量の太陽光発電施設は、どこに立地したのだろうか。図2は、都道府県別のＦＩＴ制度導入前後の太陽光発電施設の累積発電量を、筆者らの研究グループが独自に集計し、ＧＩＳを用いて可視化したものである*8。この図では、太陽光発電施設の立地に伴う課題に着目するため、認定ベースではなく、稼働ベースの太陽光発電施設を示している*9。

図2の左右を比較すると、三年しか違わないにもかかわらず、全ての都道府県で太陽光発電の導入量が急増していることがわかる。とくにＦＩＴ制度導入後に太陽光発電施設の立地が急増した濃い色のエリアの多くは、大都市近郊県である。とりわけ、原発事故が発生した福島県に隣

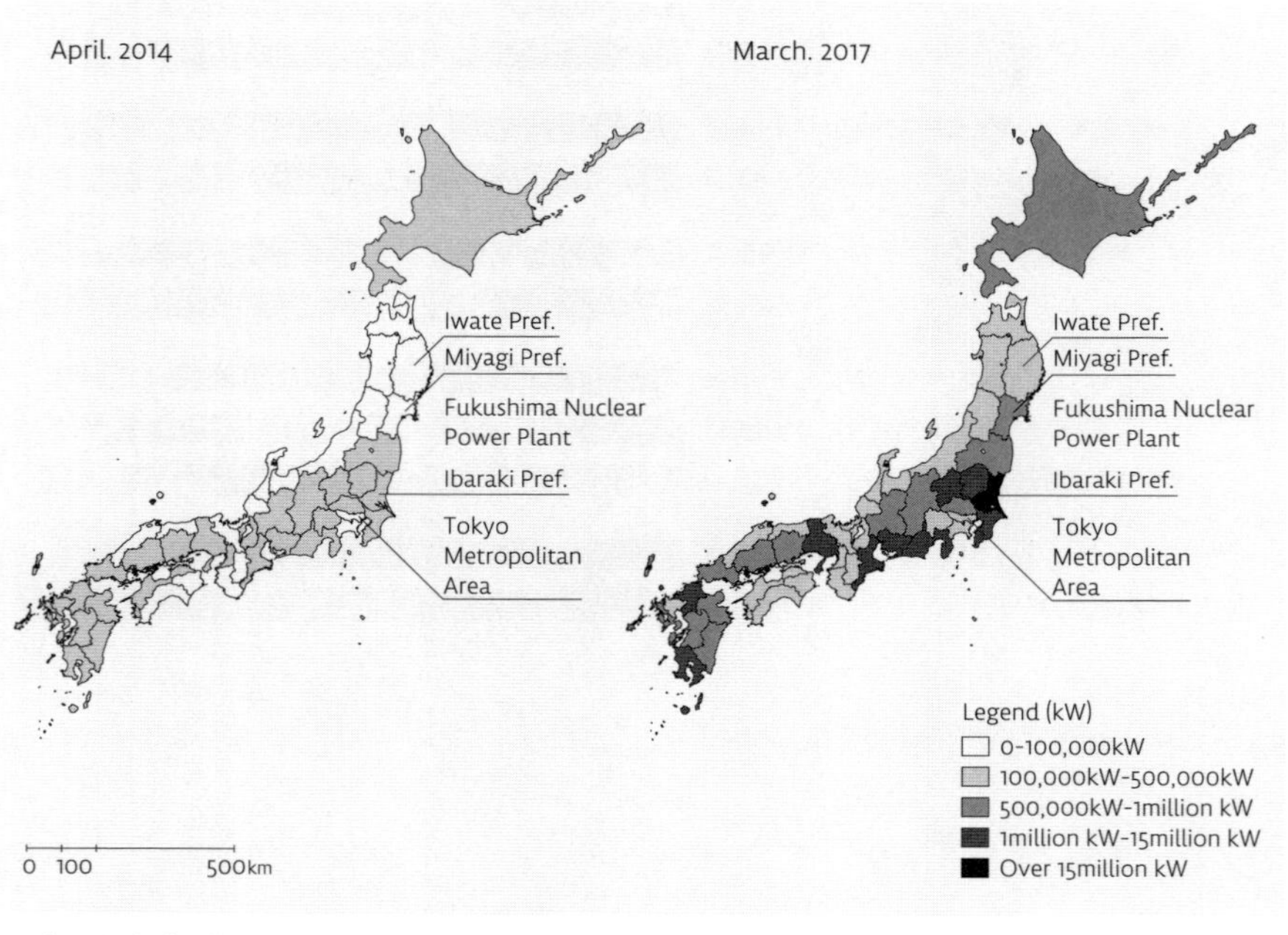

図2｜FIT制度導入前後の太陽光発電施設の立地動向

接する茨城県は、ＦＩＴ制度導入後に太陽光発電施設の累積発電量が突出している。東日本大震災による土地利用変化については、津波被災地である岩手県と宮城県、原発被災地である福島県が注目されてきたが、隣接する茨城県もその影響を大きく受けていた。

茨城県にこれほど多くの太陽光発電施設が集中した理由として、以下の二点が挙げられる。第一は、茨城県が首都圏の外縁部に位置し、二〇二三年時点で人口が二八三万人と全国で一一番目に多く、県南部は東京から六〇キロ圏に位置し、東京通勤者が多く居住する都市的地域という点である。第二は、茨城県が農業生産額が全国第三位の典型的な都市近郊農業地帯という点である*10。

日本では再エネの買い取り電力量は送電線の空き容量に依存しているため、茨城県のような大都市に近い都市近郊農業地域は送電線の利用可能量が相対的に大きく、太陽光発電施設の立地に魅力的な場所となった。また、茨城県の主要産業は農業であるが、福島県に隣接するため震災後は放射線に関する風評被害などが発生し、農家が農業の継続を断念したり、風評被害が沈静化するまで休耕せざるを得ず、耕作放棄地が増加したことも指摘できる。こうした茨城県固有の状況が、多くの太陽光発電施設の立地を推し進めた。

②茨城県のケーススタディ

太陽光発電施設が急増した茨城県に着目し、どのような土地利用特性の場所に太陽光発電施設が立地したのかを分析した。太陽光発電施設は、市街化調整区域や都市計画区域外等の農山村地域に立地する傾向があるため、本分析においては環境省の里地里山メッシュデータに基づく「立地環境による里地里山メッシュの類型区分」を利用して、その立地傾向を分析した*11。表2にその結果を示す。

表2を見ると二〇一四年から二〇一七年までのわずか三年間で、驚くほど多くの太陽光発電施設が茨城県に立地していることがわかる。二〇一四年には四六か所しかなかった太陽光発電施設が、二〇一七年にはその約一四倍にあたる六五七か所に増加している。立地特性も「都市周辺地域（低地等）」では一一か所から一八〇か所と一六倍、「中山間地域」では四か所から一五六か所と三九倍になっており、特に都市と農村の境界エリアで太陽光発電施設が集中的に立地し、地域の景観が変化したと推察される。

このような太陽光発電施設の急増に対し、地方公共団体も、果敢にその対策に取り組んできた。例えば、風光明媚な観光地として著名な筑波山の斜面地において、二〇一五年（平成二七）に太陽光発電施設の設置が事業者から申請されたケースでは、茨城県は筑波山の美しい景観を守り、土砂災害の危険性を増大させないために、これを許可しないことを二〇一六年に決定している。しかし、事業者は茨城県を被告として訴訟を起こし、二〇一八年に茨城県は敗訴した。これに対し、判決直後に地元のつくば市は「つくば市再生可能エネルギー発電設備の設置ガイドライン」（二〇二四年に廃止、新条例に更新）を制定し、筑波山など景観上重要な地域を太陽光発電の禁止区域に指定している。つくば市が制定した条例や基準は、地域の誇りである筑波山の景観を守るという、景観に対する地域コミュニティの価値観やアイデンティティを明確に示している。再生可能エネルギーの立地には、こうした地域コミュニティの価値観、歴史文化に対する尊重と同時に、これまで地域で当たり前とされ、明文化されてこなかった土地利用に関するルールを掘り起こしていく取り組みも必要である。

現状では、太陽光発電事業者が地域外の主体である場合も多く、地域のルールに精通していない。しかし、太陽光発電施設は無人のことが多く、誰が土地を所有し、誰が施設を設置したのかも把握しづらい。雇用の創出という点

地域	立地特性	2014		2017	
		箇所数	割合（%）	箇所数	割合（%）
里山地域	大都市近郊地域	0	0	1	0.2
	都市周辺地域（低地等）	**11**	**23.9**	**180**	**27.4**
	都市周辺地域（山地）	1	2.2	24	3.7
	奥山周縁	0	0	1	0.7
	中山間地域	**4**	**8.7**	**156**	**23.7**
	海岸・離島	0	0.0	4	0.6
	小計	16	34.8	366	55.7
里山地域以外		30	65.2	291	44.3
合計		46	100.0	657	100.0

表2｜茨城県における太陽光発電施設の立地エリア

でも課題があり、災害などが生じた時に地元住民が責任者や連絡先がわからないという不安もある。

太陽光発電施設と景観

太陽光発電施設の立地の課題に関する全国アンケートで、実際には、災害や環境への課題もあるはずであるのに、景観が課題だと答えた地方公共団体が最も多かったことを、最後に改めて考えてみたい。

地域コミュニティや地方公共団体が景観と表現する対象は、毎日眺めている風景であり、必ずしも特別に美しい眺めや風景を指しているわけではない。日常的な里山や農地の風景、そうした風景を通して感じられる地域住民の生業や営み、これまで当たり前に地域の人たちが眺めてきたいつもと変わらない景色である。彼らは、日々眺める景色の中に、生業、地域コミュニティ、暮らしといった地域コミュニティの姿を読み取ってきた。管理ができなくなった里山、後継者を失った農地、さらに風評被害によって耕作放棄された農地も、手入れの頻度の低下として、地域景観の変化の循環の中に、ある種当たり前に存在してきた。

これまでの景観デザインは、「図と地」のうち「図」の部分、すなわち特別に優れた景観を保全することが軸となっていた。しかし、太陽光発電施設の立地において課題となっているのは、むしろ「地」の部分の風景の変化であり、これを守る手段が欠如していることが、景観の課題として浮き彫りになったと言えよう。

一方で、再エネは地域固有の資源や地域環境と切り離して考えることはできない。再エネは基本的に、太陽、風、地熱など、その地域の自然の恩恵を源泉とする。これは農林水産業も同じであり、これまでこうした第一次産業に携わる人々は、地域の空間管理の担い手でもあった。そうだとすると、再エネも土地から得られる恩恵を地域社会と分かち合い、またその恩恵を地域に還元し、ともに地域の空間管理に携わる新たな担い手になることは、当然の責務であると言える。

[2] 太陽光発電に関する景観デザイン──ドイツ

ドイツでは太陽光発電を扱う主な法令として、地上設置型太陽光発電（地上設置型PV）に関する再生可能エネルギー法と建物の屋根などにPV設置の義務を明記した気候保護法がある。二〇三〇年国内総電力需要の八〇パーセントを再生可能エネルギーで供給することを目標に、ドイツ連邦政府は、二〇一七（平成二九）年に再生可能エネルギー法（EEG2017）、二〇二一（令和三）年八月に気候保護法（Klimaschutzgesetz）を改正した。連邦法に基づき一六州政府は権限を有す条例を制定でき、その州に属する市町村は、市街地や土地利用などの要件と照合して、最終的に許可する権限が与えられる。

二〇一七年の再生可能エネルギー法改正は、以前から地上設置型ＰＶが認められていた高速道路と鉄道路線に沿った転換地域（Konversionsflächen）の路肩に加え、耕作地や草地の恵まれない地域にも対象を拡大し、バーデン＝ヴュルテンベルク州やバイエルン州をはじめ、七州が取り入れている。二〇二一年の気候保護法改正では、新設や改修時の住宅や駐車場などを対象に、太陽光発電設置の義務化の権限を伴った条例制定を可能とした。二〇二二年一月からバーデン＝ヴュルテンベルク、ハンブルク、ベルリン他、八州が条例制定した。

日照時間が長いイタリアやスペインと同様に、もともと日照時間が長い南ドイツでは太陽光発電に積極的な市町村が多かったが、二〇二二年二月以降、ロシアのウクライナ侵攻による影響で電気代高騰を受け、自家発電のために市街地、農村地域や市営地である鉄道路肩などにＰＶパ

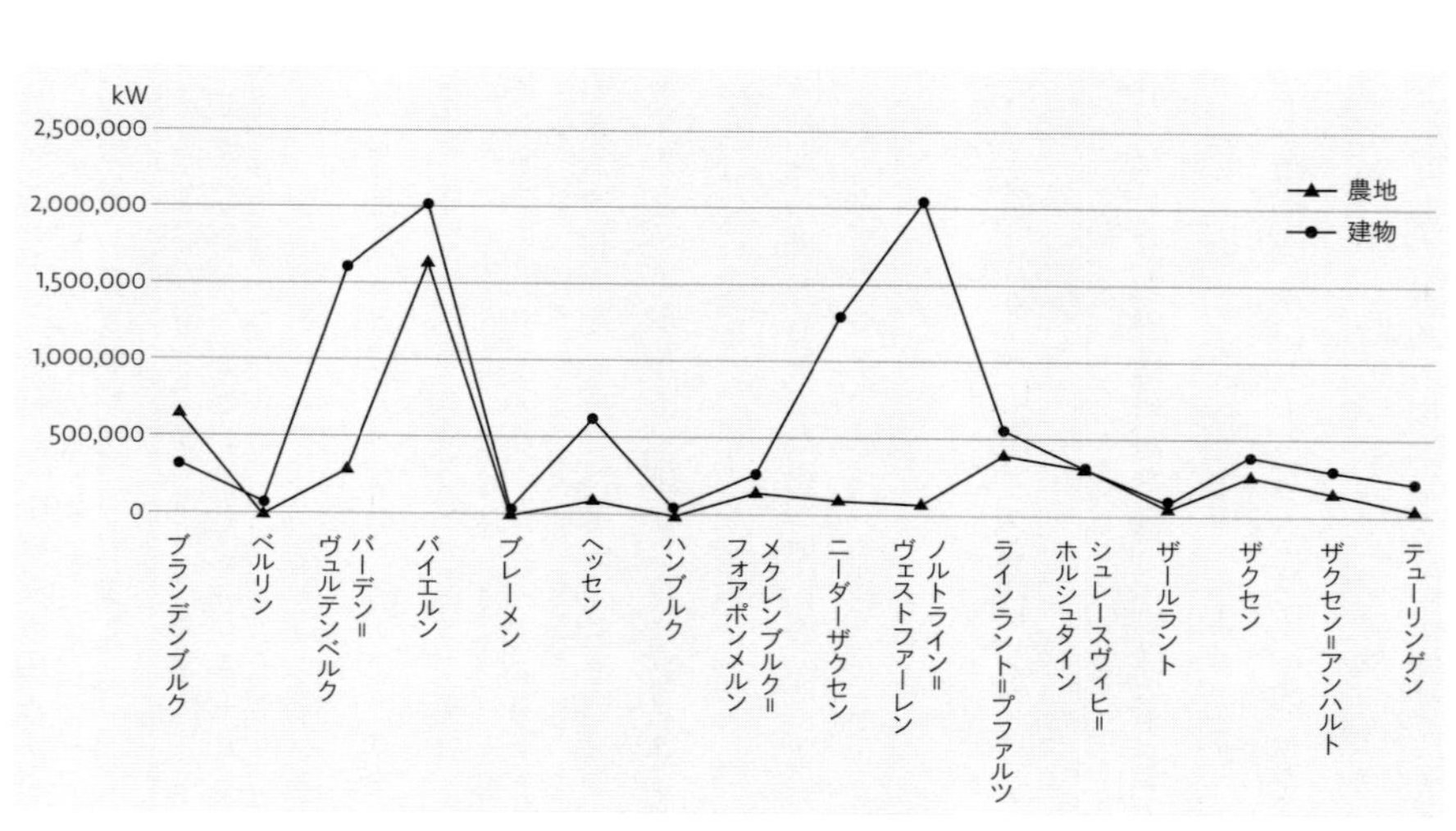

図1｜太陽光発電における総電力数2023年「建物」と「農地」
連邦電力ネットワーク庁（BNA）の公開データに基づき著者が集計（2024年1月時点）

ネルは急拡大し、日常的に目に付く景観と化している［図1］。一方で、ドイツでは中世のまち並みや指定建造物などの保護に重点を置いて戦後復興してきたため、南ドイツのミュンヘン、ローテンブルクなどのような赤瓦屋根のまち並みが一面に広がっている。そのため、建物外観の見た目、素材、色など既存の建物屋根と相反している黒色ガラスのPVは、二〇二一年気候保護法改正の太陽光発電義務化によって記念物保護法の議論にも物議を醸すこととなる。一方で、歴史的町並みを保護の代替として、農地や耕作地の地上設置型PVを検討するが、自然や生物保護、農業への影響を考えると急に農村地帯にPVを拡大することも難しい。つまり、太陽光発電によるエネルギー確保を検討する場合、歴史的建造物、農地、気候保護を同時に考えた施策が求められる。

このような議論がされる中での二〇二二年二月のウクライナ侵攻は、歴史的建造物、農地、気候保護の構造を覆すほどの大きな影響を与えた。ロシアからの天然ガスの停止による影響で、ガソリン代や電気料金が三倍に跳ね上がり、家計をひっ迫し、さらに二〇二三年四月一五日に三基ある原子力発電も停止したため、エネルギー確保はドイツにとって最重要課題とされた。さらに、二〇二二年七月に「イースターパッケージ*1」による条例改正で「公共の利益に優先するもの」と定義づけられたため、二〇二三年一月旧市街地法改正で禁止されていた歴史的建造物の屋根にPV設置が可能となる法改正をする市町村が増え、さらにエネルギーからの独立を目指した方針へと邁進している。

一方で、記念物保護や農地は、決して犠牲にしてよい対象ではない。最終的にPV許可の権限を担う市町村判断の段階で、エネルギーと歴史的価値、エネルギーと自然保護の難しい判断が迫られている。

註釈

2節［1］

＊1、＊4　Frolova et al. (2019). Effects of renewable energy on landscape in Europe: Comparison of hydro, wind, solar, bio-, geothermal and infrastructure energy landscapes. Hung. Geographical Bulletin, 68, pp. 317–333

＊2　資源エネルギー庁、平成二五年度エネルギー白書、二〇一四、八頁

＊3　N. Akita et al., Managing Conflicts with Local Communities over the Introduction of Renewable Energy: The Solar-Rush Experience in Japan. Land 2020, 9(9), 290

＊4　資源エネルギー庁「買取価格・期間等」
https://www.enecho.meti.go.jp/category/saving_and_new/saiene/kaitori/fit_kakaku.html（二〇二三年九月一一日閲覧）

＊5　地域生活学研究七巻「再生可能エネルギーと景観」二〇一六、三九〜一五四頁

＊6　資源エネルギー庁「事業計画策定ガイドライン（太陽光）」二〇二三
https://www.enecho.meti.go.jp/category/saving_and_new/saiene/kaitori/dl/fit_2017/legal/guideline_solar.pdf（二〇二三年九月一一日閲覧）

＊7　静岡県広域景観検討協議会、平成二九年度都市と緑・農が共生するまちづくりに関する調査「静岡県における自然景観と調和した太陽光パネルに関する景観誘導施策の検討調査」二〇一八。なお筆者はこの研究グループの代表を務めた。

＊8　ＦＩＴ制度の導入前に再エネに適用されていた制度がＲＰＳ（Renewable Portfolio Standard）制度である。本稿では二〇一四年時点に稼働している太陽光発電施設を概ねＲＰＳ制度によるもの、二〇一七年時点で稼働している太陽光発電施設をＦＩＴ制度によるものとして分析を行った。

＊9　太陽光発電施設の立地については、エレクトリカル・ジャパン「発電所データベース」
http://agora.ex.nii.ac.jp/earthquake/201103-eastjapan/energy/electrical-japan/（二〇二三年九月一一日閲覧）に基づきデータを作成した。

＊10　農林水産省「茨城県の農林水産業の概要」二〇二二

＊11　環境省自然環境局「里地里山の保全・活用検討会議」平成二〇年度第三回検討会議、資料3（https://www.env.go.jp/nature/satoyama/conf_pu.html）

2節［2］

＊1　「イースターパッケージ（Osterpaket）」は、EEG2023を含む複数のエネルギー関連法を改正した総称で、ロシアからのエネルギーからの独立に向け再生可能エネルギーの設置に関する制限を拡大しやすいように緩和した。

参考文献

2節［2］

・沼田麻美子「ドイツにおける太陽光発電の普及に向けた政策動向に関する研究――ＰＶ義務化とエリア拡大の検討」『日本建築学会計画系論文集』第八八巻 第八〇五号、二〇二三、九九六〜一〇〇七頁
・沼田麻美子「バイエルン州における太陽光発電パネルが景観に与える影響に関する研究――市街地景観と農村景観に着目して」『日本建築学会計画系論文集』第八九巻第八二四号、二〇二四、一九二〇-一九二九頁

3節・ゾーニングと規制

[1] 再生可能エネルギーに関わる規制とゾーニング

地方公共団体実行計画制度における促進区域

二〇二〇年一〇月、日本は二〇五〇年までにカーボンニュートラル、脱炭素社会の実現を目指すことを宣言した。その実現に向け、二〇二一年四月には、地球温暖化対策推進本部において、二〇三〇年度の温室効果ガスの削減目標を二〇一三年度比で四六パーセントを削減することが目指されている。二〇二二年四月に施行された地球温暖化対策の推進に関する法律の一部を改正する法律では、地方公共団体実行計画制度を拡充し、円滑な合意形成を得ながら、適正に環境に配慮し、地域に貢献する再エネ事業の導入拡大を図るため、地域脱炭素化促進事業の促進に関する制度が導入された。

その改正では、都道府県は、「地方公共団体実行計画」において、地域の自然的社会的条件に応じた環境の保全に配慮し、省令により、市町村が定める促進区域の設定に関する基準を定めることができる（第二一条第六項及び第七項）とされた。一方で、指定都市・中核市・特例市は、地方公共団体実行計画において、その区域の自然的社会的条件に応じた再エネ利用促進等の施策に関する事項に加えて、施策の実施に関する目標を定めること（第二一条第三項）、上記以外の市町村も、施策及びその実施に関する目標を定めるよう努めること（第二一条第四項）、またすべての市町村は、上記の事項を定めている場合において、協議会も活用しつつ、地域脱炭素化促進事業の促進に関する事項として、促進区域、地域の環境の保全のための取組、地域の経済及び社会の持続的発展に資する取組等を定めるよう努めること（第二一条第五項）が定められた［図1］。

ここで、新制度のポイントとなるのが「ポジティブゾーニング」である。ポジティブゾーニングとは、再生可能エネルギーの導入を促進する「促進区域」を設定する取り組みで、まず、①法令等により立地困難又は重大な環境影響が懸念される等により環境保全を優先することが考えられるエリア「保全エリア」をまず除外する。具体的には、環境省令や環境配慮基準に基づく区域が想定されており、再エネ種により異なるものの、例えば絶滅危惧種の生息地や保護地域、居住地域や森林、鳥の営巣地に近い場合などが含まれる。次に、②立地に当たって調整が必要な白地なエリア「調整エリア」のうち、③環境・社会面からは風力発電の導入を促進しうるエリア「促進エリア」などを抽出する方法をとる。具体的には、地域の再エネ導入目標、風況などの事業性、社会的配慮・社会的条件（例えば、既存の土地利用や先行利用者の状況、各種法令による規制、電力系統など）も考慮し、再生可能エネルギー事業の導入を促進すべきエリアである。さらに、④協議会などを活用しつつ地域の合意形成を図りながら、促進区域を設定していくこととなる［図2］。

また、事業者は、上記の流れにおいて、事業の適地や調整が必要な課題が可視化され、事業予見性が高まると、事業計画の立案を行う。それに対し市町村は、事業者から申請を受けて、関係機関に許認可等の書類を転送し、促進区域における「地域環境保全の取組」及び「地域貢献の取組の要件」を満たした事業計画を認定する。以上の流れより、事業者側も環境アセスメントに要する審査期間、調査期間の効率化・短縮化・許認可のワンストップ化できることが見込まれている。

特に、④協議会を設けて、関係者・関係機関とともに、課題・解決方法を検討することや、「促進区域」において、「地域環境保全の取組」及び「地域の経済及び社会の持続的発展に資する地域貢献の取組の要件」を満たした事業計画を立案することは、地域のデメリット軽減のみならず

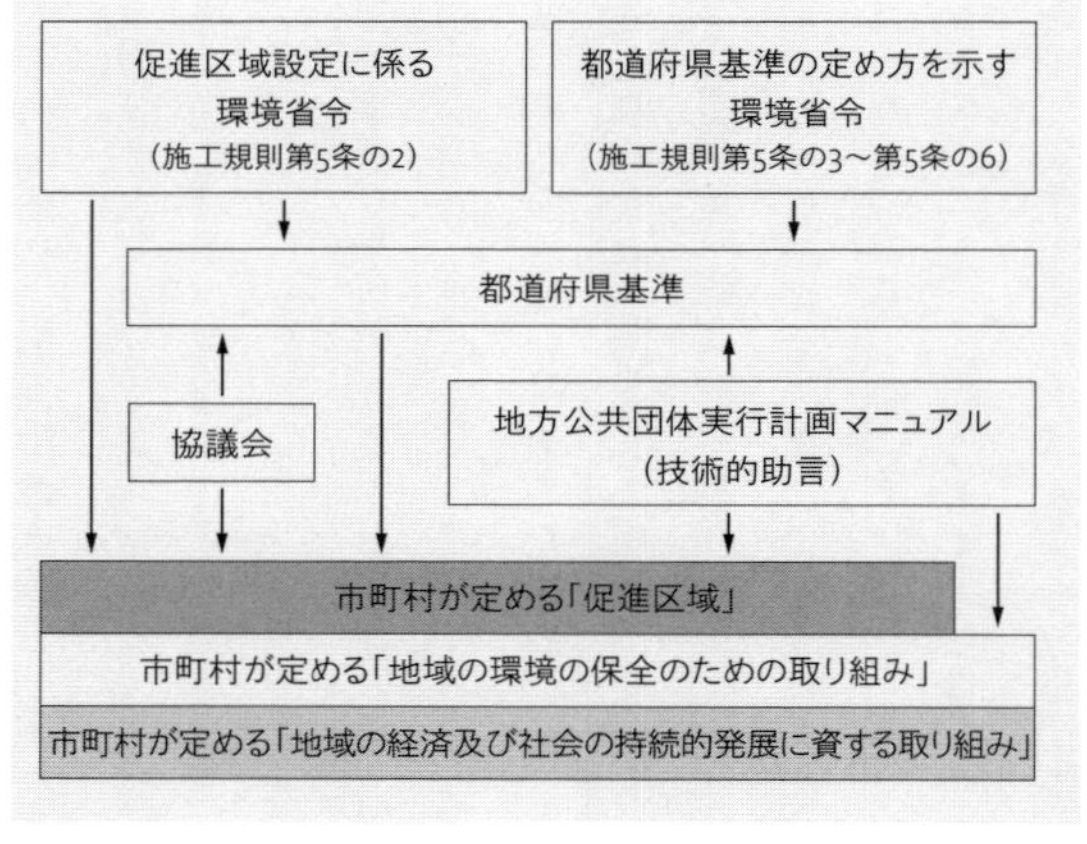

図1｜地方公共団体実行計画と「促進区域」＊1

促進区域設定のイメージ：
促進区域の設定には、例えば次の手順が想定される

①環境省令や都道府県が設定した環境配慮基準に基づくエリアを除外
②白地なエリア（調整エリア）のうち、再エネを促進するとしてポジティブに設定されるエリアを促進区域として抽出

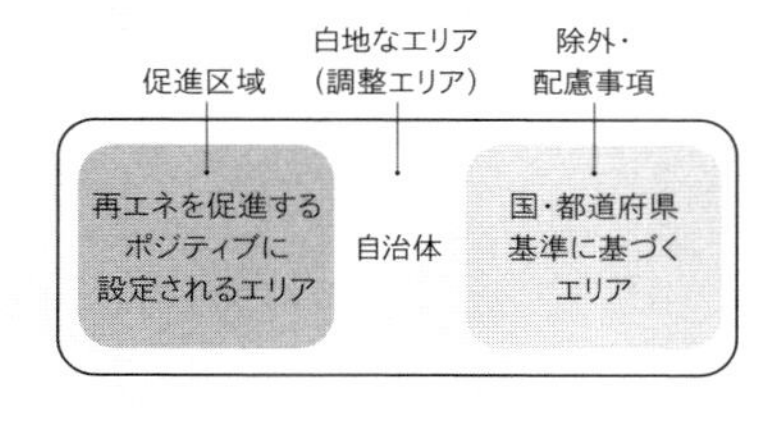

［環境省令・環境配慮基準の設定例］

設定例	概要	具体のイメージ（案）
環境省令	全国一律で一般的かつ明快な内容を想定	・保護地域等の法律上又は事実上立地不可能な区域の除外 ・絶滅危惧種の生育生息地等 ・立地を避けるべき地域 ・騒音等の防止 ・住居に近接する場合の配慮
環境配慮基準	環境省令を踏まえつつ、それに地域の自然的社会的条件を加え、一定の具体的な面的な地理情報を念頭に置いた基準を提示	・都道府県の定める保護地域等の条例上または事実上立地不可能な区域の除外 ・当該エリアごとに、 ✓ 居住地域からの距離 ✓ 森林からの距離 ✓ 鳥の営巣地からの距離 等の地域別事情等から立地できない区域の有無等

図2｜促進区域設定のイメージ＊2

地域のメリット増大につながり、地元の理解が得られやすくなる上で重要である。

このように、地方公共団体実行計画では、事業計画が立案される前の早期の段階で、地方自治体主導で、関係者の協議のもと、このポジティブゾーニングを行うことが促進されている。「促進区域」の設定に当たっては、土地利用やインフラのあり方も含め、長期的に望ましい地域の絵姿を検討すること、言い換えれば、まちづくりの一環として取り組むことが重要であることなどから、広域で検討する「広域的ゾーニング型」が理想的な考え方とされている。

ここで、地域によって再エネポテンシャルが異なるため、複数の再エネ種についてゾーニングすることが望ましい。また設定が見込まれるエリアの類型や立地場所の特性、再エネの種別などによって、求められる環境配慮と合意形成のあり方も異なり得ることも踏まえる必要がある。そうした取り組みに対する先進的事例として、新潟市における太陽光発電・陸上風力発電のゾーニングを紹介する。

新潟市における太陽光発電・陸上風力発電のゾーニング

新潟市は、二酸化炭素の排出量削減目標を「二〇三〇年度までに二〇一三年度比で四〇パーセント削減」「二〇五〇年

度までに二〇一三年度比で八〇パーセント削減」(二〇二二年策定)としている。市町村が促進区域を設定する場合には、各自治体が設定した再生可能エネルギーの利用促進に係る施策の実施目標を踏まえ、市町村内の再生可能エネルギーのポテンシャルを最大限活用する必要がある。新潟市では、二〇二一年度に、再生可能エネルギーのうち、新潟市にポテンシャルがあると考えられる太陽光と陸上風力による発電について、導入による自然環境や生活環境への影響などを踏まえ、専門家等の意見を聞きながら市域を「保全エリア」「調整エリア」「配慮エリア」「導入促進エリア」の四区分にゾーニングした。エリア区分は「保全エリア」を最優先区分とし、さらに、「調整エリア」と「配慮エリア」が重なった場合は「調整エリア」を優先、配慮事項はあるが、立地が見込めるエリアを「配慮エリア」とし、そのうち環境面、社会面からの制約が少なく、かつ発電効率が高い区域を「導入促進エリア」と設定している[図3]。そして、専門委員会(三回)、市民向けワークショップ(三回)を開催し、二〇二二年四月にパブリックコメントを実施している。

太陽光発電は、一般的には公共施設や公共遊休地、住宅・建築物の屋根、営農が見込まれない荒廃農地、廃棄物最終処分場跡地、ため池、その他低未利用地が適しているとされる。新潟市ではまず、太陽光発電施設は、屋根設置型と地上設置型に区分し、屋根設置型では標準的な家庭用(小規模発電:五キロワット相当)と産業用(大規模発電:五〇〇キロワット相当)の二種類に、地上設置型ではソーラーシェアリングとして期待される営農型の標準的なタイプ(小規模発電:四五キロワット相当)とメガソーラーなどと呼ばれる大規模なタイプ(大規模発電:一〇〇〇キロワット相当)の二種類

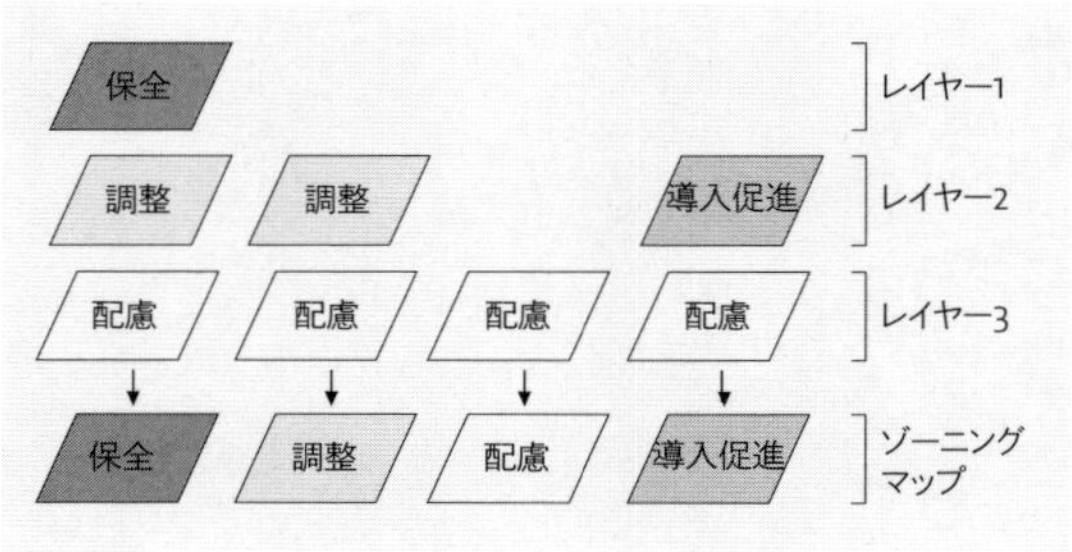

図3|レイヤーの重ね合わせ*3

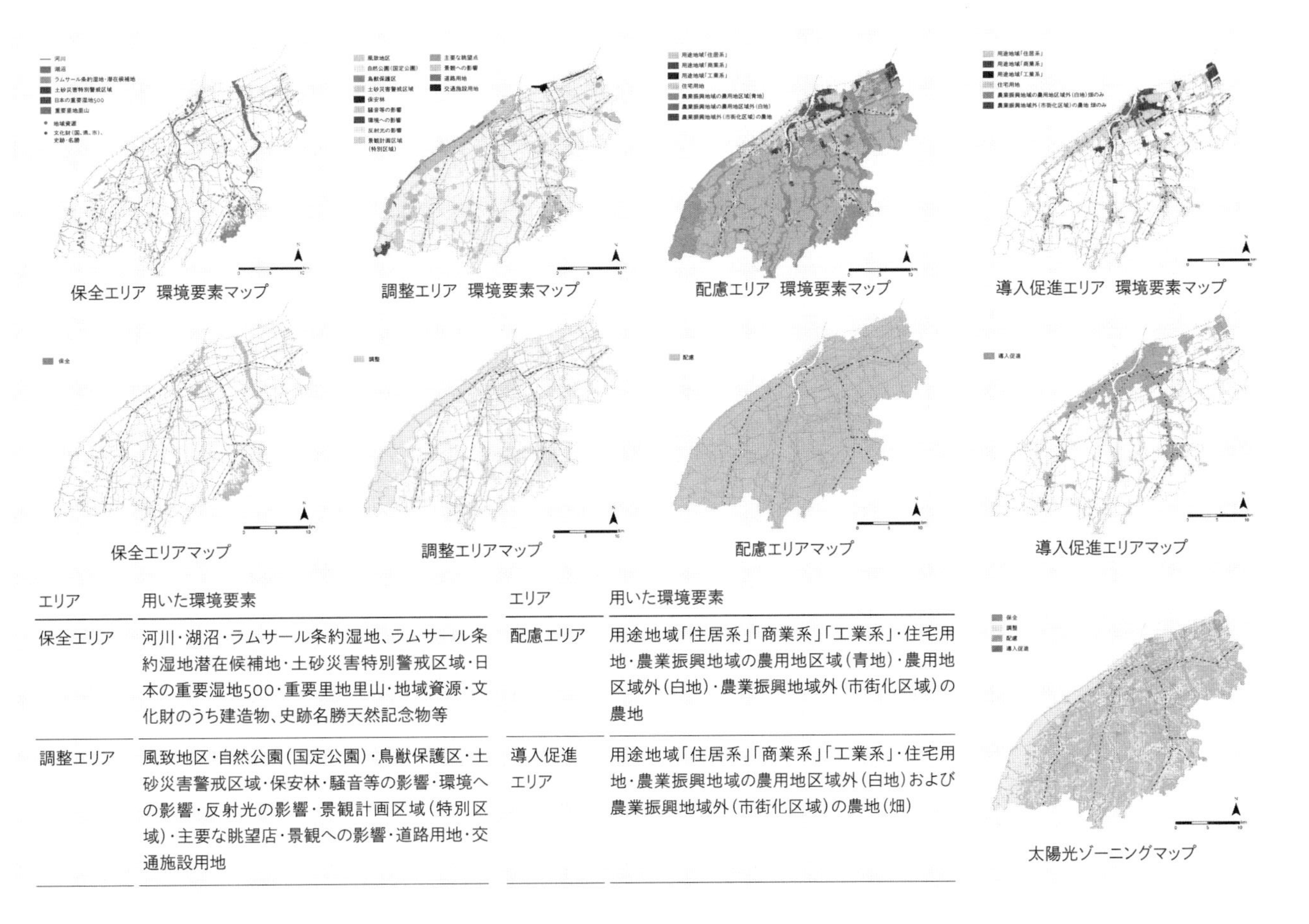

エリア	用いた環境要素
保全エリア	河川・湖沼・ラムサール条約湿地、ラムサール条約湿地潜在候補地・土砂災害特別警戒区域・日本の重要湿地500・重要里地里山・地域資源・文化財のうち建造物、史跡名勝天然記念物等
調整エリア	風致地区・自然公園（国定公園）・鳥獣保護区・土砂災害警戒区域・保安林・騒音等の影響・環境への影響・反射光の影響・景観計画区域（特別区域）・主要な眺望店・景観への影響・道路用地・交通施設用地

エリア	用いた環境要素
配慮エリア	用途地域「住居系」「商業系」「工業系」・住宅用地・農業振興地域の農用地区域（青地）・農用地区域外（白地）・農業振興地域外（市街化区域）の農地
導入促進エリア	用途地域「住居系」「商業系」「工業系」・住宅用地・農業振興地域の農用地区域外（白地）および農業振興地域外（市街化区域）の農地（畑）

図4｜新潟市における太陽光発電のゾーニング
（「新潟市太陽光発電及び陸上風力発電に係るゾーニング報告書」より筆者作成）

に区分するなど、発電規模に応じて区分している。さらに、ゾーニングに関係する法規制などの情報を以下の五種類に区分してレイヤー情報を整理している。

①土地利用に関する情報（区域、施設等：用途地域、風致地区、ラムサール条約湿地など）

②空域利用に関する情報（航空制限区域、気象レーダーなど）

③自然環境に関する情報（鳥類、動植物：渡りのルート、重要野鳥生息地など）

④景観・観光に関する情報（主要眺望点、自然との触れ合いなど：主要な眺望点、日本の重要湿地五〇〇、文化財など）

⑤事業性に関する情報（太陽光、風況）

太陽光発電に関しては、騒音や反射光に関しても住宅地から太陽光発電施設までの距離、一〇〇メートルを調整エリアとし設定されている、営農型農地の導入にも注目し、積極的に導入促進エリアとしている点が特徴的である。営農型発電は、農業を続けるという条件付きで固定資産税が安いまま太陽光パネルを設置できるという農林水産省が認めた特例があり、農地転用では許可されない農地区分においても一時転用許可であれば可能となった。そこで、農業振興地域の農用地区域外（白地）およびの市街化区域の農地で、畑に関しては導入促進エリアに位置づけ、積極的な太陽光パネルの設置を促進している。その結果、導入促進エリア、配慮エリアには、まとまった規模の設置が見込めるとしている。一方で、陸上風力発電に関しては、風速五・五メートル以上を陸上風力ポテンシャルエリアとして導入促進エリアに設定し①土地利用、②空域利用、③自然環境、④景観・観光の観点を基とし、保全エリアを除外した結果、陸上風力は、北区の東港周辺のみに導入促進エリアが絞られている状況である。

さらに新潟市では、ゾーニングの結果を踏まえ、太陽光と陸上風力について、法令などによる立地制限や環境保全を優先する区域である保全エリアを除いたエリアについて利用可能なエネルギーポテンシャルが推計されている。太陽光では、建物で約四〇・二平方キロメートルに約三七一七メガワットの設備容量（約五〇万世帯分の電力量）があり、また農地のうち、導入が見込まれる畑に営農型太陽光の導入を想定した利用可能なポテンシャルを推計すると、約一九・三平方キロメートルに約一二〇二メガワットの設備容量（約三三万世帯分の電力量）と推計されている。新潟市が、二〇二〇年度において約三三万世帯であることから、ポテンシャル計算上は、営農型太陽光発電のみで市内の電力は賄える推計となっている。また、陸上風力は、約八六〇〇MWh/年で約二一〇〇世帯分と推計されている。

　このように、新潟市の事例は、地域特性に応じ、導入を目指す再エネ種を総合的に検討し、目標とする再生可能エネルギーのポテンシャルを定量的に可視化している点において先進的である。今後、適正に環境に配慮し、地域と共生する再エネを最大限導入するためには、このように導入目標の設定とセットでゾーニングを行い、エリア設定の結果と目標との間でフィードバックをかけつつ、目標達成に向けて、地域に関連する主体を巻き込み、議論し知恵を出し合いながら、取り組むことが重要と考えられる。そうした中で、地域の自然的、社会的特性に応じた環境の保全や土地利用のあり方、豪雨や地震時の安全・安心なまちづくり、地域の持続可能性や経済効果の向上によって、相互に好循環を生み出すまちが可能となるのではないだろうか。

[2] 海外の風車ゾーニングと景観規制

ドイツの風車ゾーニングによる景観規制

ドイツは一六の連邦州と三つの都市州からなる連邦政府であり、州が作成する州発展計画を上位計画として定めている。州政府は、リージョンに分かれ、その下に基礎自治体がある。もともと、リージョンごとに風車の立地規制が定められはじめ、全国的に統一して規制する法律はなかった。ブランデンブルク州の五つの全てのリージョンで生じた訴訟により、二〇一二年の連邦行政裁判所の判決を通じて、風車の立地を規制するゾーニング手段として、リージョンごとにタブーゾーン(禁止ゾーン)を定める必要が生じた。この判決文が全国的に統一された規制となった。

　具体的には、リージョンごとに方法が異なっているので、ここではベルリン州とブランデンブルク州の場合で解説する。ブランデンブルク州ではタブーゾーンは次の三つからなる。

　一つめはハードタブーゾーンで、既存の法律によって、一律に風車の立地をあらかじめ禁止するゾーンである。二つめはソフトタブーゾーンで、風車の立地可能性のバランスを考慮して、リージョンの独自の理由により、一律に風車の立地を禁止するゾーンである。三つめは制限基準で、風車の立地可能性のバランスを考慮して、個別に追加的に定める風車を禁止するゾーンである。これらは、「風車の立地を誘導するゾーニング」を定める前に禁止するゾーンとして、リージョンが地図上で特定し、公表しなければならない。

　ハードタブーゾーンは、上位の州発展計画の開発規制のゾーニングが影響している。具体的に、首都圏ベルリン州とブランデンブルク州のハーフェルラント・フレーミング・リージョンで見ると、二州の州発展計画に景観規制が含まれており、連邦国が定める自然保護区域などの規制区域の他に、州の「オープンスペースネットワーク」が州面積の三割を上限に定められている。このオープンスペースネットワークとは、田園景観ゾーニング（州のランドスケープ・プログラムを基に定められる）のことで、都市開発の規制区域となっていて、風車の立地も禁止している。

　国や州の景観規制区域が「ハードタブーゾーン」であり、リージョンの景観規制が「ソフトタブーゾーン」と「制限基準」である。これらのタブーゾーンによって、大半の地域に風車の景観規制が実施されている。

　このため、これらの風車の規制がかかっていない場所に、「風力発電施設適正地域」がゾーニングされる。例えば、ハーフェルラント・フレーミング・リージョンでは、州の「エネルギー・ストラテジー2030」で定めた州面積の二パーセントの目標値を超えるように、「風力発電施設適正

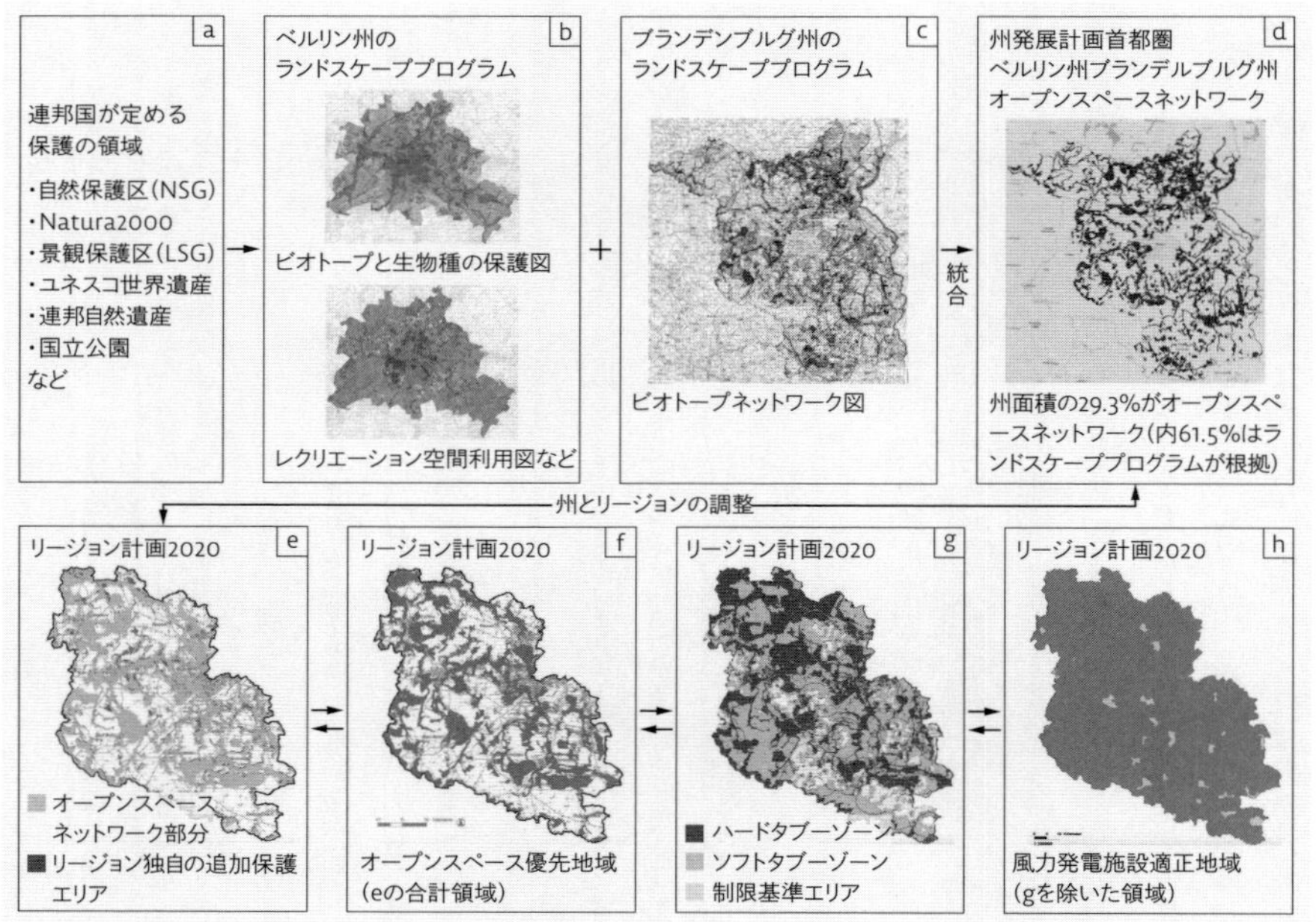

図1｜ベルリン州とブランデンブルク州の上位計画とハーフェルラント・フレーミング・リージョンのリージョン計画の関係性。各種のタブーゾーンなどを除いた領域が、風力発電施設の立地適正地域となる＊1

地域」の面積を二・二四パーセント確保している。

このように、風車ゾーニングには、自然保護や景観などの規制区域を考慮したタブーゾーンを定めた上で、風車を誘導する立地適正地域のゾーニングが設定されている。中でも、田園景観保護のため、三割を上限とするオープンスペースネットワーク規制が州発展計画で定められ、風車の立地適正ゾーンはリージョンで二パーセント以上と定めるなど、基礎自治体よりも上位の行政機関の数値目標が明確である特徴が見られる。風力発電施設の立地規制を伴う景観保護と目標値を定めたドイツの風力発電施設の立地適正化の手段は、日本の国土計画、都市計画、景観計画にはない発想であり、学ぶべき点である。

イタリアの風車ゾーニングによる景観規制

イタリアは二〇の州からなり、憲法第九条の景観保護と「文化財と景観の法典」に基づいて、国と州が共同して景観計画を策定している。景観計画は、総合的なテーマで景観を定義していて、再生可能エネルギー施設も一つのテーマである。

プーリア州は、イタリアで最も風車の設置数が多い地域であるが、景観計画に風車のガイドラインを導入した。具体的には、自然公園、自然保護区、自然災害危険地域、景観財の周囲、世界遺産の周囲、文化財と考古学遺跡の周囲、視界保護ゾーン一〇キロメートル、既存集落の周囲、田園風景のコンテクストの保護エリア等の規制エリアを「センシティブゾーン」と定めて、陸上および海上の風車の立地を制限するゾーニングを導入している[図2]。

その他にも、ウンブリア州の景観計画では、再エネ発電施設が景観資源に近接するのを避けるように立地誘導し、バジリカータ州では、景観計画に付属するWeb GISにおいて、風車の立地場所を表示し、景観許認可手続きを行っている。その他の州でも、エネルギー施設の立地を景観計画に表示している。

このように、景観計画を用いて陸上風車の立地ゾーニングや表示を行う方法は、日本の景観計画でも可能な方法であり、風車の立地の適正化を誘導するために学ぶべき点である。

海外の洋上風車の「離岸距離」による景観規制

最近は、洋上風車の大規模な建設が進められている。そこで、欧米に限らず、洋上発電量の多い世界の一八か国の調査を行った。各国の洋上の規制に共通するのは、国がイニシアチブを有しているという点である。ただし、ドイツなどでは領海内は、州の計画コントロールが効いている。

中国では、二〇一六年に国家エネルギー局と国家海洋局が共同で、「洋上風力発電開発・建設管理措置」の統一基準を定めており、第七条では、生態系保護の目的で、離岸距離一〇キロメートル以上、ビーチ幅一〇キロメートルを超える海域の水深が一〇メートル以上の海域で計画すべきとしている。

英国では、クラウン・エステートが英国の海域の管理の権限を有している。洋上の風車の離岸距離の規制について、年次ごとに規制が強められた。最初の年次の二〇〇一年のRound1における計画許可の際に、洋上風車の離岸距離の制限はなかったため、離岸距離が短い洋上風車が立地し、景観上の紛争が生じた。二〇〇三年のRound 2においては、Round1での経験を踏まえ、戦略的環境アセスメントSEAを海洋に適用してリバプール湾、テムズ川河口、北海のグレーターウォッシュに限定して洋上風車を誘導し、離岸距離で約八～一三キロメートルを確保した。視覚的影響を軽減するとともに、浅い餌場の海域の立ち入りを禁止したが、生態学的、累積的な影響について、地元の利害関係者の強い懸念が生じた。二〇〇九年のRound 3においては、九つの誘導区域を挙げているが、図3のようにRound 3の洋上風車ゾーン（1番から4番）は、さらに遠方の離岸距離一二海里（約二二・二キロメートル）を確保している。

一方、二〇一八年からのRound 4でさらに拡大された四つの海底入札区域の中で、二〇二一年にアナウンスされた六つの事業エリア（図3の10番から15番）は、いずれも離岸距離一二海里を確保している。

ドイツでは、建設法典に基づき、海岸線から一二海里までは、州の管轄で、州発展計画による開発制限を行っている。また、海岸部周辺には広く野鳥保護区が掛かっていて風車を立地することが禁じられている。領海の外側の排他的経済水域は、空間計画法の下で、連邦船舶航行水路機構（BSH）が、連邦自然保護局（BfN）と協議しながら、二〇一七年に連邦洋上部門計画を作成した。つまり、一二海里より外側は連邦政府が管轄し、風車の海洋計画を作成した。

オランダでは、二〇一五年の洋上風力エネルギー法により、事業の意思決定プロセスは簡素化されるとともに、政府は海洋計画（Dutch National Water Plan）における風車ゾーニングの責任を負った。これにより、少なくとも風車の離岸距離の一二海里は確保された。

デンマークでは、海の景観と洋上風車の視覚的影響に

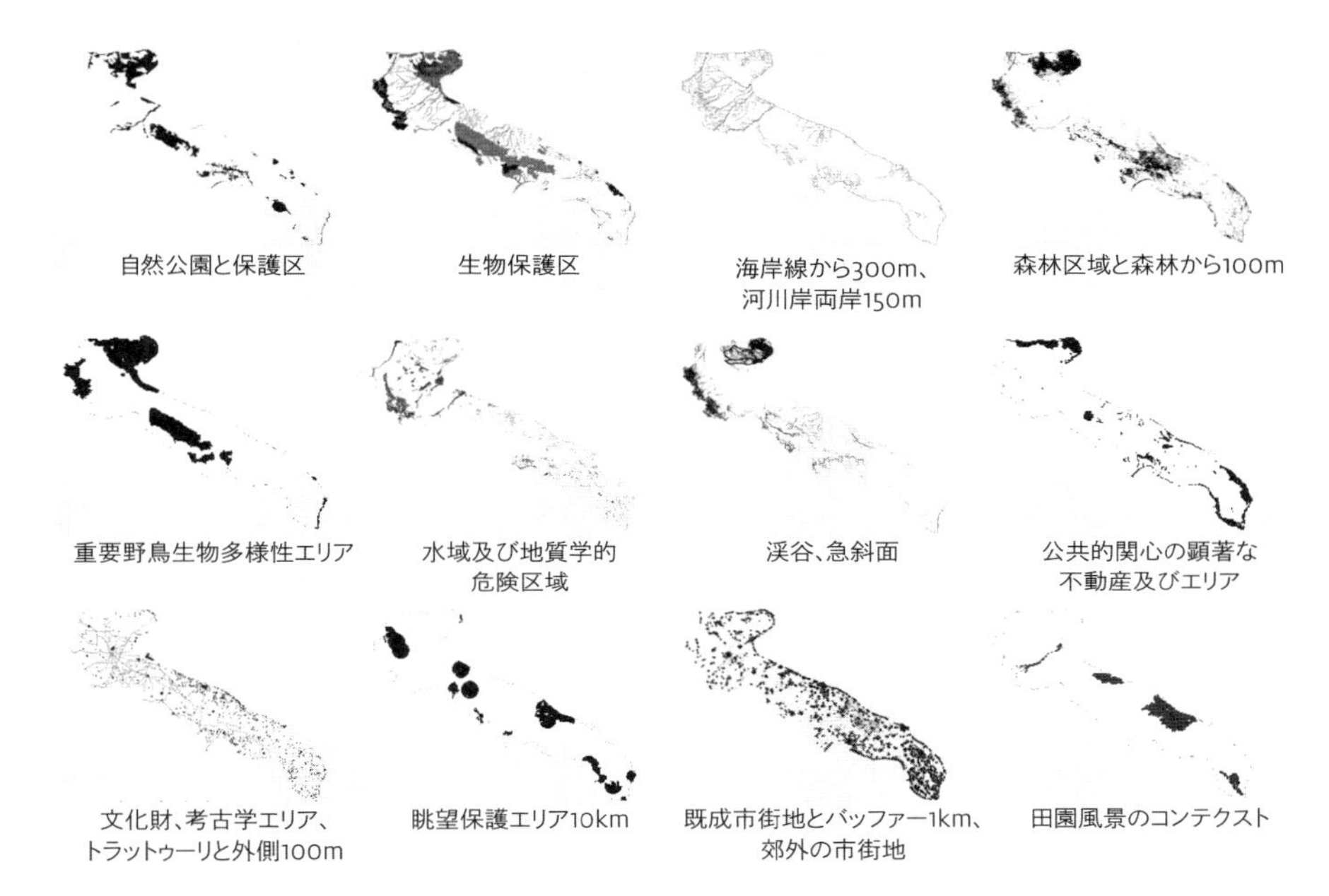

図2｜プーリア州の景観計画における風車のガイドラインに定められた12種類のセンシティブゾーン。文化財と景観の法典の景観規制は、海岸から300m、河川両岸150m、公共的関心の顕著な不動産及びエリア、文化財、考古学エリア、トラットゥーリ（羊の移動経路）と外側100m、眺望保護エリア10kmが相当する。これらの景観規制に重ならない領域に風車の立地が誘導されている＊2

Round3の事業

Zone	Name	Developer
1M	Moray Firth	Moray Offshore Renewables Ltd
2F	Firth of Forth	Seagreen Wind Energy Ltd
3D	Dogger Bank	Forewind Ltd
4H	Hornsea	SMart Wind Ltd
5E	East Anglia	East Anglia Offshore Wind Ltd
6R	Rampion	E.On Climate & Renewables
7W	West of Isle of Wight	Eneco Round 3 Development Ltd
8B	Bristol Channel	Bristol Channel Zone Ltd
9I	Irish Sea	Centrica Renewables Ltd

Round4の事業

10 RWE Renewables
11 RWE Renewables
12 Green Investment Group-Total
13 Consortium of EnBW and BP
14 Offshore Win Limited, a Joint Ventuire between Cobra Instalaciones y Servicios, S.A. and Flotation Energy plc
15 Consortium of EnBW and BP

図3｜英国のRound 3の洋上風車誘導ゾーンとその事業、Round 4の事業の位置＊3

関する調査として、デンマークエネルギー庁（DEA）とデンマーク森林自然庁（DFNA）が行った結論では、離岸距離を重視している。具体的に「Future Offshore Wind Power Sites – 2025」において、戦略的な海洋計画の必要性を述べており、諮問委員会は、カテガット海峡と北海の一部を洋上風車の場所に推奨している。この案は、二〇〇六年に公表され、二〇〇七年にパブリック・ヒアリングを経た。二〇一一年に新たな洋上風車の推奨場所の提案と、一〇キロメートルと一二・五キロメートルの離岸距離のバッファーゾーンの設定が民主的プロセスを経て示された。

　アメリカでは、海洋エネルギー監督局は、二〇〇マイルの海域において、管理権限を有している。国立公園サービスでは、二〇一四年にリリースされる海域の視覚的影響を評価するためのガイドラインを策定し、八つの主な要因（可視域の制限要因、観察者の特性、光の要因、大気の要因、距離、地形、背景、対象物の特性）を挙げ、「距離」もその一つの要因としている。内務省海洋エネルギー管理局（BOEM）は、二〇一八年までに、アメリカ東部各州の洋上に、商業風車のためのリースを許可しているが、離岸距離は一二海里である。

　以上を整理すると、洋上風車のゾーニングは、政府の海洋計画や州の規制エリアなどを用いて、景観と生態系保護を根拠に長距離の離岸距離の制限を用いている。

海外と比較した日本の風車ゾーニングの課題

日本では、現在、風車の立地を促進する区域があるが、風車の立地を景観の観点から禁止するタブーゾーン（センシティブゾーン）の設定がなく、法律上規制が必要である。具体的には地域の景観資源の特定に基づく、景観保護と風車の立地適正化が必要である。また、一般海域そのものが景観資源であることを考慮していない根本的な問題が見られ、風車と共生が難しい自然景観の保護が課題である。解決方法には、海外のように海洋計画を国が策定するか、領海内において自治体が景観計画で海上の風車の立地コントロールを行う方法による、合意形成が考えられる。

　一方、日本の風車の環境アセスメントの制度では、景観評価の際に、「風車の垂直見込角」を用いた評価をしているが、その基準が欧米の視覚的影響評価と比較して、視覚的影響力を低く見積もっている課題が見られ、科学的な見地による改善が必要となっている。

　風車が巨大化する今日、風車ゾーニングは日本においても、国際的な景観保護の観点から、持続可能な発展の目標（SDGs）の具体的な内容を定めて適合させる必要がある。

註釈

3節［1］

＊1 環境省「地域脱炭素のための促進区域設定等に向けたハンドブック（第二版）」（二〇二二）を参照した。

＊2 同前

＊3 新潟市『新潟市太陽光発電及び陸上風力発電に係るゾーニング報告書』（二〇二二年六月）を参照した。

3節［2］

＊1 宮脇勝「ドイツの州発展計画とリージョンの風車ゾーニングの関係性 ベルリン州とブランデンブルク州のオープンスペースネットワーク規制が風車の立地適正化に果たす役割」『日本建築学会計画系論文集』第八七巻 第七九七号、一二五九頁-一二七〇頁より引用

＊2 宮脇勝「イタリア第三世代の景観計画と景観保護における国の役割に関する研究 ウルバーニ法典の景観計画の共同計画と国の景観許認可及び環境アセスメントと景観観察センターに着目して」『都市計画論文集』第五三巻第三号、二〇一八、一二三一-一二三八頁より引用

＊3 The Crown Estate (2012), Submarine cables and offshore renewable energy installations, Proximity Study および The Crown Estate (2021), Offshore Wind Leasing Round 4Delivering a low cabon future.

参考文献

3節［2］

・宮脇勝「ドイツの州発展計画とリージョンの風車ゾーニングの関係性——ベルリン州とブランデンブルク州のオープンスペースネットワーク規制が風車の立地適正化に果たす役割」『日本建築学会計画系論文集』第八七巻 第七九七号、二〇二二、一二五九～一二七〇頁

・宮脇勝「イタリア第三世代の景観計画と景観保護における国の役割に関する研究——ウルバーニ法典の景観計画の共同計画と国の景観許認可及び環境アセスメントと景観観察センターに着目して」『都市計画論文集』第五三巻 第三号、二〇一八、一二三一～一二三八頁

・宮脇勝「洋上風力発電施設の景観に関わる「海洋計画」と「離岸距離」に関する国際比較——洋上景観保護のための風車ゾーニングと最小離岸距離に関する調査」『都市計画論文集』第五七巻 第三号、二〇二二、五四六～五五三頁

・宮脇勝、内田正紀「洋上風力発電施設の景観シミュレーションによる視覚的影響範囲（ZVI）と視覚的影響の大きさに関する研究——北海道石狩市沿岸の洋上風車の視覚的影響評価」『都市計画論文集』第五八巻 第三号、二〇二三、一五六二～一五六九頁

4節・太陽光発電施設等への景観対応

[1] 太陽光発電設備と景観――静岡県

問題の所在

近年、太陽光発電設備(おもにソーラーパネル)が及ぼす景観の問題が新聞紙上をにぎわすことが多い。たいていの記事は、両者の共存が望まれてはいるものの、その具体策については模索が続く状況であることを報告している。

過去の新聞記事をひもとくと、二〇一二(平成二四)年の「再生可能エネルギーの固定価格買取制度(FIT制度)」の開始以降、吉野ケ里遺跡や世界遺産の富士山、国立公園などにおいて、太陽光発電設備と景観に関わる問題が徐々に顕在化してきたことがわかる[表1]。こうした問題に対して、守り育むべき景観が明確である地方公共団体や、景観への意識が高い、いわゆる先進的な地方公共団体において、太陽光発電設備の規制に関わる条例制定や指針策定、景観計画の届出対象行為化、あるいはメガソーラーなどの環境影響評価(環境アセスメント)の対象化といった取り組みが進められてきた。ほかにも、太陽光発電設備の設置にあたっては、環境(森林破壊など)や防災(土砂災害など)の観点も絡み合うことから、問題の所在に応じてさまざまな対応が見られる。

こうした一連の流れを見ると、FIT制度開始当初は、太陽光発電設備の設置により影響を受ける景観の対象は、顕著な価値をもつかけがえのない景観や、地域でとりわけ大事にされてきた景観であったものが、近年はその対象が徐々に身近な日常の景観へと広がりはじめていることがわかる。太陽光発電設備と景観に関わる問題は単純ではないが、最低限、どのような景観をどのように守り、育むのか、対象と手続きをあらかじめ共有しておくことが重要であろう。つまり、設置の可否を判断する前提として、守り育むべき景観を明らかにしておくことが重要であり、さらに、太陽光発電設備を設置する場合に、景観の観点から当該地域の景観の質を担保するための手続きが重要であるといえよう。そのための手段の一つとして、景観計画の役

年	月	日	面	見出し
2012	5	9	25	太陽光発電所 撤回を要望「吉野ケ里遺跡の景観損ねる」市民団体=佐賀
2012	8	31	37	富士山の景観保護「太陽光・風力発電 自粛を」富士宮市=静岡
2013	2	8	33	住宅地に 太陽光発電所計画 藤枝 住民と業者が対立=静岡
2013	5	12	28	太陽光設置基準 風致地区で緩和 斑鳩町=奈良
2013	7	10	34	富士山 発電設備抑制呼びかけへ 富士宮市=静岡
2013	11	22	33	富士山周辺にメガソーラー「自治体同意、設置条件に」知事に要望=静岡
2013	12	19	37	メガソーラーの規制 富士山麓自治体要望
2014	1	16	27	太陽光普及へ基準緩和 設置エリア20倍 京都市=京都
2014	1	29	31	メガソーラー抑制条例可決 由布市議会再生エネ特化は異例=大分
2015	1	15	34	蒜山・観光拠点の景観守れ 太陽光、風力施設規制=岡山
2015	2	25	34	再生エネ施設の建設 高崎市が規制条例案=群馬
2015	5	1	34	富士宮市 メガソーラー 規制条例案 富士景観保全 市民らの意見募集=静岡
2016	4	7	31	つくば市 再生エネ運用で指針 会見保全 富士景観保全 市民らの意見募集=静岡
2016	12	5	35	太陽光発電 広がる規制 景観・災害恐れ 住民反発 36道府県で条例など
2017	6	24	29	メガソーラー 環境保全条例 志摩市、県内初 区域指定 業者が対策=三重
2017	11	29	31	メガソーラー 建設を制限 和歌山市、条例制定乗り出す=和歌山
2019	11	28	27	再生エネ施設 市長同意必要に 伊万里市、条例案提出へ=佐賀
2019	12	4	27	自然と再エネ発電調和図る 新富町条例提出へ=宮崎
2020	2	20	27	遠野市 太陽光発電開発抑止へ 1ヘクタール以上大規模施設禁止=岩手
2021	10	10	25	太陽光発電 許可制に 菊池市 住民説明会義務づけ 相次ぐトラブル背景=熊本
2021	12	7	27	太陽光 設置規制を強化 常陸太田市 条例改正へ 土砂災害リスク低減=茨城
2021	12	17	23	太陽光発電 環境と共生へ 茅野・富士見・原 共同宣言「屋根型」促進=長野
2022	4	5	22	メガソーラー 条例で規制　県方針 住民ら土砂災害危惧=奈良

表1｜太陽光発電設備と景観に関わる主な新聞記事（読売新聞）

割の重要性が浮かび上がってくる。

静岡県内の取り組み

太陽光発電設備と景観の共存に向けた具体策の方向性を探るため、静岡県内の取り組みを見ていきたい。静岡県は、その地形条件から日射量が多く、太陽光発電設備の設置も盛んであることから、これまで地方公共団体レベルでさまざまな取り組みが模索されてきた。

静岡県内の市町における景観計画の策定状況と、各景観計画において、太陽光発電設備に関わる届出対象行為の状況を整理したものが図1及び表2である。これを見ると、とくに二〇一三（平成二五）年以降、景観計画に届出対象行為として太陽光発電設備の設置が位置づけられていることがわかる。当初の景観計画には位置づけられていない地方公共団体においても、その後景観計画が変更され、太陽光発電設備の設置が届出対象行為として追加されている状況にある。各地方公共団体において、太陽光発電設備が地域の景観形成上コントロールすべき対象として顕在化してきたことの証左といえよう。

一方、静岡県は、二〇一八（平成三〇）年に太陽光発電設備の適正導入に向けたモデルガイドラインを公表し、市町の取り組みを支援している。これを受け、二〇二三（令和五）年七月現在、県内一二市町でガイドラインが策定されるとともに、富士宮市を嚆矢として、二二市町で景観や自然環境と太陽光発電設備との調和を模索する条例が制定されている。それらは、太陽光発電設備の設置が景観計画の届出対象行為に位置づけられている地方公共団体だけではなく、位置づけられていない地方公共団体や景観計画未

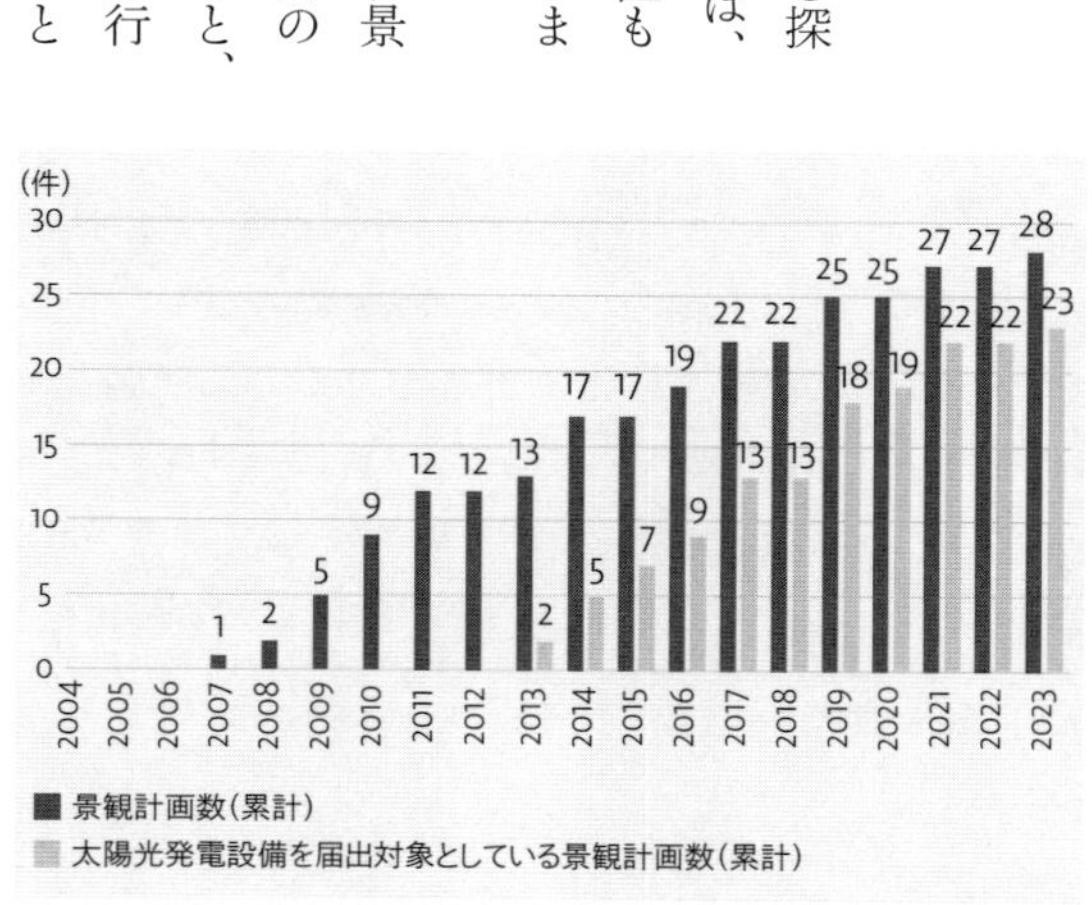

図1｜静岡県内市町の景観計画の策定状況及び太陽光発電設備に関わる届出対象行為の状況（2023年7月現在）

番号	市町名	景観行政団体となった日	景観計画施行日	太陽光発電設備に関わる届出対象行為の状況		
				届出対象の有無	届出対象行為の種類	施行日
1	静岡市	法施行時(政令指定都市)	平成20.10.1	○	工作物	令和2.2.1～
2	浜松市	法施行時(中核市)	平成21.4.1	×	–	–
3	熱海市	平成17.5.2	平成19.5.1	×	–	–
4	富士市	平成17.6.15	平成21.10.1	○	工作物	平成27.5.1～
5	三島市	平成18.2.1	平成21.3.1	×	–	–
6	伊東市	平成18.9.20	平成23.12.1	○	工作物	令和1.8.1～ (令和3.9.1改正)
7	下田市	平成19.4.1	平成22.7.1	○	工作物	平成27.9.1～
8	沼津市	平成19.4.1	平成23.4.1	○	工作物	令和3.4.1～
9	湖西市	平成19.4.1	平成22.2.1	×	–	–
10	富士宮市	平成19.8.1	平成22.1.1	○	工作物	平成25.7.1～
11	袋井市	平成20.4.1	平成22.4.1	○	建築物	平成29.7.1～
12	掛川市	平成20.5.1	平成23.1.1	×	–	–
13	牧之原市	平成21.11.1				
14	裾野市	平成22.5.1	平成25.4.1	○	工作物	平成25.4.1～
15	島田市	平成23.4.1	平成26.1.1	○	工作物	令和1.6.1～
16	伊豆の国市	平成23.10.1	平成26.8.1	○	その他	平成26.8.1～
17	御殿場市	平成24.3.15	平成26.4.1	○	工作物	平成26.4.1～
18	磐田市	平成24.12.1	平成26.11.1	○	工作物	平成26.11.1～
19	伊豆市	平成25.1.1	平成29.3.31	○	工作物	平成29.3.31～
20	長泉町	平成25.12.1	平成28.4.1	○	工作物	平成28.4.1～
21	焼津市	平成26.3.1	平成31.1.1	○	その他	平成31.1.1～
22	藤枝市	平成26.4.1	平成29.4.1	○	工作物	平成29.4.1～
23	小山町	平成26.7.1	平成28.4.1	○	工作物	平成28.4.1～
24	清水町	平成27.5.1	平成29.6.22	○	工作物	平成29.6.22～
25	川根本町	平成28.12.1	平成31.1.1	○	工作物	平成31.1.1～
26	函南町	平成29.4.1	平成31.4.1	○	工作物	令和1.7.1～
27	森町	平成29.11.1	令和5.4.1	○	工作物	令和5.4.1～
28	松崎町	平成29.12.1	令和3.9.1	○	その他	令和3.9.1～
29	南伊豆町	平成30.7.2	令和3.4.1	○	工作物	令和3.4.1～
30	菊川市	平成31.4.1				
31	西伊豆町	令和2.4.1				
32	河津町	令和2.4.1				
33	東伊豆町	令和2.4.1				
34	吉田町	令和2.4.1				
35	御前崎市	令和2.4.1				

表2|静岡県内市町の景観計画の策定状況及び太陽光発電設備に関わる届出対象行為の状況
(2023年7月時点)(静岡県資料に加筆)

策定の地方公共団体においても制定されており、地域の状況に応じた取り組みが模索されていることがわかる。

事例：富士宮市と掛川市

太陽光発電設備と景観の共存に向けて、景観計画や条例などの取り組み状況をより具体的に把握するため、景観計画をはじめとした多面的な取り組みを展開する富士宮市と、ガイドラインによる対応を模索する掛川市を事例として取り上げよう。

①富士宮市の取り組み

富士宮市は、静岡県東部、富士山の南西麓に位置し、世界文化遺産・富士山を有するとともに、富士山本宮浅間大社や白糸ノ滝をはじめ、その構成資産も市中に多数点在している。すなわち、富士山が地域のアイデンティティとして定着しており、また、富士山の眺望は守るべき景観として広く市民に共有されているといえよう［図2］。一方、富士山の裾野に広がるなだらかな斜面地は、まさしくソーラーパネルの設置にうってつけの地勢であり、こうした背景から、富士宮市では比較的早い時期から、いわば先進地として、太陽光発電設備に対するさまざまな取り組みが講じられてきた。そうした取り組みの経緯を追ってみたい。

まず、二〇一〇（平成二二）年一月に、景観法に基づく「富士宮市景観計画」が施行された。しかし、当初の景観計画では、太陽光発電設備の設置は届出対象外であった。その後、太陽光発電設備の設置ニーズの高まりを受け、二〇一二（平成二四）年九月に「大規模な太陽光発電設備及び風力発電設備の設置に関する取扱いについて」（要綱）が制定された。

この要綱は、抑止地域を設定し、そこでは一定規模以上の太陽光及び風力発電設備を設置しないでほしいという、いわゆる〝お願い〟のための制度である。この時、条例ではなく要綱の制定にとどまったのは、土地に制限を加えることに対するより慎重な検討など、条例制定にはかなりの時間を要することが想定されたことから、緊急避難的な対応が必要であったためである。

一方、この要綱では、抑止対象の設備規模は、景観計画の届出対象規模を踏まえ、太陽光発電設備は総面積一〇〇〇平方メートル、風力発電設備は高さ一〇メートルを超えるものとし、抑止地域は景観計画の「富士山等景観保全地域」と一致させるなど、景観計画との連動が図られている。しかし、景観計画では設置される設備の形態や意匠といった質の議論はできるものの、設置の可否をコントロールすることは難しいとの判断から、景観計画の届出対象とするのではなく、別途この要綱が制定されることとなった。

要綱の制定から三年間で、抑止地域内で約二六〇件、抑止地域外で約一七〇件にのぼる、太陽光発電設備等の設置に関する相談が窓口に寄せられたが、やはり要綱による運用では対応に苦慮することも多かったという。

こうしたなか、二〇一三年六月の富士山の世界文化遺産登録を契機に、取り組みが加速されることになる。

同年七月に「富士宮市景観計画」が改訂され、太陽光発電設備が届出対象行為に含まれた。さらに同月、要綱の内容をより踏み込むかたちで、「富士宮市富士山景観等と再生可能エネルギー発電設備設置事業との調和に関する条例」が制定された（条例制定に合わせて要綱は廃止された）。この条例は、「富士山の景観、豊かな自然環境及び安全安心な生活環境の保全及び形成と再生可能エネルギー源の利用との調和を図る」ことを目的として、太陽光モジュールの総面積が一〇〇〇平方メートルを超えるもの及び風力発電設備の高さが一〇メートルを超えるものを対象に、対象設備を市内で設置する場合は、市長への届出と同意を得なけれ

図2｜富士宮市内から望む富士山

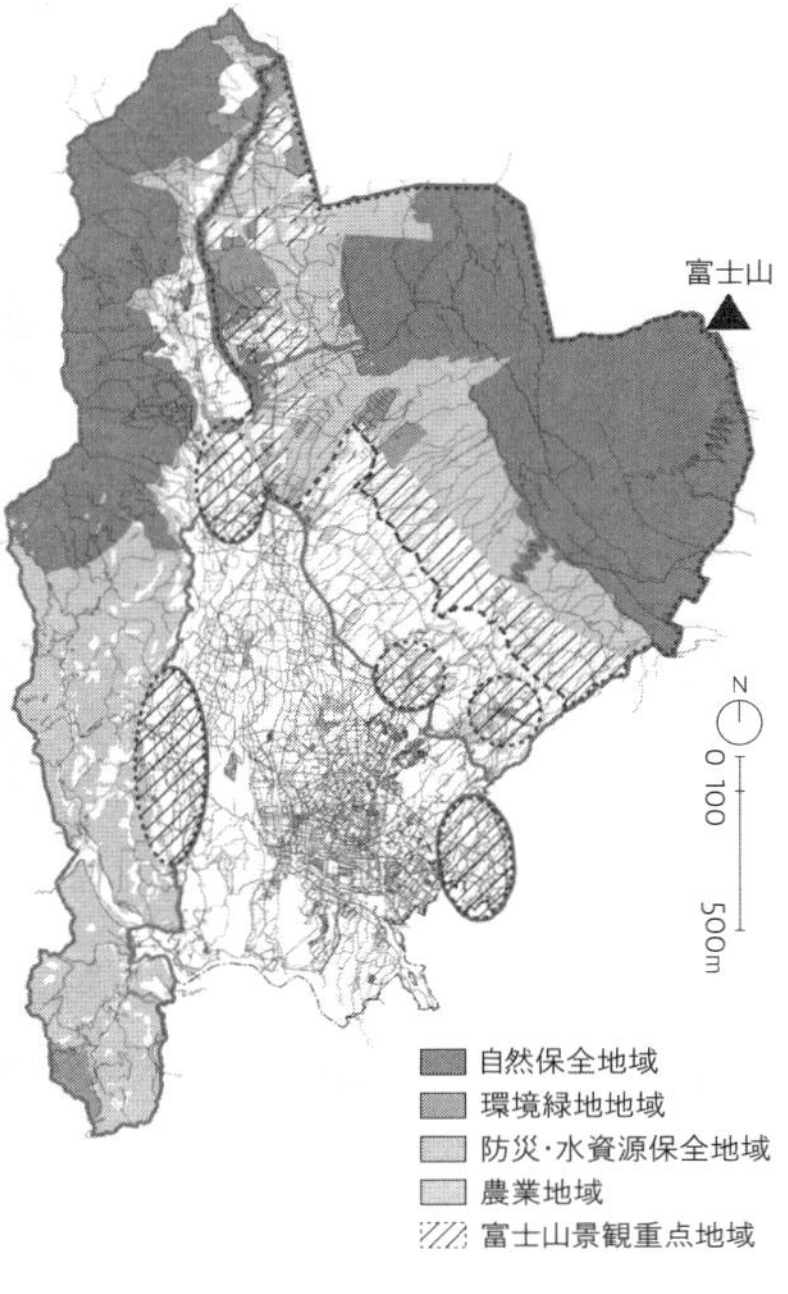

富士山
N
0 100 500m
自然保全地域
環境緑地地域
防災・水資源保全地域
農業地域
富士山景観重点地域

図3｜抑制区域図（実線枠内が抑制区域）
（出典：富士宮市富士山景観等と再生可能エネルギー発電設備設置事業との調和に関する条例）

ばならないとした。さらに抑制区域［図3］を定め、区域内での対象設備の設置には、原則的に市長は同意しないとした。この条例の抑制区域は、土地利用制度と連動を図るため、先の要綱の抑止地域を踏襲しつつ、富士宮市総合計画の土地利用方針と整合を図るかたちで見直されている。

条例の制定により、再生可能エネルギー発電設備設置に対する抑止力は高まったが、一方で、条例の対象外となるモジュール総面積一〇〇〇平方メートル以下の小規模な太陽光発電設備の設置が、田園地域や生活圏域に近い地域における景観や安全性を脅かすという問題が顕在化してきた。

こうした問題を考慮し、条例の適用除外となる小規模な事業についても、各地域が有する自然や景観特性を踏まえ、周辺環境などへの一定の配慮を求めるため、二〇一五（平成二七）年七月に「小規模な再生可能エネルギー発電設備設置事業に関するガイドライン」が施行された。このガイドラインは、太陽光モジュールの面積が一〇〇〇平方メートル以下、風力発電設備の高さが一〇メートル以下の設備を対象として、色彩や設置位置、安全性への配慮などを求め、地域や近隣などとの問題が生じないよう呼びかけるものである。

このように、富士宮市では、太陽光発電設備に対して、土地利用制度と連動させた条例やガイドラインによって、設置の可否をコントロールするとともに、景観計画によって、設置される設備の質もコントロールするという、いわば両輪の取り組みが進められている。さらに、二〇二四（令和六）年現在、国土利用計画の見直しも進められており、今後、よりきめ細かな取り組みの推進が期待される。

②掛川市の取り組み

掛川市は、静岡県西部に位置し、市北部に山地、中央部に丘陵地、そして南部は県立自然公園の遠州灘に開けた、起伏に富んだ地形を有している。また、市北東部の東山を中心に斜面地には茶畑が広がり、そこで営まれる茶草場農法は、二〇一三年五月に「静岡の茶草場農法」として、国際連合食糧農業機関（FAO）により世界農業遺産（正式名称：世界重要農業遺産システム）に認定された。

掛川市は、〝環境日本一〟を目標に掲げ、温室効果ガス削減や再生可能エネルギーの普及・推進に積極的に取り組んできた。その一方で、御前崎遠州灘県立自然公園に隣接する農地にはメガソーラーが進出し、また周辺環境に弊害を及ぼすような小・中規模の野立て太陽光発電設備が増加したことから、二〇一九（令和元）年九月に「掛川市野立て太陽光発電設備ガイドライン」が策定された。このガイドラインでは、出力五〇キロワット以上または敷地面積五〇〇平方メートル以上の事業用太陽光発電設備を対象に届出を求めるとともに、設置することが適当でない区域や、設置にあたっての配慮事項などが示されている。この配慮事項は、環境や防災の観点とともに、景観の観点からも配慮を求める内容となっている。

掛川市では現在、世界農業遺産に認定されている茶畑の周辺においても、ソーラーパネルが徐々に設置されるようになってきた[図4]。一方、「掛川市景観計画」(二〇一一(平成二三)年一月施行)では、太陽光発電設備の設置はいまだ届出対象ではないが、茶畑を文化的景観に位置づけるための調査が進められている。今後、環境施策と景観施策、生業と景観、それぞれどのようにバランスをとっていくのか注目していきたい。

図4|茶園に設置されたソーラーパネル

③太陽光発電設備と景観の共生に向けて

以上、対照的な二事例のレビューではあるが、太陽光発電設備と景観の共存に向けた取り組みの手がかりをつかめるのではないだろうか。

富士宮市のように、守り育むべき景観が明確で、地域で共有されている場合であっても、景観計画のみではなく、土地利用制度と関連付けた多面的な取り組みが必要である。一方、掛川市のように、守り育むべき景観が未だ明確ではない場合には、景観計画でそれを共有するとともに、あらかじめ、いざという時の手続きを整えておく必要がある。

共存に向けた取り組みは緒に就いたばかりである。今後、こうした事例分析を深めながら、暗黙知を形式知として共有していくことが重要であろう。

［2］自治体自主条例から見る「生活景」への対応
——北海道

再生可能エネルギー発電設備等設置関連条例を独自に制定する自治体が増加し、生活環境や自然・景観保全など、地域との共存に対する課題が各地で顕在化している。一方、今後「地球温暖化対策の推進に関する法律の一部を改正する法律（温対法）」で進められる地方公共団体実行計画制度の拡充と、地域脱炭素化促進事業の促進に関する制度を導入した「地域脱炭素化促進区域」などを定めるにあたり、再生可能エネルギー発電設備等の自治体自主条例は、この区域設定への課題を示唆している。

本節は、今後の区域設定には固定的な区域設定のほか、地域固有の生業や防災対策などの地域社会を反映した「生活景」に対しては動的に区域設定を行うなど、段階的で柔軟な対応が必要であることを、北海道内の自治体自主条例を概観し、襟裳岬の「風のまち」えりも町を例に論じたい。

概要

一般財団法人地方自治研究機構は、二〇一二年七月から開始された固定価格買取制度（FIT制度）を契機に発電整備の普及が進むなか、土砂災害や自然などの景観への影響など新たな課題に直面して発電設備の設置に関わる規制を目的とした単独条例を制定する自治体を取り上げて概観しており、条例制定の動きはいまだ活発であるという。

まず、同機構による「太陽光発電設備の規制に関する条例（二〇二三年四月三日更新）」*1に整理された一覧表から、北海道内一〇町村を抽出し、景観計画との関係を整理し、条例制定の背景などを自治体へのヒアリング調査と一部現地調査*2で把握する。

景観計画との関係

対象一〇町村と景観計画の関係を図1に示した。景観行政団体は長沼町のみであり、他は北海道景観計画区域に位置づけられ、ニセコ町は羊蹄山麓広域景観形成推進地域に、他八町村は一般区域に属する。北海道庁は、二〇一五年度に「北海道太陽電池・風力発電設備景観形成ガイドライン（以下、北海道ガイドライン）」を策定した。北海道景観計画区域内の届出事務に係るフローでは、道が届出を受理して市町村から意見を聴取、市町村からの回答状況などと景観形成に関する基準適合状況を審査し、適合の場合は審査終了、基準に抵触する場合は北海道景観審議会に意見聴取し

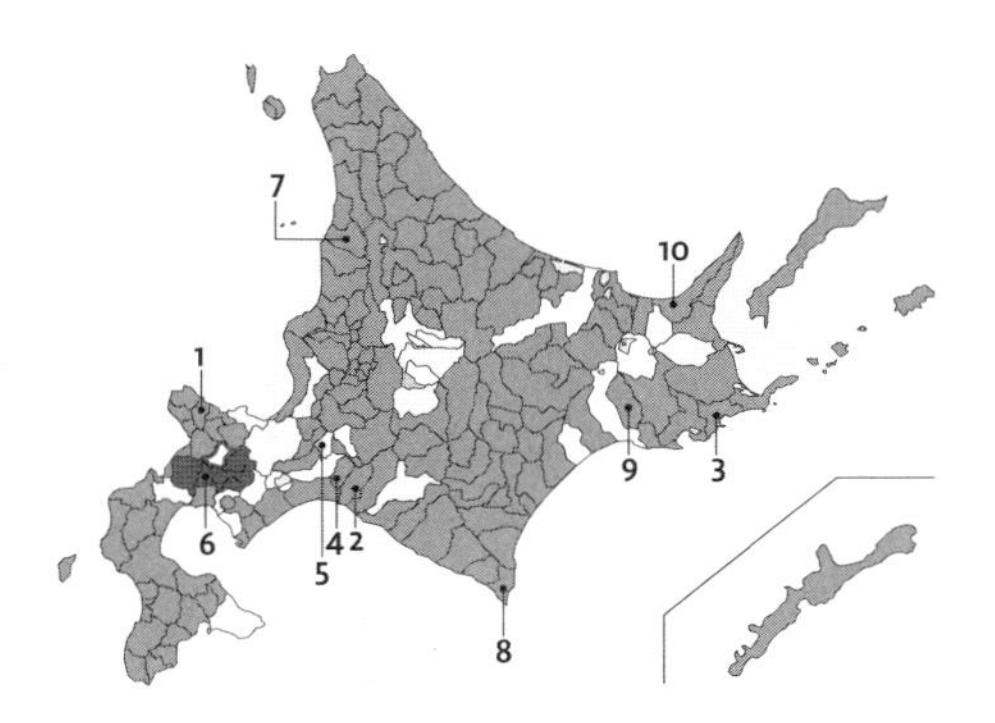

北海道景観計画区域（一般区域）
同上（羊蹄山麓広域景観形成推進地域）
景観行政団体である市町村の区域
数字 条例制定自治体（本稿対象自治体）

1. 古平町　6. ニセコ町
2. 厚真町　7. 羽幌町
3. 浜中町　8. えりも町
4. 安平町　9. 鶴居村
5. 長沼町　10. 斜里町

図1｜条例制定10町村　北海道景観区域図（2021年5月）に加筆（北海道「北海道景観計画」）

図2｜厚岸霧多布昆布森国定公園（浜中町）

図3｜釧路湿原国立公園（鶴居村）

	計画対象区域（10町村）	風力発電設備	太陽電池発電設備
北海道景観計画 「北海道ガイドライン」	一般区域（古平町、厚真町・浜中町・安平町・羽幌町・えりも町・鶴居村・斜里町）	高さ15m超	高さ5m又は 築造面積2,000m²
	羊蹄山麓広域景観形成推進地域 （ニセコ町）	高さ10m超	高さ5m又は 築造面積1,000m²
長沼町景観計画	長沼町全域	高さ16m超又は延床面積1,000m²超 （工作物として）	

表1｜調査対象10町村の景観計画における届出対象

図4｜長沼町の一例

て設計変更などを勧告することもできる。北海道庁によると、近年は風力発電設備の届出が多いが、二〇二二年度末時点、同基準に抵触した届出はない。よって、届出対象設備に関し、北海道ガイドラインにある比較的大規模な届出対象には、特段の課題はないと言えそうである。

一方、一〇町村の条例の適用事業を概観すると、おおむね自立型で発電出力一〇キロワット以上とし、北海道景観計画の届出規模とは大きく異なり、小規模な設備に引き下げている。

条例制定の背景

条例制定の背景は、主に三つに分類できる。景観計画策定に向けてその準備を進めるなか、急激に太陽光発電設備が増加し、まずは太陽光発電設備などの設置に関する条例制定をした町村（浜中町、鶴居村）［図2・3］、住民の反対運動やトラブルが発生して制定した町村（厚真町、長沼町）、防災など予防的対策として制定した町村（古平町、ニセコ町、斜里町）である。また、羽幌町とえりも町は、主に風力発電設備設置への懸念から太陽光発電を含む再生可能エネルギー全般を対象とした点が異なるが、その制定背景には住民とのトラブルがあった。

特に、景観行政団体である長沼町でも、住宅地近辺に景観計画届出対象外の小規模設備の設置が散見され［図4］、住民による反対運動を契機に新たに条例を制定していた。制定前に行った条例案に対するパブリックコメントは、主に設置に対する反対意見が一〇〇件近く寄せられ、住民の関心の高さがうかがわれる。

区域設定

各町村条例では、設置場所に関する区域を設定している。四つの町村が設置「禁止区域」を指定した他、一定規模以上の発電施設と地下埋設物区域を町長不同意とした古平町、住宅や道路からの離隔距離を定めた羽幌町・えりも町も実質的には禁止区域を設定したことになる。その他、三つの町村が「抑制区域」を設けており、名称による規制の強弱はあるものの、全ての条例が区域を設定している。

この区域設定は、「地すべり等防止法」「急傾斜地の崩壊による災害の防止に関する法律」「土砂災害警戒区域等における土砂災害防止対策の推進に関する法律」「農業振興地域の整備に関する法律」「森林法」「河川法」「砂防法」「自然公園法」「鳥獣の保護及び管理並びに狩猟の適正化に関する法律」など関係法令を根拠にしつつも、その他に地

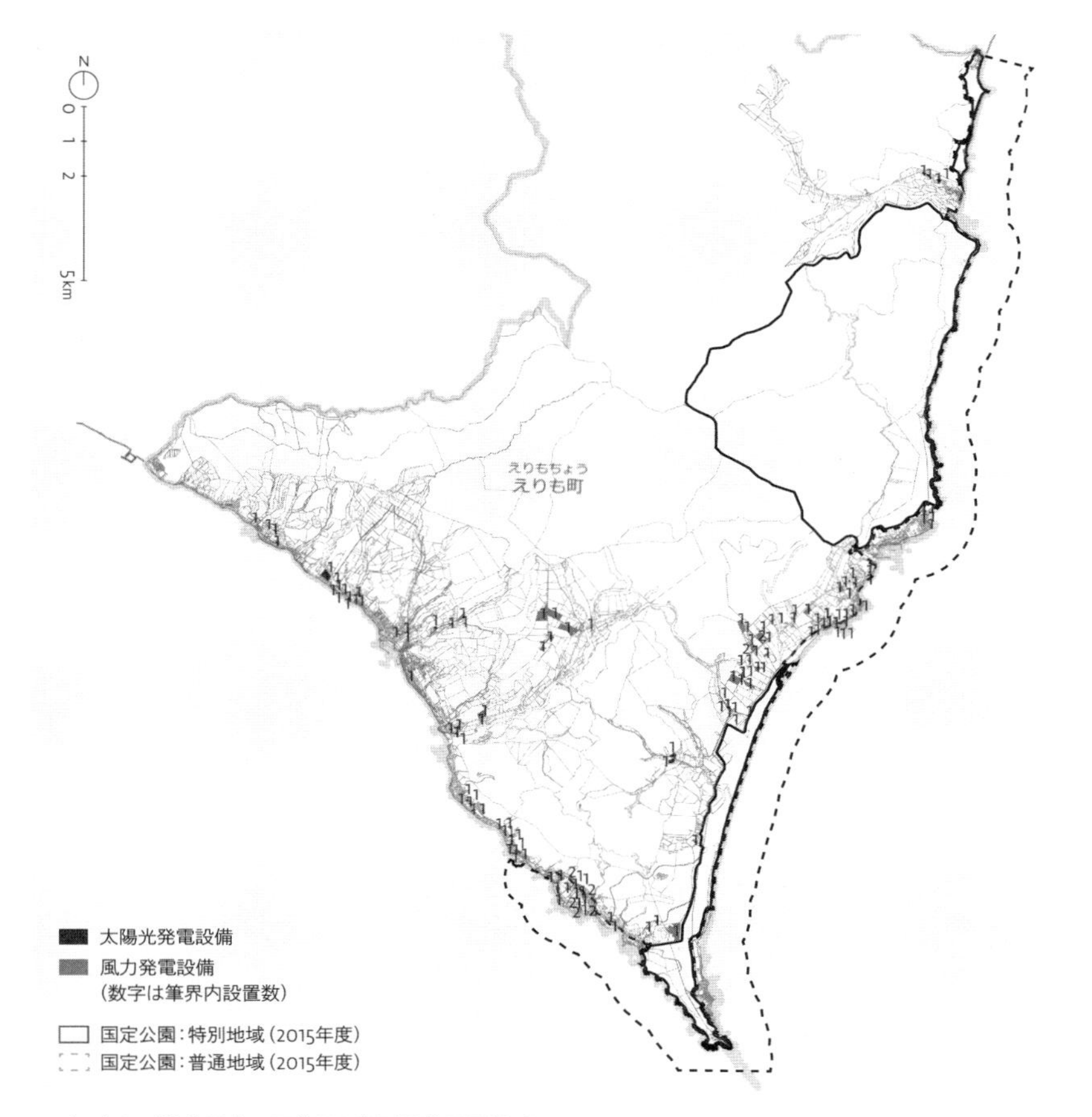

図5｜日高山脈襟裳国定公園範囲と発電設備設置場所
（設備位置情報は、経済産業省資源エネルギー庁事業計画認定情報（2022年9月取得）、
地籍図は法務省登記所備付地図データ（G空間統計センター）を利用し作成した。図中の数字は筆界内の設備設置数）

条例名称	えりも町再生可能エネルギー発電設備等の設置及び運用の基準に関する条例
適用事業	太陽光・風力・水力・地熱・バイオマス 太陽光発電10kw以上、風力発電1kw以上（但し、一般住宅等自己消費は除外）
設置不可区域	住宅等からの距離 ①大型風力：風車全高5倍以上離隔　②小型風力：250m以上離隔　③その他：概ね30m以上離隔
	道路からの距離 ①風力：風車全高同等以上離隔　②その他：概ね30m以上離隔
	設置不可地域 土砂災害警戒区域、急傾斜地等 防災行政無線設備より250m以上離隔

表2｜「えりも町再生可能エネルギー発電設備等の設置及び運用の基準に関する条例」（2021）の概要

域特性を考慮し、禁止・抑制区域を設定している。

　特に、厚真町が良好な住環境保全を目的にした区域（第一、二種低層住居専用地域等）を禁止区域に、浜中町は霧多布泥炭形成植物群落を禁止区域に、鶴居村は釧路湿原国立公園・タンチョウ（特別天然記念物）所在地等を抑制区域にするなど、それぞれの地域における個別事情を反映した独自の区域設定が確認できる。また、風力発電設備を主対象にした羽幌町は海岸線から三〇〇メートルの離隔を明記しているが、これは町内の北海道海鳥センターによる猛禽類の生息・生育実態調査成果を根拠とした数字であり、詳細を後述するえりも町は「住宅等」から二五〇メートルの離隔を定めるが、これは各戸に設置された防災行政無線への影響を考慮した数字であり、ここにも地域独自の区域設定が見られる。

「生活景」の再評価と応答　北海道えりも町

北海道主部の最南端・襟裳岬のあるえりも町は、国定公園を有す一方、「風のまち」と呼ばれる日本屈指の強風地帯にある。その強風を有効利用しようと、一九九六年道内初の民間風力発電施設の設置（現在は撤去）、「風の館」開館など、風をまちおこしに新たな可能性を見いだしてきた。送電線の関係上、供給先はえりも町より西側の遠方地域となり、牧場跡町有地への大型風力発電設備設置の具体化は協議中である。一方、条例制定に至った問題は、推進しようとする大型風力発電設備ではなく、人家付近に乱立しはじめた「北海道ガイドライン」届出対象外の小規模な太陽光（発電出力五〇キロワット未満）・風力（発電出力二〇キロワット未満）発電施設である［図5］。

　これに対し、二〇一八年八月、町は独自にガイドラインを制定したが、事態の収拾には至らなかった。その後四回にも及ぶ改定や変更を行った結果、二〇二一年九月、「えりも町再生可能エネルギー発電設備等の設置及び運用の基準に関する条例（以下、えりも町二〇二一年条例）」及びその施行規則の施行に至っている［表2］。

　次に、その改定・変更の内容に関する経緯を概観する［表3］。最初の二〇一八年ガイドラインでは、小型風力発電を対象に掲げ、住宅等からおおむね一〇〇メートル以上離隔し、騒音や低周波音、また日影・電波障害・自然環境・景観・光害・災害防止への配慮を求め、埋蔵文化財への事前協議を組み入れた。また、計画段階での事業説明と町への届出、建設後の維持管理にも言及した。しかし、対象外の比較的大型の風力発電設備の計画が進み、町内の航空自

年	月	名称	対象設備	建設等における基準（抜粋）	事業の周知
2018	8	えりも町小型風力発電設備の設置及び運用基準に関するガイドライン	小型風力発電（20kw未満）施設及び付帯設備の新設・増設等	住宅等（学校・保育所・診療所・福祉施設等）から概ね100m以上	埋蔵文化財事前協議、計画段階での説明、町への提出、建設後の維持管理
2019	4	改定	全ての風力発電施設及び付帯設備の新設・増設等	住宅等（学校・保育所・診療所・福祉施設等*）から概ね風車全高の3倍以上	航空自衛隊事前協議、計画届（事業着手後可）・要請あれば開催
	11	えりも町再生可能エネルギー発電設備に関するガイドライン	再生可能エネルギー（風力・太陽光・水力・バイオマス）発電設備及び送電線・柵等の付属設備	住宅等（住宅・学校・保育所・診療所・福祉施設・**店舗・漁業用作業小屋・家畜舎等及びこんぶ干場・牧草地帯**）から概ね30m以上、風車全高の5倍以上 **道路から**概ね30m以上、風車は全高同等以上（破損時影響考慮、飛散防止策等） *自然環境・景観に対しても必要な措置を講じる	事業着手30日前までに計画届・説明会の開催・報告書提出
2021	9	えりも町再生可能エネルギー発電設備等の設置及び運用の基準に関する条例及び施行規則	再生可能エネルギー（風力・太陽光・水力・バイオマス）発電設備及び送電線・柵等の付属設備	[設置場所] 住宅等から大型風力（風車全高5倍以上）・小型風力（250m以上）・その他（概ね30m以上） 道路から風力（風車全高と同等以上）・その他（概ね30m以上） **設置不可：土砂災害警戒区域及び急傾斜地等** **防災行政無線設備から250m以上** *産業への影響、自然環境、景観に対しても必要な措置を講じる	FIT申請前に説明会実施、結果を町へ報告、合意文書作成要望あれば締結に努める、工事着工予定の90日前までに事業計画を町と協議、必要な場合に立入調査・指導・助言・勧告命令可→正当な理由なく命令に従わなければ公表

表3｜えりも町2021年条例制定までの変遷（太字：主に新たに変更・付加された事項）

図6｜昆布乾場近くの風力発電

図7｜牧草地の風力発電

衛隊からの事前協議の要請、書面での同意の義務化や事業説明会開催要望が出た。それを受け、二〇一九年四月の改訂版では、全ての風力発電を対象に、また住宅等から全高の三倍以上（概ね一〇〇メートル以上）離れ、電波障害等において襟裳分屯基地やテレビ中継局の幹事社との事前協議を入れた。それでもトラブルは続き、また太陽光発電設備の計画・建設が進み、太陽光発電パネルが強風によって倒壊するトラブルが発生したことも踏まえ、二〇一九年一一月「えりも町再生可能エネルギー発電設備に関するガイドライン」に改めた。また、このガイドラインには道路との離隔距離を設定し、飛散防止柵塀の設置も盛り込まれた。これは道路近傍への風力発電設備建設が進んだことから、倒壊時の交通障害の可能性が危惧されたためである。それでもガイドライン規定を守らない事業者がおり、町や住民とのトラブル事案が複数発生し、また津波や土砂災害が予測されるなか、住民の命綱となる防災行政無線への影響も確認された。最終的に二〇二一年九月に条例化し、防災行政無線設備からの距離の確保を厳格化し、立入調査・指導・助言・勧告・命令に従わない場合には事業者名公表を行う行政指導・処分の規定を定めるに至った。

　また、条例制定までの過程において、用語の定義や基準がきめ細かくなっている。特に「住宅等」の定義に、生業への配慮を盛り込んだ点が特筆に値する。商業・漁業・農業など生業に関連する施設、とりわけ日高地域特有の昆布干場がそれに該当する［図6・7］。さらに、強風地帯の配慮として風力発電設備の転倒を想定し、道路からの離隔距離を設定した点、津波・土砂災害想定地域として、住民の命綱となる防災行政無線からの離隔距離を設定した点などは、自然災害も考慮した地域の日常「生活景」への応答といえよう。

今後に向けて

発電設備等設置関連の自治体条例は、生活環境へ唐突に侵入してきた小規模設備の乱立に端を発し、①景観計画策定に向けた一環、②住民反対・トラブル発生、③予防的対策などを背景に制定され、適用事業範囲を広げて協議の場を設け、地域固有の環境や実情に合わせ柔軟に禁止や抑制区域を設定して景観計画などを補っている。この過程には、何が大切なのか、地域社会の日常の像である「生活景」への再評価があった。

　今後、温対法「地域脱炭素化促進区域」などを設定する際、例えば国立公園普通地域など既存の区域を活用した固定的な区域設定の他、地域の生業や防災対策など地域社会を反映した「生活景」においては、動的に区域設定を行うなど段階的で柔軟な対応が必要と考える。

[3]歴史的建造物と太陽光発電の共生——ドイツ

再生可能エネルギーのなかでも太陽光発電（以下、PVとする）が最も手早く住民が取り入れられる方法だが、ドイツでは複数の価値ある歴史的建造物によるまち並みが形成されているため、どうしてもPVパネルと歴史的建造物の対立が起こりやすい。そこで、バーデン＝ヴュルテンベルク州（以下、BW州）に属する環境都市として有名なフライブルク、バイエルン州に属する旧市街地一帯が世界遺産登録されているレーゲンスブルク、観光都市で有名なローテンブルクの事例を通して歴史的建造物と太陽光発電の共生について考えていく。

・フライブルク（Freiburg im Breisgau in Baden-Württemberg）

フライブルクは、二〇〇〇年頃のヴァーバン（Vauban）やリーゼルフェルト（Rieselfeld）など環境共生住宅開発をはじめ、二〇一二年には持続可能な都市一位など、ドイツ国内

図1｜2020年間平均日照時間（出典：ドイツ気象庁の気候マップ）

図2｜フライブルク旧市街地

図3｜フライブルク中央駅。建物全面にソーラーパネルが設置されるフライブルク中央駅の駅ビル

でも環境先進都市として名高い。さらにEEG2017（再生可能エネルギー法）で農地や耕作地などのＰＶ設置が可能でかつ、二〇二二年から新築・改築建築物や駐車場、および公共施設のＰＶ義務化など、現行法で可能な限りのＰＶ設置の普及を目指すＢＷ州に属している。一方で、駅周辺には近代的な高層建築物（四〇〜六〇メートル）と近接して旧市街地が位置し、フライブルク大聖堂（通称ミュンスター）を中心とした歴史的町並みと近代建築物が共生するまちを形成している［図2］。

フライブルクで建物屋根へのＰＶ設置要件は、基本的には、フライブルクが属すＢＷ州建築秩序法（LBauO）に基づきパネルサイズ九×三メートル以上のＰＶ設置時に許可が必要である。言い換えれば、一般住宅の規定内に収まるＰＶの設置許可は不要で、自由に設置できる。また、旧市街地や記念物保護法の対象となる指定建造物である場合は、フライブルクの旧市街地法や記念物保護法要件による許可が必要とされるものであったが、旧市街地法改正に伴い、旧市街地の歴史的建造物は記念物保護法の要件に即した審査のみとなった。数年前までは歴史的建造物は、一切ＰＶの設置は不可能であったが「ＢＷ州行政裁判所 記念物の保護と気候保護リストされた教区の納屋の太陽光発電システム二〇一一年九月二二日」の判決で「記念物保護の利益が気候保護の利益よりも自動的に優先されるべきではない」との裁定以降、徐々に歴史的建造物のＰＶ要件が緩和されるようになってきた。また、シュトゥットガルト地方記念物保護局のヒアリング調査において「旧市街地法により屋根型ＰＶの設置は禁止されていたことは過去のことであり、エネルギー転換によりエネルギー改修とＰＶ設置が優先されるようになった。ただし、世界遺産やそれに準ずる大聖堂などの建物は例外的に禁止できる（二〇二二年一〇月）」と示されている。しかし、記念物保護法のもとＰＶ設置許可が必要となるため、現時点では歴史的建造物にＰＶ設置された案件は少数である。

歴史的建造物にＰＶ設置をする際の審査は、ＢＷ州管轄の記念物保護局、フライブルク市管轄の下院記念物保護局の記念物保護の観点から歴史的建造物としての価値や周辺の場所の意味など調査して、ＰＶ設置許可を出す。ここで許可が下りない場合は、ＰＶ設置が認められない。フライブルク市管轄の都市計画課は、その審査した結果を踏まえて、通りなどの公共空間からの視認性、ＰＶパネルの色や形状が周辺と調和しているかなど、ＰＶ設置要件を確認して最終許可を出す。

BW州記念物保護局およびフライブルク都市計画課へのヒアリングでは、二〇二二年二月のウクライナ侵攻により連邦政府のエネルギー政策が大きく変化したことで、エネルギーの独立を目標に、太陽光発電を可能な限り取り付け、多くの都市や地域で自給自足のエネルギーが掲げられている。さらに、同年九月には連邦政府から「歴史的建造物にもPVを可能な限り認めるように」と州政府に通達が届き、記念物保護局は州記念物保護法を改正するためにPV設置要件の緩和に向けて検討中である。論点は、歴史的建造物は長年培ってきた価値をどの状態で保護していくかである。それでもエネルギーの確保は今まさに必要とされていることと、特に気候保護の政策を前面に出してきたBW州においては、歴史的保護よりもエネルギー政策の方が優先されている傾向がある。住民も家庭に直結するエネルギー問題があり、歴史的建造物の所有者もまたPV設置希望者が増えている。BW州記念物保護法の規制がどこまで緩和されるかは現在（二〇二三年三月）は不明だが、遠くない未来には歴史的建造物のPV設置に向けて要件の緩和が図られると思われる。一方で、一つひとつの案件を審査段階で、歴史的町並みの調和が図られているか審査されているため、急激な変化はないと思われる。

・レーゲンスブルク（Regensburg in Bayern）

バイエルン州に属するレーゲンスブルクは、人口約一五万人でドナウ川流域の旧市街地を中心とした市域の約三分の二が世界遺産に登録されている。旧市街地には一三世紀頃の建造物が多く残り、掘ればローマ遺跡が出てくると言われるくらい遺産の宝庫とされる都市である。二〇二三年一月にバイエルン州記念物保護法が改正され、合わせてレーゲンスブルク旧市街地法を改正しているため、旧市街地一帯が世界遺産登録されているレーゲンスブルクも通常の市町村と同様に、記念物保護法の基準に従ったPV設置許可となる。世界遺産エリアでPV設置の申請は、二〇二三年三月時点で、市役所、劇場、商工会議所の三か所だったが、同年七月時は三件ともPV設置の許可がされなかった。その大きな理由は、「通りから見える」ことであり、比較的新しい建物であっても要件外とされた。

レーゲンスブルク都市開発課に旧市街地でのPV設置についてヒアリングすると、夏には電力が余り、冬には電力が不足するPVエネルギーの不安定性によって、夏に余剰電力を送電網に入れる価格が半分以下となったこと、売電による儲けに対する税金の手続きが複雑で、手間を考えると家庭で使用できなかった電力は売電するメリットも少ないため、住民は歴史的建造物を犠牲にしてまでＰＶを設置する気運に至らないのではないか、とのことであった。つまり売電による儲けを考えられない状況下で、ＰＶ設置の初期投資を考えると歴史的建造物の価値を犠牲にするには至らないということである。それでもＰＶ設置希望者は、申請すれば審査対象となるが、周辺との調和や歴史的価値を考えるとほとんどＰＶ設置許可は下りない。例えば、レーゲンスブルクでは、旧市街地外にあり通常であればＰＶ設置ができる住宅に対し、二棟の指定建造物に挟まれているという理由で、ＰＶ設置許可が下りなかった事例がある（二〇二二年三月）。ＰＶ設置を可能とするためには、屋根と同系色のパネルを使用する、フレームをなくすなどの対策があるが、通常の黒色パネルに比べると設置費が約二・五倍かかり、熱生成効率も落ちるため、通常以上の初期投資してまでＰＶ設置を考える住民はほとんどいない。しかし、二〇二三年七月時点では、旧市街地の一般住宅建物は二五件の申請が出ており、順次記念物保護の観点から審査が行われている。その時点でもＰＶ設置許可された旧市街地の案件は確認できなかったが、旧市街地の案件にもＰＶが設置される日は近いと思われる。

屋根に工作物を取り付ける例として、携帯電話のアンテナがある。現在、レーゲンスブルク旧市街地では、携帯電話のアンテナは使用されなくなった煙突の中に隠すかたちのみ許可される。現在は断熱材や床暖房など住宅の熱効率を対策する家庭が多いが、一方で記念物保護法などによって不要となった煙突を取り払うこともできず付けたままの住宅が多い。このように近代社会との対応、歴史的建造物の居住者の生活利便性を確保しながら、柔軟に旧市街地も変化はしている。二〇二三年三月時点では旧市街地の建物屋根にＰＶ設置は確認できなかったが、技術の進化とドイツ製パネルが大量に生産されるようになると特殊パネルの費用が下がることで比較的簡単に歴史的建造物にも屋根色パネルが普及するだろう。

レーゲンスブルクと世界遺産との関係については、現在の状況をなるべく保持したいユネスコと住民の生活スタイルにより柔軟に対応していく市では歴史的建造物の保護方針も異なるが、ローマ遺跡も多く現存するレーゲンスブルクは世界遺産であることが重要と市も捉えており、そのためにエネルギーが多少犠牲になっても致し方ないと考えている。連邦政府やバイエルン州もまた今はエネルギー政策に重点を置いているため、レーゲンスブルクにもエネルギー確保を強く求めているが、レーゲンスブルクはエネルギー確保よりも歴史保護を慎重に進めている様子がみられた。

・ローテンブルク（Rothenburg ob der Tauber in Bayern）

バイエルン州に属するローテンブルクは、人口一万人程度の小さなまちであるが、毎年世界中から多くの観光客が訪れる中世の町並みが残る観光都市としても有名である［図4］。また、一般的に小さなまちではPV設置可能屋根に対するPV設置割合が高い傾向にあり、ローテンブルクは五五・五パーセント（ミュンヘンは二・二パーセント、レーゲンスブルクは一〇・二パーセント）で非常に高いため、ローテンブルク旧市街地の外部にPV設置した建物を多く目にする［図5］。

図4｜ローテンブルク旧市街地

図5｜ローテンブルク旧市街地外の住宅 風力発電とPVを装備した建物屋根景観が広がる

ローテンブルクの旧市街地は、バイエルン州条例で旧市街地が保護されているため、旧市街地の建物屋根にPV設置は簡単にはできない。そのため、旧市街地の居住者に対して、旧市街地外の線路脇や高速道路路肩の公有地に、株式による電力を共同購入できるように、代替地を設けている。それでも歴史的建造物の屋根にPVを設置したい場合は、公道である通りから見えないことに加え、屋根の色彩や瓦の形と似せたPV設置であれば認めている。ただし、瓦の色も形も似せたパネルは、通常の約四倍の費用がかかり、さらに中国製のそのパネルを入手するまで申請から一年ほどかかるなど、現時点では歴史的建造物にPVを設置することはかなり難しい状況である。ローテンブルクは、旧市街地が城壁に囲まれ、屋根も含め一望できる場所が多く存在することもあり、屋根の景観を重要視している。〝観光〟と〝エネルギー〟の優先度については、〝観光〟と回答があり、小さなまちではエネルギー確保の場をすみ分け、屋根の景観を重視しながら歴史保護をしている様子がみられた。

以上のように、旧市街地や指定建造物は、周辺との調和を示す法律が根本にあるため、歴史的建造物に黒いパネルが設置されることはないが、屋根の色や形に適合するパネルによって、歴史的建造物の保護と住民の生活利便性を共生しようとする方針は確認できた。つまり、歴史的町並みと再生可能エネルギーとの共生は、「守るべき価値」を再認識し、歴史的建造物も少しずつ現代の生活に合わせて順応していくことが、重要な視点であるといえよう。

Column

遺産影響評価（HIA）

一般に、遺産影響評価（ヘリテージ・インパクト・アセスメント：HIA）は、開発などの各種事業が世界遺産の資産そのものの普遍的価値（OUV）に影響を与えることが懸念される際の事前の影響評価をいう[図1]。昨今の世界遺産委員会では、世界遺産の登録時やその後のモニタリングにおいて、資産やその緩衝地帯内は当然のこと、さらにその外側の地域についても遺産影響評価の実施が厳しく求められるようになっている。

遺産影響評価においては、世界遺産の景観や眺望などを広域的・立体的視点で見る必要がある。開発事業による土地利用の改変や建設行為はもとより、例えば緩衝地帯の保全に対し、法的根拠としている景観計画などの変更についても影響を評価し、普遍的価値の属性（attribute）に照らし合わせ、当該事業や計画変更のもたらす影響を体系的に見て、負の影響をもたらすものについては軽減策を講じ、許容範囲を超える場合には、事業そのものの中止を視野に入れる必要がある。

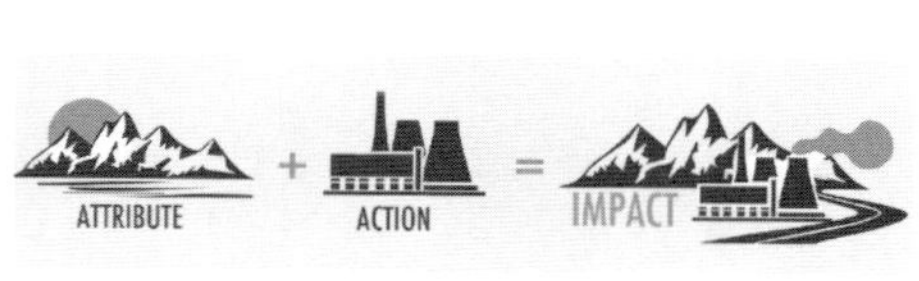

図1｜資産が負の影響を受ける一例＊1

図2｜フォトモンタージュを利用した分析の一例＊2

二五の世界遺産（二〇二三年九月時点）を有する日本でも、

遺産影響評価の取り組みは、特に昨今の積極的な再生可能エネルギー発電施設整備事業計画により、現実的に切実なものとなり、文化庁は二〇一九年四月、「世界文化遺産の遺産影響評価にかかる参考指針」＊2を出した。遺産影響評価分析の必要性の判断、分析作業の実施、報告書の取りまとめなどの基本的な流れに沿い［図2］、関係自治体・遺産の所有者・事業者などが的確に対応することが重要となるが、遺産影響評価実施の法的根拠が不明確といった課題も指摘されている。また山間部や海岸部での広域自治体連携も必要となり、さらには地球温暖化対策と世界遺産保全との狭間に立った難しい判断が必要とされる。

註釈

4節［2］

＊1 地方自治研究機構「太陽光発電設備の規制に関する条例」http://www.rilg.or.jp/htdocs/img/reiki/005_solar.htm（二〇二三年四月一一日閲覧）を参照。

＊2 森明子「北海道における太陽光発電設備等の設置関連市町村条例と現状課題、禁止・抑制区域に着目して」『日本建築学会北海道支部研究報告書』九六、二〇二三年、二八五—二八八頁

コラム

＊1 *"Guidance and toolkit for impact assessments in a World Heritage context"* https://openarchive.icomos.org/id/eprint/2707/（二〇二四年八月二〇日閲覧時）

＊2 文化庁「世界文化遺産の遺産影響評価にかかる参考指針」http://www.bunka.go.jp/seisaku/bunkazai/shokai/sekai_isan/pdf/r1416448_01.pdf（同右）

参考文献

4節［1］

・静岡県広域景観検討協議会「静岡県における自然景観と調和した太陽光パネルに関する景観誘導施策の検討調査」報告書、二〇一八年三月

4節［3］

・沼田麻美子「南ドイツ旧市街地における記念物保護とエネルギーの共存に関する研究——屋根設置型PVの設置要件に着目して」『日本建築学会計画系論文集』第八九巻 第八二〇号、二〇二四、一一一一〜一一二〇頁

5節・エネルギーの地域循環

［1］ソーラーシェアリングによる地域産業の再生
——匝瑳市飯塚地区

地域にはさまざまな課題が山積している。人口減少と高齢化・少子化、商店街と中心市街地の衰退、長く地域を支えてきた農林水産業の衰退と枚挙にいとまがない。これらの地域課題を再生エネルギーの地域循環で解決できれば、地域自治の強化となり、持続可能なまちづくりや地域づくりへとつながるだろう。ここでは、ソーラーシェアリングとも呼ばれる「農業と地域産業を再生する太陽光発電・営農型太陽光発電」の事例を紹介しつつ、再生可能エネルギーをめぐる地域自治からの景観づくりに関する論点と今後の政策について論じたい。

概要

営農型太陽光発電とは、農地を用いて農作物の生産と太陽光発電を両立することで、農業の振興と再生可能エネル

図1｜営農型太陽光発電施設

ギーの普及を促進する取り組みである。発電事業主体は、農業収益に加えて、太陽光発電による収益も得られるので、経営状況が改善する。農地に高さ約三メートル程の支柱を立てて、太陽光パネルを遮光率三割程度で設置し、下部の農地では豆類を含めた野菜、観賞用植物、果樹などを生産するものが多い［図1］。二〇一三年に、農地法の「農地転用許可制度に係わる取扱い」が明確化されたことで本格的に導入が始まった。農地転用許可件数の累計は右肩上がりに増加しており、二〇二〇年には三四七四件となっている。千葉県が最も許可件数が多く、次いで静岡県、群馬県と続く。

　例えば千葉県の場合、営農型太陽光発電施設は「一時転用」扱いとなるため、優良農地である「農用地区域内農地」や「第一種農地」「甲種農地」にも設置できる。二〇二

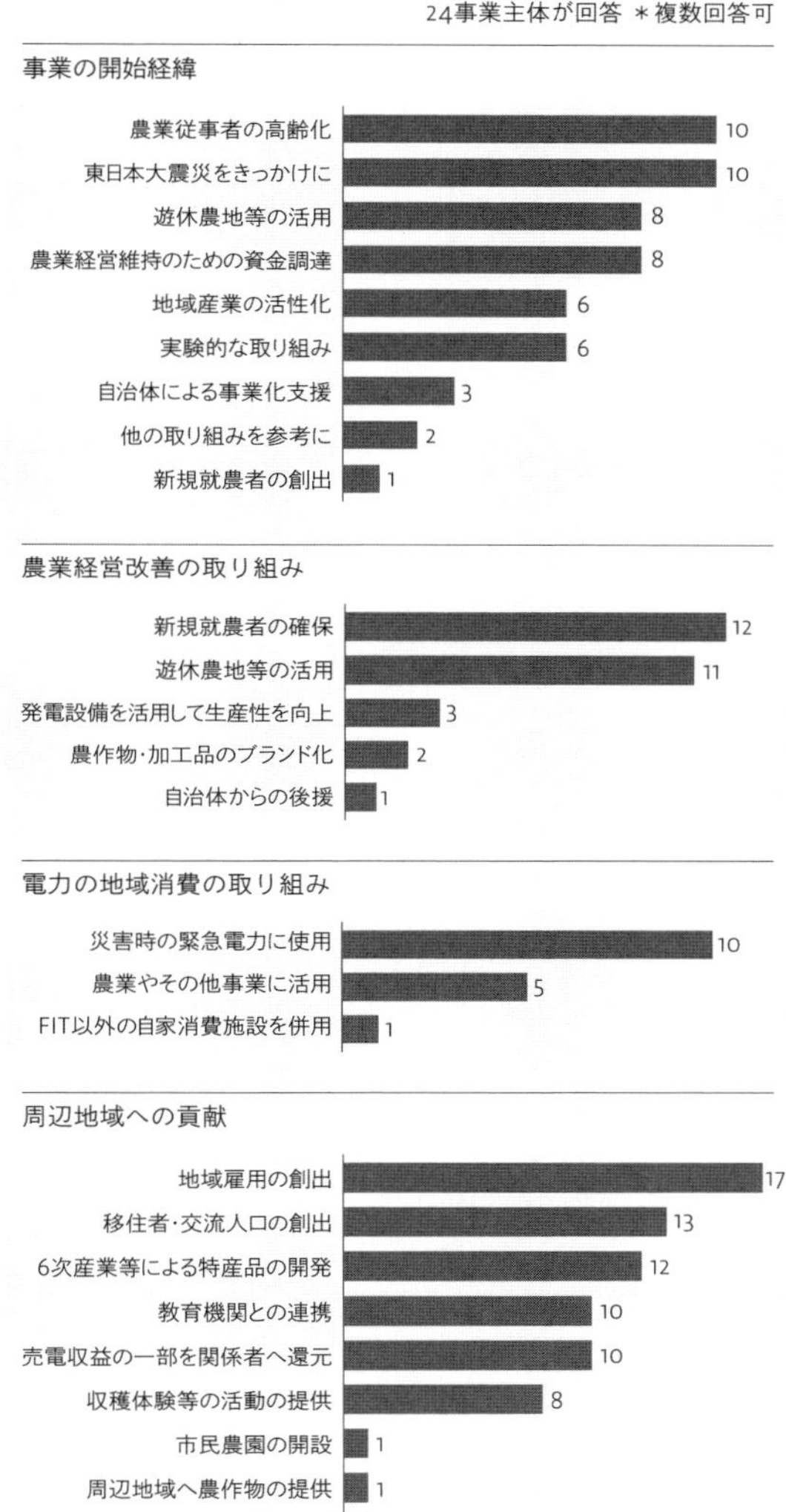

図2｜ソーラーシェアリング発電事業者の傾向

〇年時点で、営農型太陽光発電施設の九割以上が優良農地に設置されている。また一割が遊休農地に設置されている。

発電事業者の傾向

農林水産省の「営農型太陽光発電取組事例集」などから四五事業主体を抽出し、アンケート調査とヒアリング調査を実施した。回答があった二四事業主体の調査結果を図2に示す。

発電事業開始の契機は、「農業従事者の高齢化」「東日本大震災の発生」が一〇件と最も多く、「遊休農地等の活用」「農業経営維持のための資金調達」が続き、農業の維持や経営改善に関する理由が多い。農業の経営改善の取り組みでは、「新規就農者の確保」が一二件、「遊休農地等の活用」が一一件と多く、農業経営の改善に積極的に取り組んでいるといえる。電力の地域消費の取り組みでは、「災害時の緊急電力に使用」が一〇件と多く、「農業やその他の事業に活用」は五件に留まっている。現状は、電力の地産地消には至っていないと言える。地域への貢献では、「地域雇用の創出」が一七件と多く、次いで「移住者・交流人口の創出」が一三件、「六次産業等による特産品開発」が一二件と多い。農業経営の改善に合わせて、農業からの地域産業の再生にも取り組んでいるといえる。

発電事業主体の体制

発電事業主体の体制を図3に示す*1。一〇件と最も多いのが「地権者=営農者=発電事業者」の体制である。農地面積と発電量は比較的小さい。地権者と営農者が同一なため、発電事業を始めやすかったが、所有する農地が小さいために発電規模も小さいと考えられる。次に九件と多かったのが、「地権者≠営農者=発電事業者」の体制である。このケースでは農地面積と発電量は比較的大きい。日本の農業経営は厳しくなる一方なので、地権者が直接農業を営まず、他の営農者へ農地を貸し出すことは珍しくない。その延長で、営農者が地権者と農地の賃借契約を結び、発電事業主体となっている。営農者は賃借した農地を集めて比較的大規模な農地で営農しているので、発電規模も大きくなるのだろう。他にも、「地権者≠発電事業者≠営農者」「地権者=発電事業者≠営農者」「営農者が発電事業を委託」という体制があるが、いずれも一件から二件と数は少ない。多くの場合、営農者が発電事業者となっているので、地域に根付いて農業と太陽光発電事業を両立しているといえる。

第1類型：地権者＝営農者＝発電事業者［10件］

自己所有の農地を耕作している農業者が、発電事業を実施している最もスタンダードな事業スキームである。個人農家がそのまま発電事業を兼任する場合だけでなく、法人化して発電事業に着手しているケースも多い。

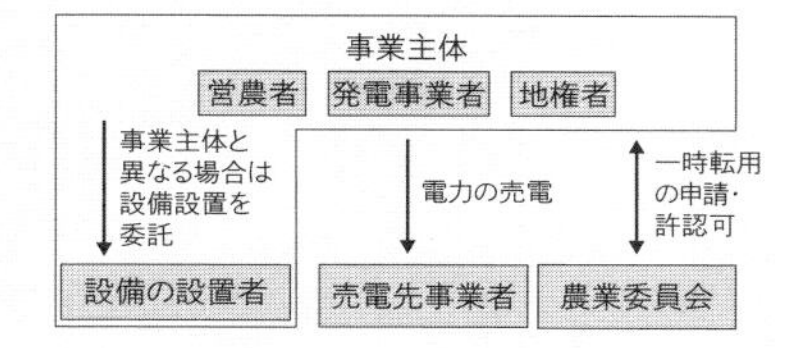

第2類型：地権者≠営農者＝発電事業者［9件］

農業者が他人の農地を賃借して耕作を行い、発電事業をしている。最初の事業では自身の農地を使用（第1類型）、次の事業から他社の農地を使用（第2類型）というケースも多い。事業を拡大する際の主な事業スキームでもある。

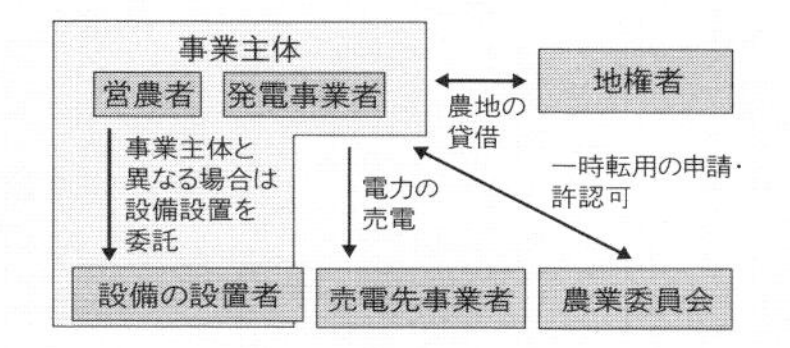

第3類型：地権者≠発電事業者≠営農者［2件］

地権者と営農者と発電事業者が異なる事業スキームである。営農者と発電事業者が知り合い同士の別事業者で耕作放棄地の活用を目的としている事業主体と、下部農地を市民農園としている事業主体がいる。

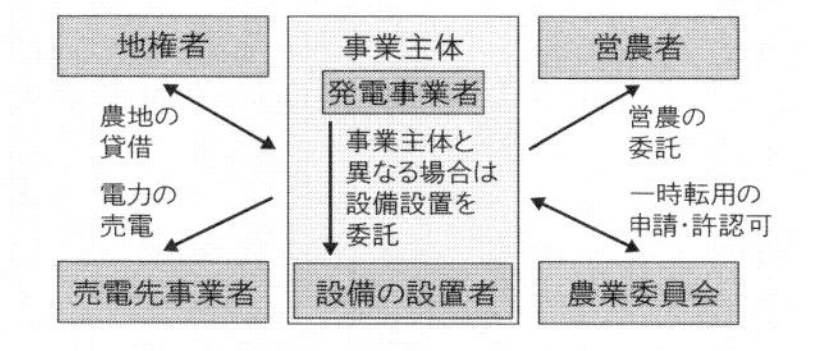

第4類型：地権者＝発電事業者≠営農者［1件］

地権者が自己所有の農地を他者に貸し、小作させている場合で、地権者自身が発電事業を行う事業スキームである。

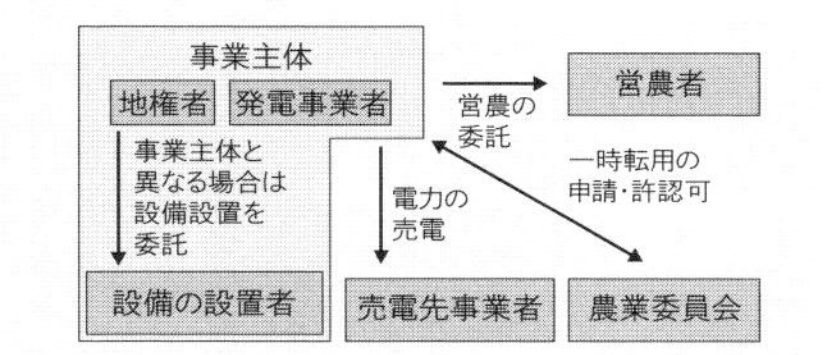

第5類型：事業主体が営農者［2件］

営農者が発電事業を委託する事業スキームである。パネルメーカーであり、発電事業を委託している事業主体と、実験的に営農型太陽光発電に着手して発電事業を委託している事業主体がいる。

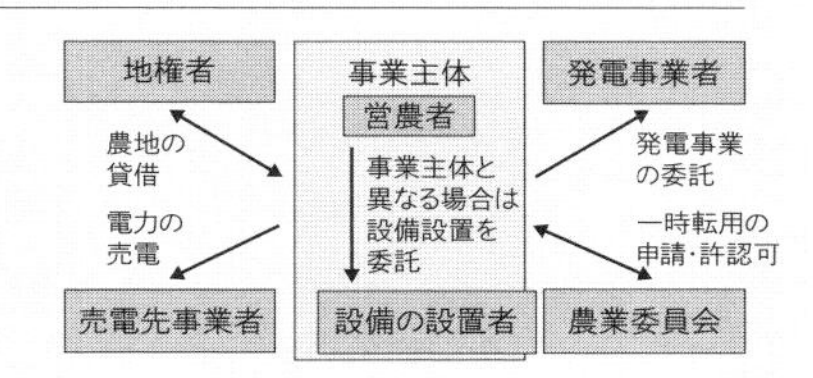

図3｜ソーラーシェアリング発電事業主体の体制

景観の実態——千葉県匝瑳市飯塚地区

千葉県内では、環境や自然エネルギーに関わる団体によって、市民発電所の設立を目指す動きが二〇一三年頃から始まり、その後有志が集まって「市民エネルギーちば（ST）合同会社」が二〇一四年七月に設立された。主に五〇キロワット以下（低圧）の営農型太陽光発電施設を整備して、遊休農地の再生が進められている。

匝瑳市飯塚地区は、一九八〇年代に山を切り崩して造成された農地で、優良農地であるものの普通の野菜は育たない痩せた土地である。かつては農地の七割でタバコが栽培されていたが、その後多くが遊休農地となっていた。

二〇一六年七月には、「匝瑳メガソーラーシェアリング第一発電所」を整備するために、「匝瑳ソーラーシェアリング（SS）合同会社」が設立された。この一メガワット施設は、二〇一七年三月に通電が開始された。ST合同会社は、その後二〇一九年七月に、「市民エネルギーちば（ST）株式会社」となった。SS合同会社は、ST株式会社の子会社である。その後二〇二三年四月には、やはりST株式会社の子会社「合同会社匝瑳おひさま発電所」によって二メガワット施設が整備された。二〇二三年八月現在、飯塚地区の営農型太陽光発電施設は、二メガワットが一か所、

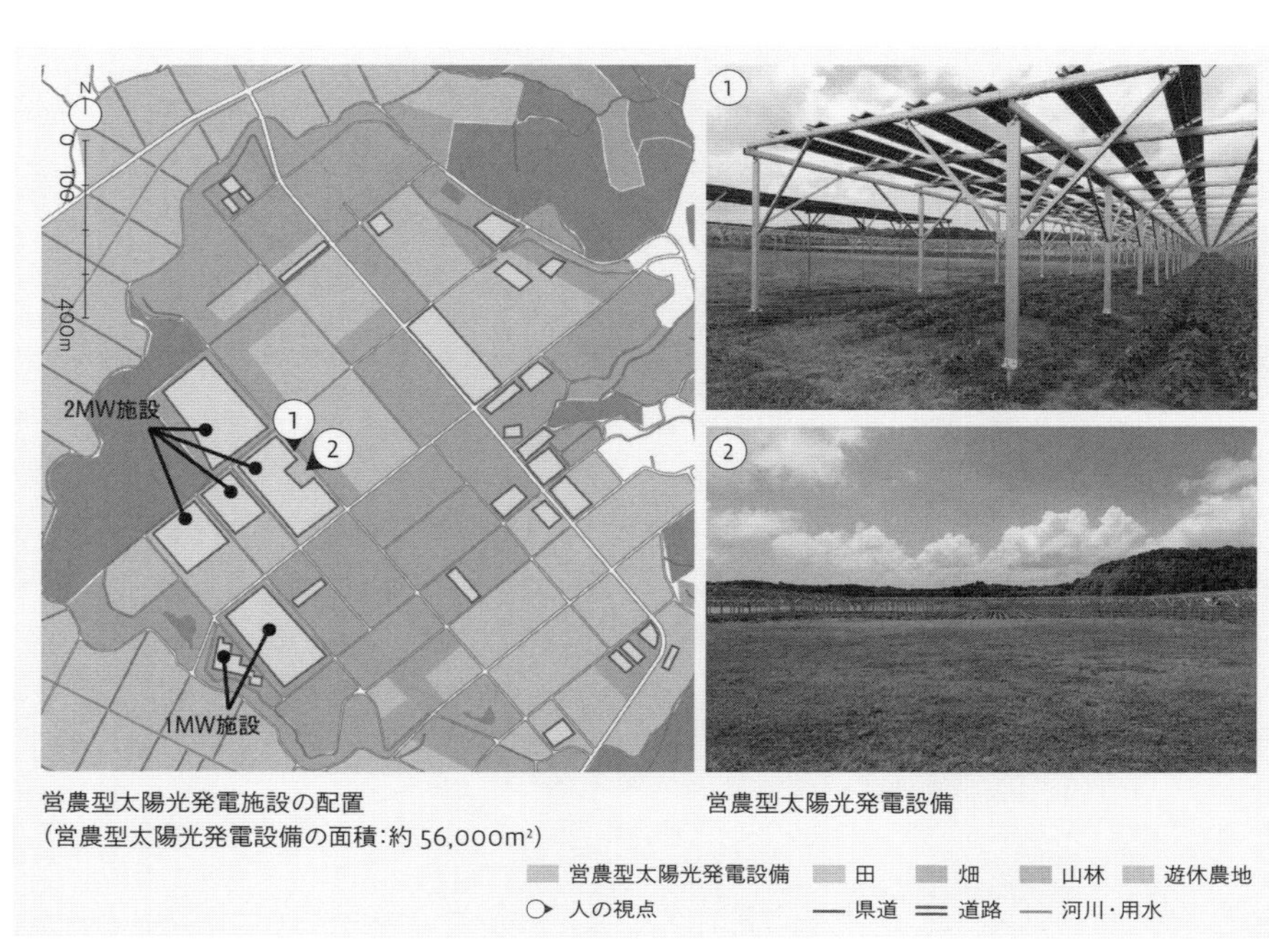

営農型太陽光発電施設の配置
（営農型太陽光発電設備の面積：約 56,000m²）

営農型太陽光発電設備

図4｜千葉県匝瑳市飯塚地区

一メガワットが一か所、三六〇キロワットが一か所、五〇キロワット以下（低圧）が一九か所で、合計で約四・三メガワット発電している。

飯塚地区の営農型太陽光発電施設が視覚的に認識できる状況を図4に示す。ソーラーパネルの下部農地では主に大豆が無農薬で生産されている。発電施設が分散しているのは、規模による国の規制を避けるためで、また地区中央の高地には発電施設は設置しない計画にしているためである。一面に広がる農地とはいえないが、里山を借景として、ソーラーパネルと農地とが共存する独特の景観がつくりだされている。営農型ではないメガソーラー発電施設のような、無機質で殺伐とした景観ではない。

ST株式会社は、売電で得た収益をもとにして、遊休農地を畑に戻すことにも取り組んでいる。例えば、地区中心部にあった遊休農地が三年間で四五〇万円かけて畑に戻された。不法投棄されたゴミの処理も、売電収益を使って行われている。下部農地での生産は、二〇一六年二月に設立された農業生産法人「Three little birds（TB）合同会社」によって取り組まれている。二〇二一年一月には、農業生産法人「株式会社匝瑳おひさま畑」も設立された。いまだ部分的に残る遊休農地やゴミの不法投棄地も、今後畑へと戻す計画になっている。視覚的に認識できる物的環境への影響は、ソーラーパネルの存在というマイナス要素があるものの、遊休農地やゴミの不法投棄地の解消といったプラスの要素を併せもっている。

営農型太陽光発電で得られた収益を地域の再生に確実につなげるために、二〇一八年に「豊和村つくり協議会」が設立された。SS合同会社は、売電で得た収益を元にして、豊和村つくり協議会へ「地域基金」を支出しており、二〇二一年度は三五〇万円を支出した。豊和村つくり協議会は、この基金などの管理、運営のために設置された組織で、基金を「飯塚地区の農地の保全や農業支援、および豊和地区の環境保全と活性化、将来を担う子供たちの育成、地域のための活動への支援のために使用する」としている。具体的には、豊和小学校へ備品の提供、祭礼団体の支援、米づくり体験会などを行っている。

この村つくり協議会とは、営農型太陽光発電パネルを開発する「株式会社TERRA」や、都市部からの移住支援や交流人口の増加を目指して活動する「SOSA Project」、古民家宿泊体験や環境ツアーを実施している「株式会社Re」が連携している。今後は匝瑳市が中心となり、環境省の「脱炭素先行地域事業」への採択を狙っており、地域電力会社の「株式会社しおさい電力」などと連携して、公共施設や先行地区における電力の地産地消に取り組もうとしている。

地域自治の新たな表出

ソーラーシェアリングは、農作物の生産と太陽光発電を両立する制度に基づく取り組みなので、発電事業主体によって違いはあるが、農業を中心とする地域産業の再生に寄与しているといってよい。このような地域産業の再生へ寄与する、あるいは地域密着型の再生可能エネルギーは、疲弊する地方では今後さらに求められるだろう。「地域自治の新たな表出」として積極的に評価すべきではないだろうか。再生可能エネルギーの普及に向けた地域の意識向上と社会的な理解、地域と連携する制度や仕組みの充実が求められている。

[2] 再生可能エネルギーとまちづくり

再生可能エネルギーによる地域経済への効果・意義

わが国では従来、基本的なエネルギー(化石燃料など)は国外から輸入されてきた。日本全体では年間二八兆円もの化石燃料を輸入しており、これを五万人の自治体(地域)で換算すると実に約一〇〇億円もの金額を海外へ支払っているということになる。また、ウクライナ情勢によるエネルギーリスクも顕在化しており、輸入エネルギーが高額になっているため電気代も比例して高額となりつつある。そのためエネルギーの地産地消を検討していくことが重要である。エネルギーを地産地消に転換することによって、地域でエネルギーを作って自分たちで使用するだけでなく、地域でお金が回る仕組みが作れる。余ったものは売ることで、地域外から収入が入り、地域経済の活性化や雇用の創出につながっていくこととなる。

現状、地域内総生産に対するエネルギー代金の流出を見ると、全国の自治体のうち九割でエネルギー代金の収支が赤字となっている。基本的には、電力・ガス会社の本社および発電所が立地していない地域のエネルギー収支は赤字である。そこで再生可能エネルギーを地域別に導入することを検討する。実際にできるかどうかは課題があるが、わが国全体を見ると、エネルギー需要の一・七倍の再生可能エネルギーポテンシャルが存在しているという試算がある*1。エネルギー需要が低い地方に再生可能エネルギーのポテンシャルがたくさんある。二〇五〇年のカーボンニュートラルの一〇〇パーセント削減に向け、これらの地方と電力需要の大きい大都市との連携が必須となる。これにより資金の流れが「大都市→中東」から「大都市→地方」にシフトしていくことが考えられる。

また再生可能エネルギーを他地域から購入している地域（ポテンシャルの低い地域）の住民一人当たりのＧＤＰが六八一万円であるのに対して、地域内の再生可能エネルギーがエネルギー需要を上回る地域（ポテンシャルの高い地域）は三一五万円となっており、住民一人当たりのＧＤＰの標準化にも寄与するものと考えられる。このようなエネルギーシフトを実現していくためには、再生可能エネルギー事業を推進する企業と地域との連携、エネルギーシフトに自覚的な市民を巻き込むまちづくりが重要である。以下、地域まちづくりとエネルギーシフトとの関係について、小売電気事業者や発電事業者の取り組みに着目してみていきたい。

小売電気事業者とまちづくり

①小売電気事業者の実態

環境先進国であるドイツでは、エネルギー部門を核として、自治体単位で自給した再生可能エネルギーで得た利益を必要な公共事業に投資するシュタットベルケ（Stadtwerke、自治体出資の都市公社）がある。シュタットベルケの最大の特徴は「地域で得た利益を地域の事業に使う」という点である。

わが国の電力事業者においても、単なるエネルギー供給に留まらず、持続可能な社会の実現を目指すとともに、地域の課題解決に寄与する活動を行うことで、市民との関わりをもつ小売電気事業者も現れてきている。東日本大震災による原発事故を機に、エネルギー政策への関心の高まりを背景として、電力の全面自由化が実装された。また、世界的な地球温暖化防止への危機感から再生可能エネルギーによるシフトが重視されており、一般家庭などに再生可能エネルギー由来の電力を供給する小売電気事業者が増加している。電力の供給は発電部門、送配電部門、小売部門の三部門に分かれており、電力の小売全面自由化以前はこの三部門を大手電力会社が担っていた。しかし、電力の小売自由化によって、その小売部門を担うようになったのが小売電気事業者である［図1］。電力の小売全面自由化以降、数多くの小売電気事業者が電力事業に参入しており、経済産業省資源エネルギー庁「登録小売電気事業者一覧」によると二〇二一年五月末日の時点で計七二二社も存在する。これら小売電気事業者には、さまざまなベース電源由来の小売電気事業者があるが、一部には、再生可能エネルギー由来の電力を中心に供給するだけでなく、その収益の一部を活用し、地域の活性化やまちづくり活動に還元する取り組みを行っている事業者（以下、地域還元型小売電気事業者）が生まれている［図2］。

②地域還元型小売電気事業者の取り組み

地域還元型小売電気事業者のなかには、自治体から出資を受ける事業者、自治体出資のない民間事業者、自治体と連携協定を結ぶ事業者などが存在する。以下、地域還元型小売電気事業者の還元方法の違いから、①拠点整備支援型、②エリア整備支援型、③エリア支援型、④広域支援型の大きく四つに分類して、代表的な事業者の取り組みを紹介する［図3・4］。

・みやまスマートエネルギー株式会社（拠点整備支援型）

「みやまスマートエネルギー株式会社（福岡県）」の地域還元方法は、拠点整備支援型である。地域還元内容は、地域の観光物産拠点として「サクラテラス」の整備と運営を核となる事業として位置づけている。その他には、みやま市内の商店のネットショッピングができるECサイトの整備、地域のよろず相談支援などを行っている。自治体から出資を受けており、地域還元事業について議会への報告が必要となる。そのため、自治体との連携で整備した拠点施

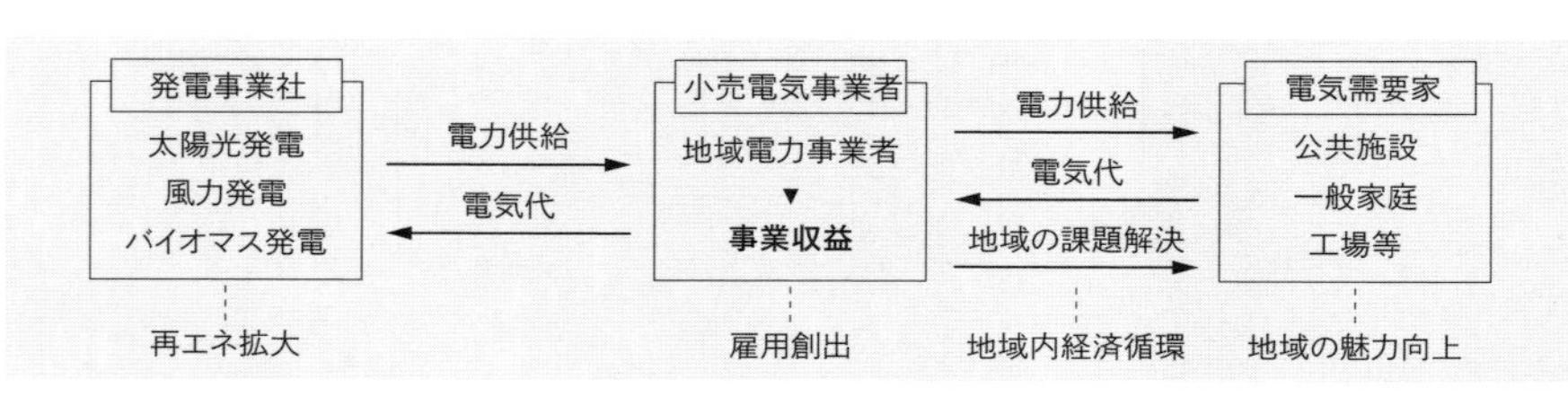

図1｜地域還元費の活用方法

地域還元型小売電気事業者別の活用方法

分類	地域還元費の還元方法
プロジェクト補助	地域還元費で地域で行われる団体・活動を補助
プロジェクト参画	地域還元型小売電気事業者が地域還元費で地域の活動に参画
物資寄付	地域還元費で地元自治体や公共施設へ物資を寄付
資金寄付	地域還元費で自治体や公共団体へ寄付
ポイント還元	地域還元費を自治体内で使用可能な地域ポイントやクーポンとして還元

地域還元費の活用方法の割合

自治体・公共団体へ資金寄付 1社（5%）
地域ポイント還元 2社（10%）
物資寄付 3社（15%）
プロジェクト補助 9社（45%）
プロジェクト参画 5社（25%）

図2｜地域還元費の還元方法

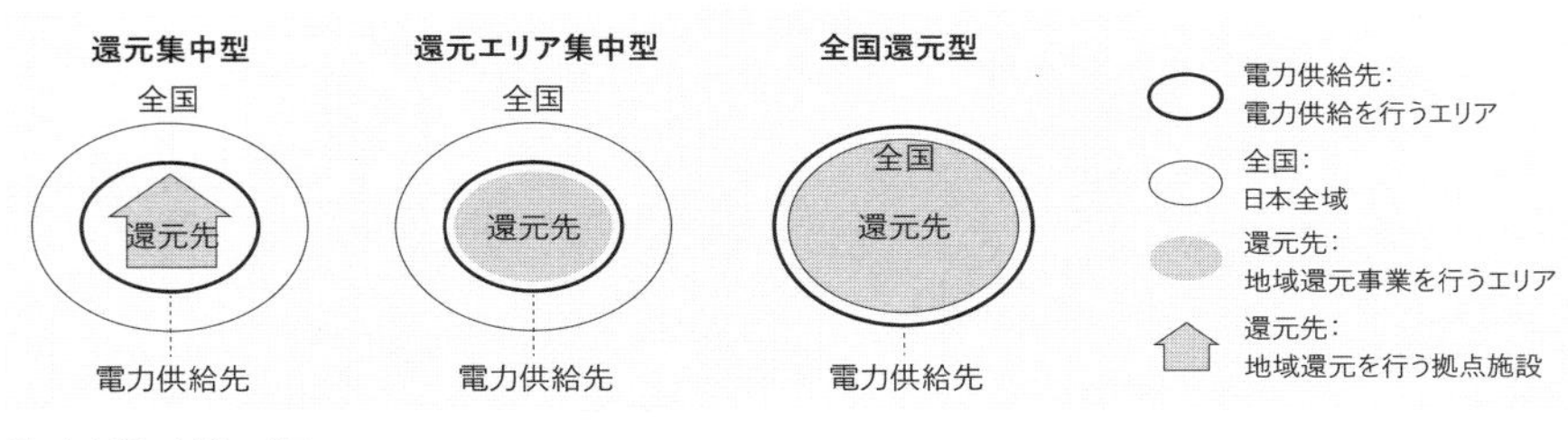

図3｜支援の対象エリア

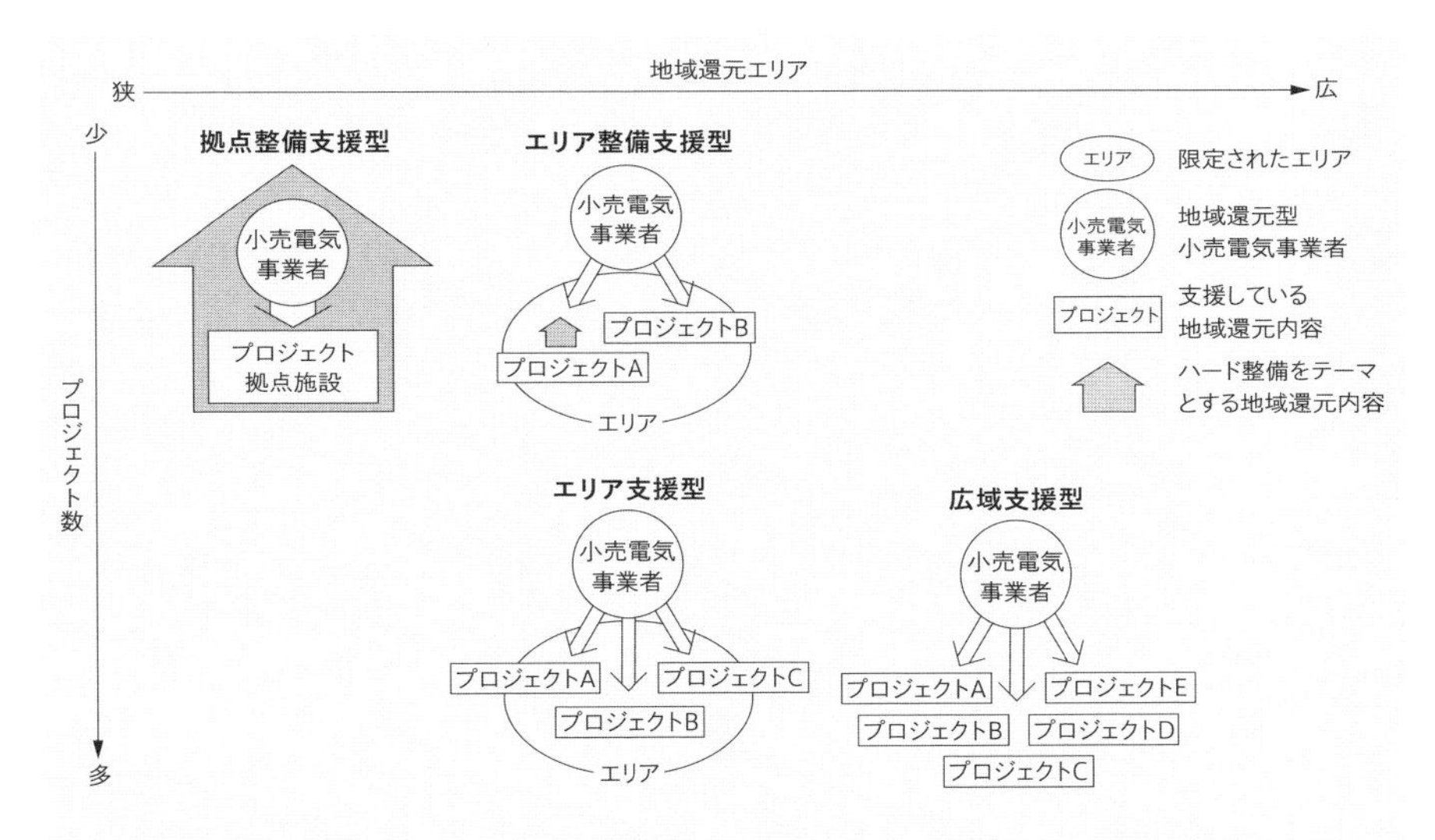

拠点整備支援型：拠点施設に対して、プロジェクト数とテーマ内容を絞り支援

エリア支援型：地域還元エリアは電力供給エリア内で設定し、エリア内において多くのプロジェクトに対して支援

エリア整備支援型：地域還元エリアは電力供給エリア内で設定し、ハード整備を支援

広域支援型：地域還元エリアを設定せず、広域に多くのプロジェクトを支援

図4｜地域還元型小売電気事業者の支援方法の類型

サクラテラス運営 （地域の観光、物産拠点）	レストラン&カフェテリア、コミュニティスペース、みやまの特産加工品の企画・販売
何でもすっ隊 （お助け業務）	日常の困りごとの解決をサポートする暮らしのよろず相談窓口
みやま横丁 （地元商店のECサイト）	タブレットやスマホ、PCなどから注文すると、自宅に届けられる。「みやま横丁」内には、みやま市内のお店が出店されているため、いつもの地元の品々が安心して買い物ができる

サクラテラス

図5｜拠点整備支援型 みやまスマートエネルギー株式会社（福岡県）
（出典：みやまスマートエネルギー株式会社HP）

設の運営というわかりやすい地域還元の取り組みとなっている[図5]。

・湘南電力株式会社（エリア支援型）

「湘南電力株式会社（神奈川県）」の地域還元方法は、エリア支援型である。地域還元内容として、プロサッカークラブの湘南ベルマーレの活動支援、湘南海岸清掃美化活動、伝統行事、観光イベントなどの活動支援など、ソフト中心に広くエリア内の地域活動を支援している。還元の仕組みとして、申し込み時に選択した応援プランに対して、契約者が電気料金の一パーセントを支援できる仕組みとしている。自治体と連携協定を結んでおり、応援プランの一部には自治体とともに支援しているプロジェクトもある。

・めぐるでんき（エリア整備支援型）

「めぐるでんき株式会社（東京都）」の地域還元方法は、エリア整備支援型である。地域還元内容として、さまざまな地域のイベントに対する支援の他に、歴史的建造物の空き家再生やコミュニティカフェ、障害者支援拠点の実現など、エリアリノベーションにより、さまざまなまちの居場所が生まれている。民間による独立した事業体制であるが、還元の仕組みとして、申し込み時に選択した応援プランに対して、契約者が電気料金の一パーセントを支援し、市民がプロジェクトに関わる仕組みとなっている。クラウドファンディングに近いが、地域に根ざした持続性のあるプロジェクトに資金を継続的に提供することも可能な仕組みでもあり、エリアマネジメントの財源として期待される[図6]。

・エネラボ株式会社（広域支援型）

「エネラボ株式会社（大阪府）」の地域還元方法は、広域支援型である。地域還元内容として、エネルギーファンディングにより、全国のさまざまな社会貢献事業に寄付をしている。クラウドファンディングに近い支援方法といえる。民間による独立した事業体制であり、自治体との連携は弱く、その結果、自治体の範囲に限定せず、広域の需要者と契約をしやすく、また、広域の取り組みに還元をしている[図7]。

③小売電気事業者とまちづくり

電力の全面自由化以降、単に再生可能エネルギーなどのエネルギー供給に留まらず、エネルギー事業による収益の一部をまちづくり活動に還元する地域還元型小売電気事業者が現れている。小売電気事業者による、このような地域還元の取り組みは、特別目的税やふるさと納税、クラウドファンディングなどと同様に、今後の地域における持続可能なエリアマネジメントなどの新たな財源としての役割が

〈地域応援のプラットフォーム〉

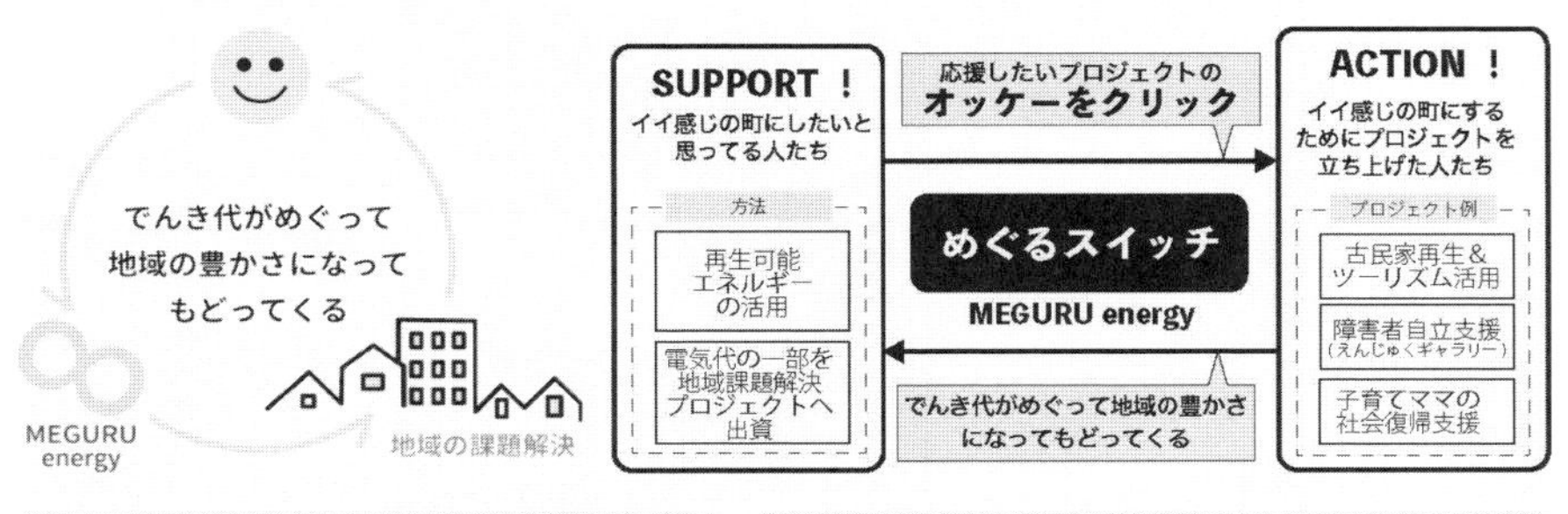

図6｜株式会社向こう三軒両隣（めぐるでんき事業部）（東京都）

寄付の仕組み
支払った電気代の利益の一部を寄付にあてているため、
電気代がお得になって支援も行える。

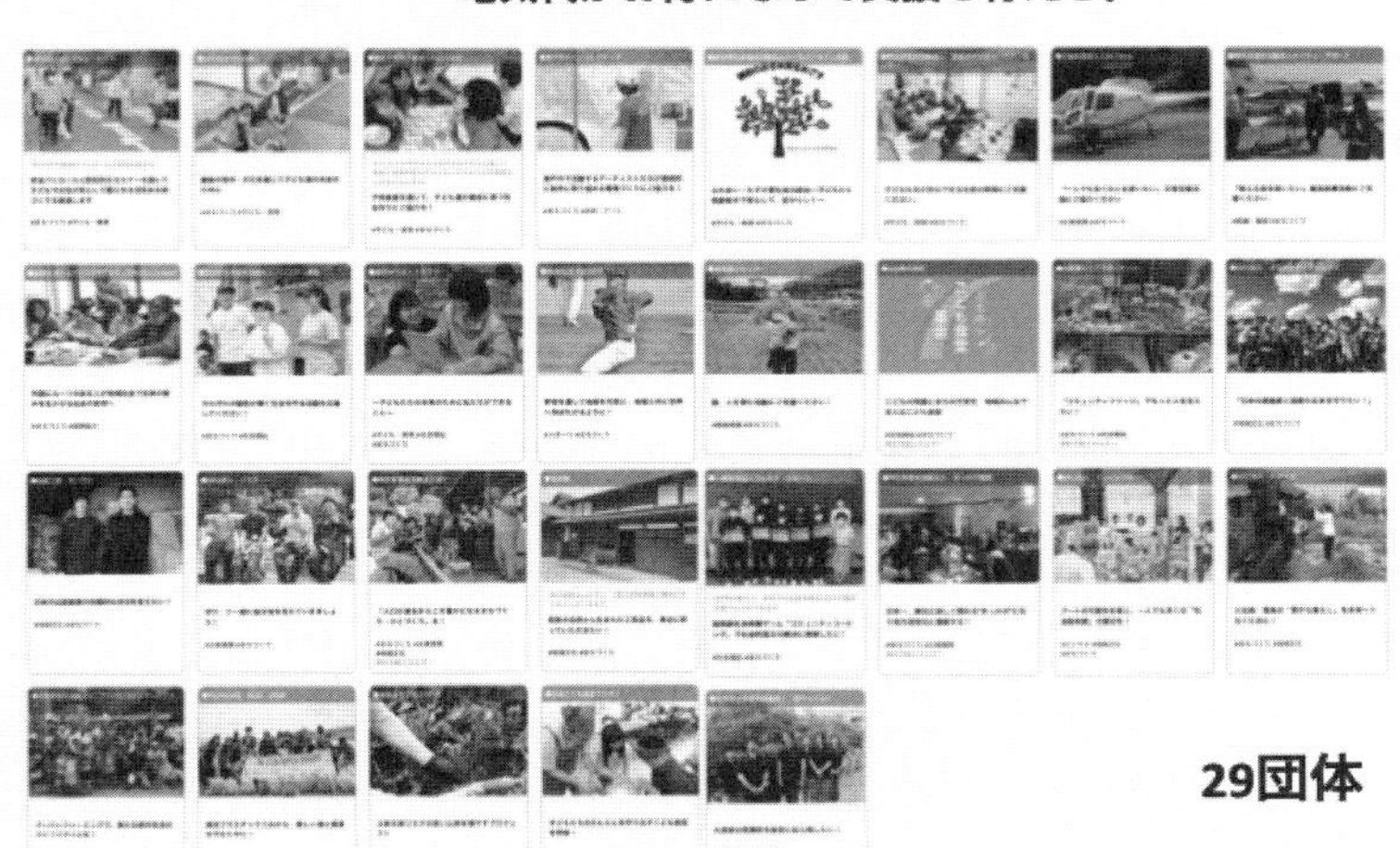

図7｜広域支援型 エネラボ株式会社（大阪府）
子育て支援・空き家再生・環境保護・災害復興支援・スポーツ・アート・多文化共生・社会的包摂など多様な社会貢献事業に支援している

期待される。

発電事業者とまちづくり

原発事故、国際紛争、多発する災害など多様なリスクを抱える現代社会では、エネルギーの地産地消を検討してゆくことが重要である。ここでは、発電事業と地域のまちづくりについての関係として、①まちづくり市民事業による地域共同発電事業と、②再生可能エネルギーのアグリケーション事業について代表的な事業者の取り組みを紹介する。

①地域共同発電事業（石徹白集落）

岐阜県郡上市白鳥町石徹白（いとしろ）集落では、水力発電によるまちづくりが進められている。小水力発電所建設のために、地域住民のほぼ全戸が合計八〇〇万円を出資し、二〇一四年に、新たに「石徹白農業用水農業共同組合」という農協を設立した。そして、二〇一六年に総工事費二億三千万円（県補助五五パーセント、市補助二〇パーセント）の石徹白番場清流発電所を農協が借り入れを行い建設。現在では、最大出力一二五キロワットに、年間二四〇〇万円の売電益が産み出され、維持管理費や減価償却費などを差し引いた数百万円が石徹白の地域再生の費用として活用している。つまり、地域住民そのものが事業主体となった、まちづくり市民事業者が直接財源を確保し、再生可能エネルギーを発電し、その利益を地域に還元している［図8］。

このような、まちづくり市民事業による地域共同発電事業の導入に対して融資や支援を行い、再生可能エネルギーの供給拡大と、過疎高齢化が進行する電源立地地域の地域再生事業を両立することが重要である。

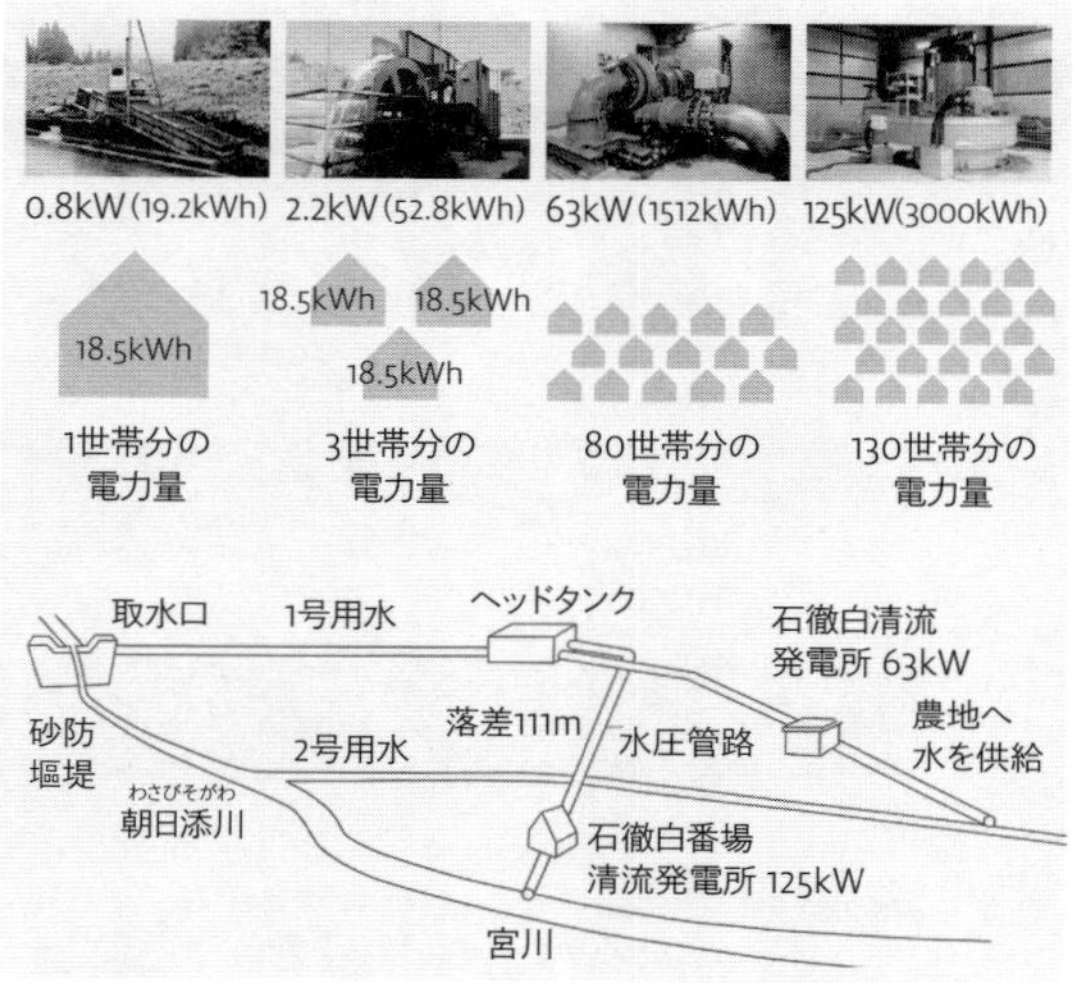

図8｜まちづくり市民事業による地域共同発電事業（石徹白集落）

②アグリケーション事業（株式会社まち未来製作所）

まち未来製作所のe.cycle事業では、再生可能エネルギーの地産地消と都市間流通による地域活性化を実現するアグリゲーションサービスを展開している。アグリケーションサービスとは、需要家と電力会社の間に立って、電力の需要と供給のバランスコントロールや、各需要家のエネルギーリソースの最大限の活用に取り組むサービスである。具体的には、再エネ発電所の立地自治体の依頼に基づき、地域活性化を希望する発電所の賛同を得た上で、地域新電力などを通じた再エネの地産地消を優先的に促し、その上で、余剰電気を「都市への輸出」に割り振り運用し、運用益は地域活性化資金として立地自治体と協議の上で地元へ還元し、地域課題の解決に投資している。

例えば茨城県神栖（かみす）市では、発電した再エネ電力を横浜市へ送り、横浜市での売り上げの一部を地域の売り上げとして神栖市へ還元している。同様に高知県高岡郡梼原（ゆすはら）町では地元に再生可能エネルギーを増やすために風力発電施設のための資金として還元されている。福島県会津若松市でも再エネを横浜市へ送ることで売り上げの一部を地域の景観改善に用いるなど、地方がもつ再エネのポテンシャルと都市の電力需要が連動して豊かなサイクルが生むスキームが成り立っている。

③発電事業者とまちづくり

まちづくり市民事業による地域共同発電事業の導入に対しては、融資や支援を行い、まちづくり市民事業者が直接財源を確保し、再生可能エネルギーの供給拡大と、過疎高齢化が進行する電源立地地域の地域再生事業を推進することが重要である。また、二〇五〇年のカーボンニュートラルの一〇〇パーセント削減に向け、地方と電力需要の大きい大都市との連携が必須となる。原子力発電所の事故などを教訓として、電源立地地域と大都市の良い循環や関係を構築していく必要がある。

エネルギープランニングによる持続可能な社会の実現に向けて

多発する災害に伴う原子力発電所の事故への不安、ウクライナ情勢によるエネルギーリスクの顕在化による電力の小売価格の高騰など、グローバルな課題が広がる現代社会では、エネルギー供給を化石燃料・原子力から段階的に再生可能エネルギー中心への経済へ転換していく、エネルギーシフトが重要である。しかし現状、多くの地域と再生可能エネルギーの間には分断がある。再生可能エネルギー発電所は景観を悪化させ、地域資源を消費し、時には災害リスクを増大させるが、多くの場合、電力とお金が地域に還元されない。このような課題に対して、本節では、小売電気事業者による地域還元の取り組み、まちづくり市民事業による地域共同発電事業の取り組み、再エネ流通事業者によるアグリケーション事業の取り組みなど、地域まちづくりとエネルギーシフトとの良好な関係を構築している取り組みを紹介した。この他にも、災害時の電力網「マイクログリッド」の整備、生活協同組合などによる電力の地産地消の取り組み、営農型太陽光発電、太陽光発電を併設することで実現した商店街のアーケードのリニューアルなど、さまざまな取り組みが展開している。地域と再生可能エネルギーの分断をつなぎ合わせる、グローカルな景観デザインが必要となっている。

[3] エネルギー協同組合による地域共生
——ドイツ・フライブルク

ドイツ・シュタットベルケとエネルギー協同組合の役割

シュタットベルケとエネルギー協同組合は、どちらも地域エネルギーに関する共同体であるが、シュタットベルケは市役所など公共団体が筆頭株主となる株式制度であるのに対し、エネルギー協同組合は同じ目的を持つ融資が集まった共同出資という点が異なる。そのため、シュタットベルケは電力による収益を公共交通や公共施設などの維持管理に補填したり、教育や福祉を支援したり、公共性の意味合いが強い。しかし、エネルギー協同組合は、公共性に対する支援も可能ではあるが、それ以外にも単純に電力の売電収益を目的とすることも、環境保護の啓発活動の資金に回すことも、その組合員が求める対象に対して実行できるため、地域住民の意向がより反映された活動がみられる。

フライブルクのエネルギー協同組合「Solargeno」概要

BW州に属する環境先進都市フライブルクにある「Solargeno（ソーラーゲノ）」という歴史あるエネルギー協同組合にインタビューした内容を紹介する。ソーラーゲノは、二〇〇六年に設立され、初期から継続している組合のうちの一つである。エネルギー協同組合は、二〇一一年東日本大震災の津波による原発事故を契機に連邦政府のエネルギー政策も後押しして一〇〇〇か所以上に増えていくが、固定買取制度や電力買取価格の変化により存続が難しく、二〇〇六年当初から存続しているのはこの組合だけである。ソーラーゲノエネルギー協同組合の活動は、貸してくれる屋根を見つけること、複雑になるエネルギー買い取りに関する法律の専門家による助言活動が大きな活動内容である。エネルギー協同組合は、出資したものを元手にしてエネルギーによる収益を得なければいけないため、例えば、公共施設の屋根や住宅屋根を借りてソーラーパネルを設置し、その生成された電力を電力グリッドに売ることで収益を得る。しかし、現在は電力買取価格は当初の四分の一まで落ちているため、売電収益以外に、複雑になるエネルギーに関する法律や助言活動にも活動を広げている。

エネルギー独立に向けた住民意識の転換

借屋根について、例えば消防署の屋根を借りた場合、消防署は屋根の賃料として支払われた費用を維持管理に活用できるため、お互いにメリットがある関係性にある。しかし、二〇一一年東日本大震災により住民の環境意識が大きく変化したと言われているが、電力買取価格も下がり、積極的に屋根を貸し出す希望者はほとんどいなかった。この動きを大きく変化させたのは、二〇二二年一月から運用開始されたＢＷ州のＰＶ設置の義務化によるものであった。また、二〇二二年二月からのウクライナ侵攻によるエネルギーショックで、エネルギーの独立に向け、ＰＶ設置を希望する住民が増えたことで、二〇二二年秋頃からエネルギー協同組合に住民の方から屋根の貸し出しの申し出が来る逆転現象が起きるようになった。義務化に加え、エネルギーを売買する時の税制上の問題も大きく、屋根を貸し出した方が楽に設置ができることも要因としてある。

専門家の助言活動が支える地域電力網拡大への貢献

専門家の助言活動は太陽光発電の普及に関しても大きな影響を与えている。電力網に電力を入れる法律は二年に一度改正され、毎年複雑になってきているため、エネルギーによる投資は専門家がいないと難しい。また、電力網に入れられる供給量が不足状態で、法律面でも電力網容量面でも接続点において滞っている状態である。急激に拡大する太陽光発電需要において、材料の供給、電力網の調整、法整備などにより、ＰＶ設置希望からＰＶ運用開始まで一年かかると言われている中で、住民に近いエネルギー協同組合の柔軟な活動は、頼りになる存在といえそうだ。

　シュタットベルケは交通、医療福祉、教育など地域貢献を連想しがちであるが、ソーラーゲノが目指す地域貢献は、「基本的な考え方は小さな単位で、ネットワーク化すること、パワーグリッドが重要」と強く述べており、エネルギーの地産地消の地域を増やすことであった。EV充電スタンドの設置、貧しい人への暖房設備の補助、営農型PV設備の支援など実施を検討する他都市への助言、ソーラーゲノ自身でも営農型PV設備を計画するなど活動はあるが、それは手段に過ぎず、最終的な目標はエネルギーからの独立にある。その背景として、エネルギー協同組合が政府の意向ではなく、市民の意見が反映される場であるからこそで、つまり、市民が今求めているのがエネルギーからの独立だからである。そのため、エネルギー協同組合は、「エネルギーを自分でつくり、自分で使い、自分で片づけること」を念頭に活動を進めている。特にフライブルクは、ヴォーバン、リーゼルフェルトをはじめとする環境共生住宅開発を進め、環境住宅間をトラムで結ぶクラスター型の都市開発［図1］を進めてきた経緯もあり、ソーラーゲノの構想がまさに適合しているのだと思われる。

農地と共生するPV導入のための貢献

ソーラーゲノは、営農できる地上設置型PVの入門をつくったと言われている。日本では、農地にPVを設置すると利用しなくなった土地の有効活用の手段として思い浮かぶが、ドイツでは、農地と共存する地上設置型PVの設置を目指している。農地の地面から三〜四メートルの高さにPVパネルを設置し、PVパネルの日陰を利用して麦や果樹を生産している［図2］。麦は直射日光に弱く、日陰をつくるPVパネルは重宝される。ドイツでは、日常的に飲むビールや主食とするパンなど麦に対する需要が大きく、そ

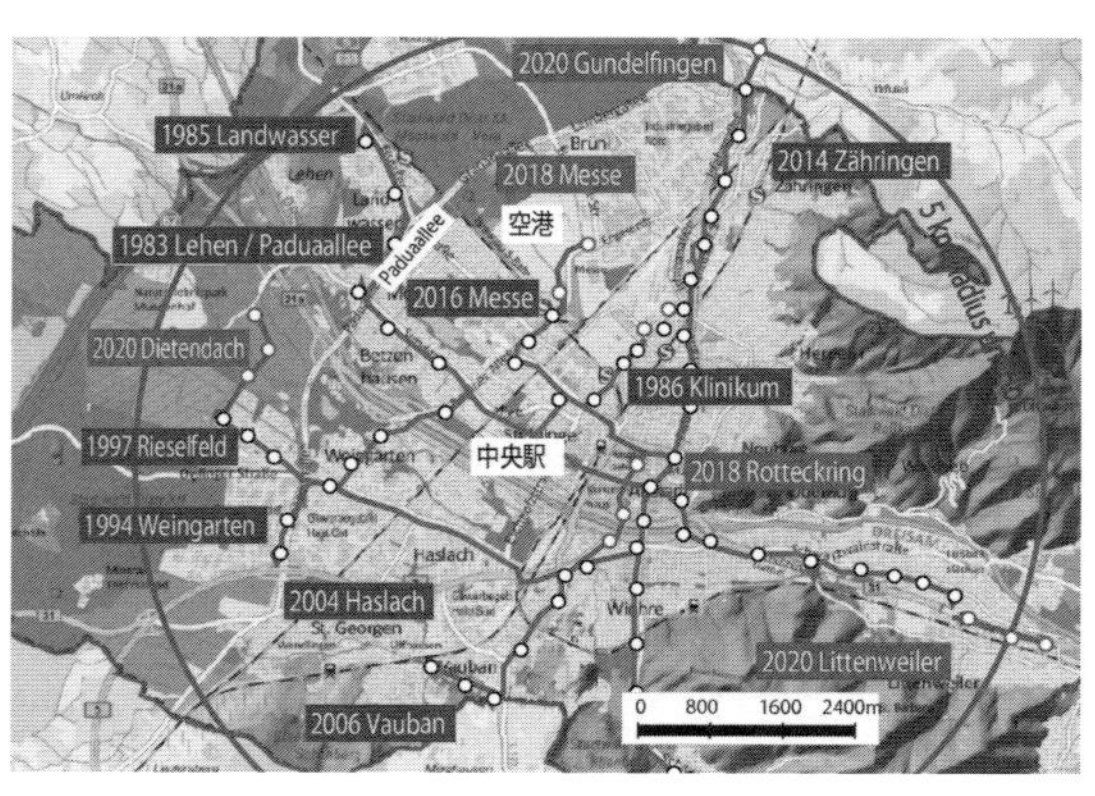

図1｜フライブルクの交通ネットワーク 環境住宅間を結ぶ交通ネットワークとエネルギーネットワーク＊1

のため生産量も日本の二〇倍以上である。さらに、二〇二〇年一〇月にBW州ドナウ・エスリンゲンでドイツ初となる両面モジュールを使用した垂直型農業用PVの開発にソーラーゲノは助言や投資で協力している。この垂直型農業用PVは、農地を運営しつつ土地一四ヘクタールで年間発電量四八五〇メガワット時で約一四〇〇世帯の電力を供給可能であることから、地産地消をより実現可能なものとしている[図3]。このような知識の提供や投資もまた地域がエネルギーからの独立をする手助けになっているといえる。

現在の課題は、複雑化している電力網に入れる電力の法律や手続き、税制面など年々が、投資家を阻むものとなっている現状が挙げられているが、それでも着々とエネルギーの独立に向けた地産地消の仕組みは前進しているといえるだろう。

図2｜リンゴの木の上に設置された農業用PV＊2

図3｜垂直型農業用PV＊3

註釈

5節［1］

＊1 馬上丈司「農山漁村再生可能エネルギー法とソーラーシェアリング型太陽光発電事業による国内農業活性化への展望」『千葉大学人文社会科学研究』第二九巻、二〇一六、四一～五六頁を参照した。

5節［2］

＊1 出典：環境省「平成27年版環境白書」

5節［3］

＊1 Martin Haag, Babette Köhler; Freiburg im Breisgau-nachhaltige Stadtentwicklung mit Tradition und Zukunft, Informationen zur Raumentwicklung, pp. 243-256, 2012（フライブルクの持続可能性　伝統と未来のある街づくり）より筆者が追記した図である。

＊2 フライブルクにあるドイツ最大の太陽光発電研究所Frauhofer ISE（フラウンホーファー太陽光発電研究所）のアグリPVによる写真。

＊3 Nest2Sunの農業用PVによる写真。この垂直型農業用PVの開発の研究チームとともに助言・支援している。

6節・エネルギー設備と地域が共生する景観のあり方

二〇二〇年以降新型コロナウイルスによる生活の変化やロシアによるウクライナ侵攻に伴うエネルギーの影響は、世界で〝エネルギー〟に対する価値観を大きく揺るがした。さらに、近年世界中で起きている異常気象に伴う自然災害を受け、世界的に気候変動政策の転換期を迎えている。このようなグローバルな情勢の変化によるエネルギーの価値観の転換は、日本においても再生可能エネルギー施設は「景観や安全性を乱すもの」という考え方から「エネルギー施設と共生するもの」という考え方に変化しはじめている。

再生可能エネルギーに関する法制度と景観の現状の把握（2節）

日本において、再生可能エネルギー設置に対する、環境アセスメントの規制は、四万キロワット以上（二〇二〇年時点）で相当巨大なメガソーラーが対象であることから、太陽光発電の設置には実質的な規制はないに等しい。そのため、パネルの放置、森林伐採による斜面地の設置、眺望阻害などトラブル事例による懸念があり、自治体単位での規制をする方向で進められている。このように、いつしか再生可能エネルギー施設は迷惑施設として認識されるようになり、多くの地域で拒絶される対象となっている。

ドイツでは太陽光発電普及のため、二〇一七年以降農地や耕作地に設置可能エリアを拡大、二〇二一年以降は住宅屋根に太陽光発電設置の義務化をドイツ連邦政府が定めた。さらに、二〇二二年のウクライナ侵攻ではロシアからの天然ガス供給による影響を大きく受け、連邦政府はエネルギー確保は「公共の利益に優先するもの」と定義づけた。そのため、歴史的建造物の屋根にもソーラーパネルが設置可能となった他、メガソーラーが農地にも多数設置されることとなり、エネルギーと歴史保護、エネルギーと自然保全の議論が加速しているとグローバルの視点が示された。

グローカルからみるエネルギー施設と景観の共生するゾーニングの可能性（3節）

日本における法令では、地球温暖化対策の推進法や再生可能エネルギーを普及させるために規制緩和され、再生可能エネルギーを拡大する方針にある。一方、農村部の推進には、景観・農林業・生態系の総合的な視点から、抑制・禁止区域のゾーニングと促進区域によるメリハリあるゾーニングが必要であり、ゾーニングには地域の合意形成が必要と述べられている。

海外事例では、ドイツとイタリアの風力発電の規制について取り上げ、ドイツでは土地利用計画で景観保護などのために風車の禁止ゾーンが大部分で指定され、風車の適正ゾーンが全域の二パーセント以上としてその誘導目標値が明確に定められていること、イタリアでは景観計画で風車の規制ゾーンが定められていることを解説した。また、イギリス、中国、ドイツ、オランダ、デンマーク、アメリカの海域の景観と生態系保護を目的とした海洋計画による洋上風車の離岸距離に着目し、日本の洋上風車の促進地区の離岸距離が極めて短いことに注意を促している。これらから日本の風力発電施設の立地における課題は、権限を有す法制度によって、農地、海域、市街地、歴史的建造物群において景観や生態系が守られていない点にあることを指摘した。

グローカルからみる太陽光発電設備などと景観誘導による共生の可能性（4節）

日本における事例は、静岡県と北海道を紹介している。静岡県では、二〇一二（平成二四）年「再生可能エネルギーの固定買取制度（FIT制度）」以降に景観問題が取り上げられている様子が示されている。世界遺産の富士山がある静岡県では、広域におよぶ富士景観を守るべき景観としての意識が高い自治体のガイドラインや条例の取り組みから、景観との共生に向けた適正な規制が述べられている。また、今後「地域脱炭素促進区域」等を定めて再生可能エネルギーを促進するためには、「生活景」に配慮した柔軟な対応が必要であることを、北海道えりも町の事例から紹介しており、再生可能エネルギー施設の共生のあり方が述べられている。

海外事例では、ドイツの都市を取り上げ、旧市街地の歴史的建造物のソーラー設置許可の審査基準について、社会情勢によって基準も変化している様子が示されている。また、旧市街地へのソーラーパネル設置を認めず、地区外の鉄道路肩に共同の地上設置型ソーラーを設置するなど、禁止と促進ゾーンを取り入れた景観とエネルギー共生のあり方について解説した。

グローカルからみる地域電力による共生の可能性(5節)

一つ目に、農作物と太陽光発電が両立する営農型太陽光発電について匝瑳市飯塚地区を事例に取り上げ、農地に支柱を立てソーラーパネルの下部を使用し、野菜や果物の生産を両立させた新たな景観認識の可能性が述べられている。二つ目に、地域還元する地域の電力供給の四地域の事例では、再生可能エネルギーで生成した電力のエネルギーの地産地消の仕組みや、売電利益を地域に還元する地域とエネルギーの共生の可能性が述べられている。

海外事例では、地域電力との共生としてドイツのエネルギー協同組合を紹介し、垂直型農業用ソーラーの助言や投資による地産地消の可能性を示し、小さな単位でネットワーク化したグリッド形成に向けた地域との共生の在り方について述べられている。

歴史や自然の眺望景観を保持できなくなった現在の日本において、エネルギー危機という身近な事象を契機に、利便性をとるか、景観をとるか、再選択の余地ができたように思う。このような状況下において、再生可能エネルギーと景観が共生するためには、地域が地域をデザインできるための「地域の権限の再構築」、地域としては「景観価値の再認識」、地域と共生するための「住民の合意」が重要な視点といえるのではないだろうか。

第5章

自然災害に対するレジリエンスと景観

1節・自然災害に対するレジリエンスと景観の視点

［1］自然災害に対するレジリエンスと景観の視点

レジリエンスと景観

レジリエンスという言葉は「回復力」「復元力」「弾力性」などと訳される、特に災害からの復興まちづくりでは重要な概念である。東日本大震災の復興まちづくりでは、国土強靭化（ナショナル・レジリエンス）という言葉が多く使用された。強靭とは、強さと靭やかさという両面の意味があるが、東日本大震災の現場では、強さが強調された復興まちづくりが推奨されたと言える。その結果として、地域の風土や風景、歴史、生活、生業を反映した景観の喪失が大きな課題となっている。

このようなレジリエンスと景観の視点として、本章では、大きく三つの視点でのレジリエンスと景観を論じている。

一つめは、土木デザインにおけるレジリエンスと景観である。東日本大震災での防潮堤や土地区画整理事業、防災集団移転事業に代表される大規模土木事業によって、多くの風土や風景の喪失が課題となっており、南海トラフ巨大地震などの大規模災害の危機が高まるなか、これらの課題に対して土木、建築の垣根を越えて、どのように対応すべきかを考えておく必要がある。ここでは、特に景観の観点からの課題となっている、①津波対策としての海岸保全施設と、②洪水対策と河川の景観デザインについて取り扱う。①では、東日本大震災からの復興で課題となった防潮堤などの海岸保全施設に関する「負の外部性」をどのように緩和するのかについて論考している。②では、河川の中だけで洪水に対応する従来の河道対策を超えて「流域治水」という考え方も含め、河川の景観デザインについて論考している。

二つ目は、歴史的環境におけるレジリエンスと景観である。災害では、多くの歴史的建造物が被災し、歴史的風致が一度に失われるだけでなく、災害からの復興まちづくりの過程において、さらに地域の歴史的風致が失われることが課題となっている。ここでは、③歴史に学ぶ減災の知恵と景観——伝統的土蔵群の延焼防止効果、④激甚化する水害と歴史的市街地における防災計画について取り扱っている。③では、地域の災害や環境を生き抜くため、歴史に培われたさまざまな工夫や対策に改めて着目して、伝統的町並みを守ることと防災の両立の可能性を論考している。④では、激甚化する水害の中で、歴史的市街地が被害を受けることも例外でなくなっているなか、伝統的建造物群保存地区の防災計画に着目して、歴史的市街地の水害対策について論考している。

三つ目は、復興まちづくりにおけるレジリエンスと景観である。復興まちづくりでは基盤整備を行い、将来の生活基盤を整えることが併せて行われる「近代復興」の枠組みが重視されてきたが、低成長成熟社会を迎え、生業と暮らしの再生につながる復興まちづくりの枠組みの構築が必要となっている。ここでは、⑤歴史的風致の維持向上に資する建物再建住宅支援の取り組み、⑥まちづくり市民事業と市街地復興の取り組み、⑦イタリアの歴史都市における景観保全とレジリエンスについて取り扱っている。⑤では、地域型住宅の新築による自立再建住宅支援と連鎖的に歴史的建造物を再生することによる歴史的風致の維持向上につながる建物再建の方法について、⑥では、連鎖的なまちづくり市民事業による市街地復興での生業と暮らしの再生方法について、⑦では、イタリアにおける歴史資源の再生を基本とした復興まちづくりの考え方について論考している。

以上、本章では、レジリエンスと景観について、土木スケールと建築スケール、歴史を継承した復興と現代復興、近代の復興論と現代の復興論などの比較から、レジリエンスと景観のこれからについて考えていきたい。

2節・海岸河川デザインのレジリエンスと景観

[1] 土木における減災アセスメントと景観

わが国はこれまで、数多くの自然災害に対峙してきた。二〇二三年には関東大震災から一〇〇年を迎えた。一九九五年の阪神・淡路大震災、二〇一一年の東日本大震災、二〇一七年の熊本地震など、甚大な被害を与えた地震災害は、記録にもわれわれの記憶にも大きく残るといえるだろう。こうした災害を契機として、さまざまな対策や制度の見直しが行われ、防災に対する考え方も常に更新されてきた。本節では、東日本大震災を受け、土木学会減災アセスメント小委員会が提示した「津波に対する海岸保全施設整備計画のための技術ガイドライン」から、土木における減災アセスメントと景観について紹介したい。

「防災」と「減災」

そもそも、「防災」と「減災」の違いは何か？　一九六一年一一月に制定された災害対策基本法＊1において、「防災」は「災害を未然に防止し、災害が発生した場合における被害の拡大を防ぎ、及び災害の復旧を図ることをいう」と定義されている。これに対し「減災」は、「災害と災害による被害は起こるもの」という考え方を前提とし、災害による被害を最小限に抑えるために備える事前対策のことを指している＊2。「減災」は一九九五年の阪神・淡路大震災を契機に生まれた取り組みであり、「防災」と「減災」の取り組みを通して、われわれは自然災害に備えてきた。その結果、阪神・淡路大震災以後の災害においては、自助・共助・公助という考え方が浸透し、一人ひとりの意識や取り組みに意識が向けられるようになっていった。そうしたなかで発生した東日本大震災は、これまで以上に、従来の防災対策に新たな考え方をもたらした。

東日本大震災以前、海岸堤防の高さは、施設の計画規模を特定する津波・高潮といった災害をもたらすハザードを原則として既往最大主義から設定し、全国一律の安全性を求める手法がとられてきた。一定の耐力の基準を定め、それに対して適切な構造物を設計・整備する手法である。その中では、海岸堤防の後背地の状況は人口・資産が多い地域・地区の整備が優先されてきた。しかし、東日本大震災では、これまでの想定をはるかに超える巨大な地震と津波により、広域に渡って未曾有の被害をもたらした東日本大震災以降、津波対策には二つのレベルの津波が想定されるようになった。比較的発生頻度が高い外力（L1）と、発生頻度は極めて低いものの発生すれば甚大な被害をもたらす最大クラスの外力（L2）の二つのレベルの外力である。

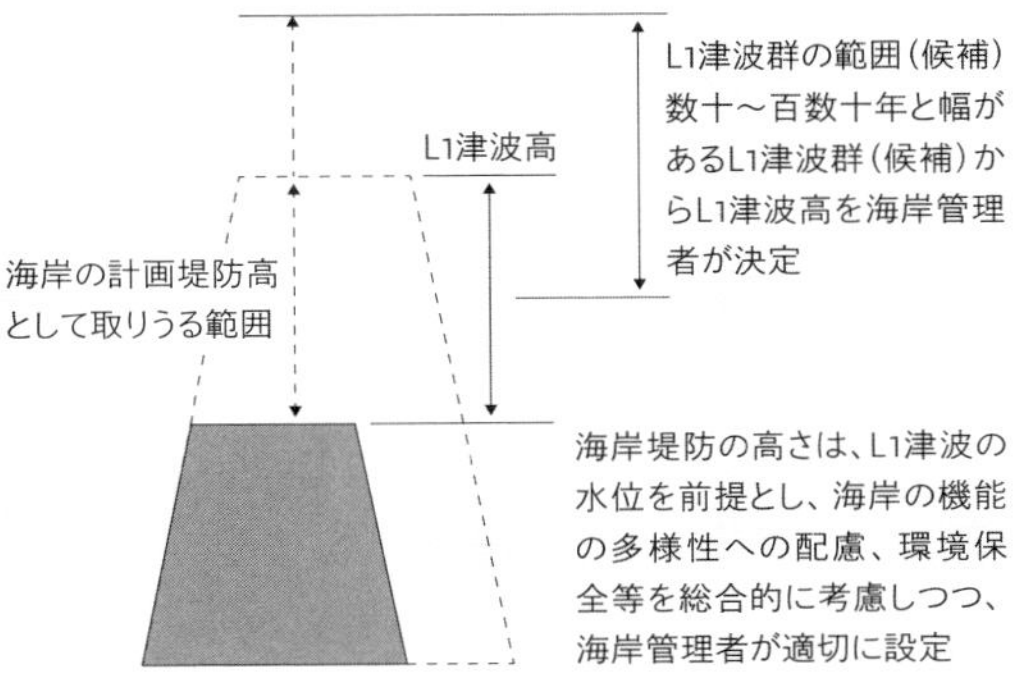

比較的発生頻度が高い外力、通称L1津波とは、数十年から百数十年に一度程度発生する比較的頻度の高い津波のことを指す。数十年から数百十年に一度程度なので、L1津波群の範囲（候補）には幅がある。海岸管理者は、そのなかからL1津波高を決定し、海岸堤防がL1津波の高さ未満である場合、L1津波に対して津波防災地域（津波防災地域づくりの対象となる地域）の安全度を確保するための措置を講じることが求められる［図1］。しかし、南海トラフ沿いの地域を考えると、L1津波に対応した海岸堤防を計画したとしても、必要とされる事業規模に対して予算上の制約から計画を達成するまでにはかなりの年月を必要とすることが想定される。そのため、警戒避難体制を充実させることとセットで、暫定的な堤防高さでの堤防整備を進めることが適当である、という方針も示されている。

これに対し、発生頻度は極めて低いものの発生すれば甚大な被害をもたらす最大クラスの外力、通称L2津波は、数百年から千年に一度程度の極めて低い頻度で発生する最大クラスの津波で、発生すれば甚大な被害をもたらす津波のことを指す。そのため、被害の最小化を主とした「減災」

図1｜津波に対する海岸堤防の取りうる高さの範囲

の考え方に基づき、住民の命を守るためのハード・ソフト整備を尽くした総合的な対策を行うことが重要である、とされている。L2津波から命を守り被害を最小限に抑えるために、津波防災地域づくりについて計画することが重要となる。

L1津波に対してはハード対策を基本として被害の防止に取り組み、L2津波に対してはなんとしても人命を守るという考え方（「二段階の外力レベルの設定」）に基づき、施設整備、土地利用、避難を組み合わせた多重防御により被害を最小化させ（「津波防災地域づくり」）、また設計条件（L1）を上回る外力に対しても減災効果を目指す構造上の工夫を施した、いわゆる「粘り強い堤防」を推進することとなった。

土木学会減災アセスメント小委員会の立ち上げ

これまでの海岸工学における海岸堤防の設計法では、一定の耐力の基準に対する最適な構造物の設計・整備はできても、発生確率や設計水準を上回る規模の津波が襲来した場合、その被害は後背地の状況によって大きく異なるため、災害リスクの定量化は難しい。避難体制の構築やまちづくりについて検討するためには、想定される被災規模やハード整備による効果の限界がわからなければ、どこにどういった経路で避難すればいいのか、被災後のまちづくりの拠点はどこなのか、計画を立てることは難しい。また、沿岸域は日常生活や漁業などの経済活動、観光資源としての景観や砂浜の利用など、平常時にはさまざまな活用が行われている。活用されている地域にとって高い堤防は障害となる。災害時の安全性と平常時の地域振興という異なる側面からの利害の調整が重要である。

「二段階の外力レベルの設定」や「津波防災地域づくり」といった新たな防災対策の考え方を社会実装するためには、適切なリスク評価のもとに多重防御の方策を社会的公平性や経済的効率性などの観点から総合的に評価する手法や、合意形成の進め方に関して、防災・減災対策の特徴を踏まえた具体的な管理手法を開発する必要がある。そのためには、海岸工学に加えて土木計画をはじめとした社会工学の知見を統合して津波に対する減災対策を可能とする方法論を構築する必要があった。

土木学会の海岸工学委員会と土木計画学研究委員会は、二〇一四年一〇月に協働で減災アセスメント小委員会を立ち上げ、さまざまな視点から「減災アセスメント」を論じてきた。津波に対する代表的海岸保全施設として海岸堤防、特に「堤防の高さ」について焦点を当て、将来にわたって「豊かで安全なまちづくり」の具体的な手順を提供することを目指し、その評価の手法を提示するために「津波に対する海岸保全施設整備計画のための技術ガイドライン」*3を発刊するに至った。あらゆる規模の外力とその発生頻度を予測し、施設規模に応じた長期被害の期待値を計量化し、防護コストや設置による景観、環境などへの負の便益も含めた災害に関する長期総コストの最小化を評価の中核に据えた方法論の開発を目指したのである。さらに、長期コストの算定にあたっては、社会構造や地域の将来予測もその評価に取り込む必要がある。これらの評価によって、地域固有の事情を反映した効率的な整備も可能となる。

海岸堤防などの施設整備は、津波や高潮、高波から後背地の人命・資産を守る一方、海岸の景観の悪化や砂浜へのアクセスなどの利便性を低下させる場合がある。景観そのものが地域の財産となっている場合や、後背地が観光地のような地域では、景観の悪化やアクセスの低下は重要な問題となる。このガイドラインでは、津波リスクアセスメントや確率的津波水位の設定・越流計算といったシミュレーションや将来予測、避難計画・土地利用計画・整備費用・被害額の算出などだけではなく、海岸堤防の高さ・位置・線形が決定されると計量が難しい「景観・利用・環境」に関する外部性についても十分留意した上で最終的な海岸堤防の高さ・位置・線形・構造を決定することが望ましいと指摘している。

景観・利用・環境に関する外部性

景観・利用・環境に関する外部性は、大きく五つに類型化され、それぞれに東日本大震災からの復興で緩和策が採られた。詳細については前述のガイドラインを参照していただきたいが、ここでは五つの類型について、簡単に紹介したい。

①自然環境とその利用価値への影響

海岸の自然環境は豊かである。砂浜海岸の場合は、「河川・海岸構造物の復旧における景観配慮の手引き」*4にも示されているが、海域の環境から、陸域の環境へグラデーションのように変化していく豊かなエコトーンが形成される。砂浜海岸に海岸堤防を建設する場合は、そのエコトーンを阻害しないように、なるべく陸域側につくらなければ、大きな影響をもたらすことになる。海岸堤防始業が計画される地域それぞれの自然環境や状況を総合的に考慮し、各地域で検討を重ねることが緩和策となる。

②表層的景観への影響

海岸堤防の圧迫感など、来訪者が瞬時に認識しうる景観現象を「表層的景観」、そうした海岸堤防が存在しつづける環境によってもたらされる住民の地域認識や自然との関わりにもたらされる長期の影響としての「深層的景観」と分けて考える。この分類は、来訪者にとっての景観と居住者にとっての景観と読み替えることも可能であり、この両者は緩和策も異なるため、別のものとして捉える。

美しいリアス式海岸の風景は観光産業にとって重要な資源である。遠景から見た海岸堤防の存在は、その美しい自然風景に影響を及ぼし、観光資源としての価値を下げるものと考えられる。また、中景から見ても、地形条件から施設は低地につくられていくと考えられるが、例えば二階からも海が見えないというように、海への眺望という良好な観光ポテンシャルを持った場所を著しく下げる特性を持つ。近景においても海岸堤防は圧迫感を生み、良好な景観形成上はあまり芳しくない存在である[図2]。つまり、海岸堤防の影響は、あらゆるスケールにおいて確実に発生してしまうものであり、地域づくりにとっては大変慎重な検討が必要な項目であるため、緩和策についてもさまざまな方策が考えられる。

③深層的景観への影響

海と一体となって暮らしているリアス式海岸部の漁村において、海が見えることの意味は非常に重要である。時々刻々と変化する海の様子は、観光客にとっては美しい風景の構成要素だが、地域住民にとっては漁の安全や好不調、養殖魚介の手当ての必要性など、生業そのものに深く関わる情報を提供しつづけている。海岸堤防によって海が見え

図2｜防潮堤（上）と河川堤防（下）

なくなることは、そうした身体化した日常かつ生業空間との視覚的隔絶を意味する。海との隔絶によって漁師の海に対する身体化の程度が弱くなること、すなわち海を読む力が弱まっていくことで、漁業の生産性や漁師の安全性にさえも長期的には影響を及ぼすのではないかと考えられる。海岸堤防の存在により、生業の場でもある低平地から海が見えなくなる分、「自宅など」他の生活の場からより一層海が見えるように、まちづくり側の努力が大変重要になる。

④利便性への影響

漁港や港湾に設置される海岸堤防は多くの場合、漁港区域・港湾区域の陸地側境界に設けられることが多い。魚市場や製氷施設といった直接船と関わる施設は堤外側に存在することになる。しかし、漁港や港湾では、例えば漁港区域外に立地する水産加工工場のように、陸域とも生産の動線が密接につながっていることも多く、そうした施設の従業員などの動線も同様である。こうした動線を確保するために、漁港や港湾の海岸堤防には陸閘が設けられるが、その設置費用、維持管理費用、さらには大津波警報発令時に誰が閉めるのか（遠隔操作で確実に閉まるのかを含め）といった問題から最小限に絞らざるを得ない。こうした状況から、漁港区域・港湾区域への往来は海岸堤防の有無によって大きく変わることになる。

港湾海岸は特殊堤、漁港海岸は直立堤、建設海岸は傾斜堤といった従来の標準的な構造にとらわれることなく、人口減少下における将来的な港湾・漁港区域の土地利用を考慮し、柔軟に構造を選定していくことも重要である。こうしたまちづくり側の論理と海岸堤防側の論理を調整するには時間も労力も要するものであるが、南海トラフ対応の事前復興においては、非常に重要な観点となる。

⑤他の災害に関連する安全性への影響

海岸堤防は海からの津波や高潮を抑制する効果があるが、その一方で、従前、堤防がない場所に新たに堤防を整備する場合には、陸側からの水や土砂の海域への流出を阻害する可能性を孕んでいる。海岸堤防がなければ、小河川や排水路からの想定外の降雨があったとしても、溢れつつも地表面を一気に海まで流れ出ることが可能であり、被害が大きくならない。海岸堤防整備においては小河川や排水路の設計流量を排出可能な水門・樋門を設けることになるが、それを上回る流量には当然対応できず、ダムとしての効果を発揮してしまう。少なくとも湛水時間は長くなり、海岸堤防がない時よりも被害が大きくなる蓋然性が高い。これは超過洪水の話であるが、こうした小河川や排水路の設計降雨の確率年は一五分の一年といった高頻度であり、数十年から百数十年に一度という海岸堤防整備の想定頻度に比べると著しく高頻度である。つまり、津波の頻度と超過洪水の確率は、頻度と確率という別概念であり、安易に比較できないが、相応の頻度で海岸堤防の存在が負の効果をもたらす蓋然性が高いということになる。土砂災害についても同様だろう。

　超過洪水に対して被災リスクを高めてしまう点については、水害・土砂災害などのリスクやそのための治山治水整備も同時に考慮する必要がある。こうした津波防災を考えている時に見落としがちなリスクについて総合的に考慮して、海岸堤防事業の実施を計画するのが重要である。

人口減少に対応したまちづくり政策と防災対策

南海トラフ地震の津波による被災が懸念されている地域がもつ課題は、決して津波防災だけではない。人口減少下における地域の持続性を高めるために、観光的・産業的な魅力の向上や、それを活用した交流人口の増加なども同時に取り組んでいかなければならない。地域の将来像を見据えて、津波防災以外の観点も大切にしながら、防災力強化を考えていく必要があり、さまざまな津波防災力強化パターンが考えられる。中長期的な対策も含めて、地域の利便性や環境・景観を大切にした防災力強化の方向性について総合評価を行い、基本案を示すとともに、複数代替案による検討が重要である。複数代替案について浸水計算をやり直し、被害を再算定すること、複数代替案から、総合的に検討し、適切に実施し整備計画とすることが望ましい。海岸堤防の外部性の緩和策は、海岸堤防の線形や形状の計画として考えるのではなく、人口減少下における将来的な都市像、市街地のコンパクト化、交通計画など、まち全体の課題を同時に解決していくための計画として捉え、災害後を念頭に置いた事前復興の考え方や流域治水のような他の災害に関する考え方などを総合的に組み合わせていくことが重要である。

　事業として実施する上では、住宅・商業施設の移転など、整備には時間が必要となること、新たな海岸堤防建設に対する合意形成が難しい可能性もあるだろう。立地適正化計画、防災集団移転促進事業、漁業集落防災機能強化事業、津波防災地域づくりに関する法律に基づく区域指定を活用した居住制限などによる居住誘導、市街地の空き家・

空き地を利活用するための所有者との合意形成など、さまざまな合意形成が必要であり、市街地のコンパクト化が実現するには時間がかかる可能性が高い。代替案にも、合意形成の問題や市街地のコンパクト化の実現にかかる時間の長期化という課題はあるが、まちの魅力など防災以外の重要なポイントや、人口減少下における都市の将来像、事前復興の姿を見据えた時には、人口減少に対応したまちづくり政策と防災対策を一致・総合的に実施していくことが求められる。

ガイドラインで示した手法は、東日本大震災の被災地における復旧・復興事業の進捗過程で得られた知見や、いくつかの海岸における津波防災に対するケーススタディで得られた検証を踏まえたものであり、今後、全国で展開される津波防災地域づくりに活用されるべきものである。また、気候変動に伴う高潮災害の頻発化・激甚化が懸念されるなか、今後、全国的に海岸保全基本計画の見直しが予定されているが、ガイドラインで示す津波対策のプロセス・手法は高潮対策の検討に際しても活用可能である。さらには、近年、激甚な水害が頻発するなか、避難対策や氾濫域での住まい方の工夫も含め河川管理者のみならず流域全体で行う治水対策である「流域治水」の考え方が打ち出されたが、これは防災施設の整備と土地利用、避難を組み合わせる「津波防災地域づくり」の考え方と同基軸にあるものであり、ガイドラインで取り組んだ防災施設の計画・設計に関するプロセス・手法の構築は、今後この流域治水の展開においてもその活用の可能性が期待されている。

[2] 河川の景観デザインとレジリエンス

流域治水における河川景観デザイン

毎年のように大きな洪水被害に襲われる昨今、治水の考え方も大きく変化してきている。二〇二〇年七月に国土交通省から「気候変動を踏まえた水災害対策のあり方」が答申され、二〇二一年には関連法案が成立した「流域治水」という考え方は重要である。「流域治水」とは、川の中だけで洪水に対応する従来の河道対策を超えて、住民や自治体を巻き込んで集水域及び氾濫原の対策やソフト施策を統合する考え方である。景観デザインを専門とする視点から述べれば、「流域治水」において大切なことは、非日常への備えである防災・減災を、いかに日常の暮らしのなかに融合していくか、災いとともに恵みをもたらす自然と、いかに密接に暮らしを営んでいくかという点ではないか。このような意識を促す〈自然と人間のインターフェース〉をつくることにこそ、景観デザインの最も重要な意義があると考えている。

「流域治水」という考え方が生まれたとしても、河川改修などの河道対策が、水害に対する重要な一翼を担うことは変わらないし、そこは人間が自然に対して直に接することができる場でもある。そこで本節では、筆者が関係する実例を紹介し、河川改修における景観デザインの意義について考察していきたい。

白川・緑の区間の概要

本節で紹介する河川改修は、熊本市を縦断する白川の中心市街地に隣接した区間（明午橋から大甲橋間の約六〇〇メートル）で実施されたものである。一九五三（昭和二八）年西日本水害で大きな被害（死者行方不明者四二二人）を受けた白川においても、この区間の治水安全度は低く、河川改修の必要性は高かった。一方、空襲や水害によって荒廃した市街に潤いを与えようと、自治会長であった鶴田絲平氏が私費を投じて植えた桜並木が右岸に、大きく繁茂した屋敷林が左岸に並び、両岸の豊かな緑と遠景の立田山による景観は「森の都くまもと」の象徴として市民に愛されていた。そのため、治水安全度の向上と景観保全の両立は長年の懸案であった。

実は一九八六年に一度、改修計画が発表されたが、その計画は大規模な拡幅と巨大な堤防によって構成されており、豊かな緑を全て伐採する計画であった。そのため、景観をとるか防災をとるかという二者択一の、市民を巻き込んだ大論争となり、そこでは結論を見ることがなかった。改修の議論を進ませるには、治水、利水に加えて環境も目的とした一九九七年の河川法改正まで待たなければならなかった。筆者が考える河川法改正の意義は二つである。一つは、将来的な治水目標となる方針とは別に、段階的にその目標を目指すための計画を策定することとなったこと。一九八六年の計画は、一気にその目標を目指したため、環境を大規模に変えざるを得なかったのである。もう一つは、その計画策定にあたって、住民の参加が可能となったことである。一九九八年に始まった白川流域委員会では、民間人を委員長とし、住民の意見を交えながら計画を策定していった。

以上の経緯から、整備前の治水能力一五〇〇立方メートル毎秒に対して、「河川整備基本方針」（二〇〇〇）では三〇〇〇立方メートル毎秒（一五〇年確率）、「河川整備計画」

▼

図1｜整備前（2006）と暫定完成時（2015）の緑の区間の様子

（二〇〇二）では二〇〇〇立方メートル毎秒（三〇年確率）として、整備を実施していくこととなった。具体的には、既存の川幅約六〇メートルを左岸側に一五〜二〇メートル拡幅し、両岸の緑地（高水敷）の外側に、鋼矢板を深く埋め込んだ特殊堤を構築するという改修である［図1］。

緑の区間のデザイン

ここでは、全てのデザインについて詳述するには紙幅が足りないため、いくつかのポイントを紹介していきたい。

①緑の保全

この整備において最も重視されたのは既存樹木の保全であった。熊本県造園建設業協会が中心となり、まず、両岸約五〇〇本の樹木の健康状態を調査し、移植可能樹木と伐採樹木を整理した。また、直前に根回しを行う通常の移植工事では、丸坊主のように枝を切り落とさなければいけない。そのような移植は、この整備に求められる保全とはいえない。そこで、移植が開始される二〇一一年の二年前に根回し工事が行われた。その結果、既存の樹木の樹形を損なわずに移植を行うことができ、左岸側の河川拡幅後に整備された、約一六〇本以上の移植樹木による緑地は整備直後から自然の森のような景観を創出することができている。

加えて、樹齢一〇〇年、一〇〇トンを超える二本の大クスノキについては、江戸時代より伝わる伝統工法の立曳き工事によって行った。立曳き工事とは、樹木を立てたまま、滑車によって引っ張り移動する工事である［図2］。この工事の意義は三つ。一つは、樹木を立てたまま移動できるため樹皮を傷つけず、樹木の健康を維持できること。もう一つは、伝統技術を継承できること。今回の工事は、九州初の取り組みでもあった。そして最後に、人力で移動させるため、近隣の小学生など、多くの市民が参加することが可能となることである。通常の工事では、高い仮囲いで目隠ししながら進んでいき、それらが外される時は完成した時である。それでは、いくら計画に参加していたとしても、その場所に市民の愛着はわかないだろう。工事その日は、造園協会の方々が法被を準備するなど、お祭りのようでもあり、市民の愛着をより強く醸成することに大きく貢献したのではないかと思う。実際、参加した子どもたちは供用後によく遊びに来ていたようである。

②川とまちをつなぐ壁

鋼矢板を打設した堤防の上部は、コンクリート壁（パラペット）となり、およそ六〇〇メートルも連続する。そこで、実寸スケールの模型なども作成し、丁寧な検討を行った結果、無垢のコンクリート（ただし歩道側面には、エージングを考慮し杉型枠を使用）の上部片側のみに阿蘇の溶解凝結岩である鍋田石を笠石のように配置するデザインを採用した。これは、七〇センチメートルもの厚さのコンクリートを細く見せる効果がある。加えて、そもそも、低い壁に手を添えて歩いたり、腰を掛けたりする場合、実際は近い片側しか使わない。人の手が触れる最低限の部分にのみ、肌触りのよい自然石を使用しようという発想であり、パラペットをいわば

図2｜立曳き工事の様子

図3｜水害時（上）と、日常時（下）の特殊堤（パラペット）の働き

家具のようなものになるよう目指したものである。

二〇一二年七月には、九州北部豪雨によって白川でも越水が発生したが、既に特殊堤は完成していたため、緑の区間からの出水は抑えることができた。堤防としては、これが本来の働きである。しかし一方で、木陰の下でベンチのように使われる日常的な風景は、付加的なものだろうか。堤防とは、人と自然の間に引く〈境界線〉に他ならないが、この場合のように、ちょっとした工夫（デザイン）を施すことによって、自然と人間を、災害と日常をつなぐ、豊かな〈インターフェース〉ともなりうるのである［図3］。

③水際のしつらえ

河川デザインにおいて、護岸と水際のしつらえは最も重要な要素である。ここでは、水際護岸の前面に自然石とコンクリート平板（一・五メートル角）を組み合わせて設置した。これは、生物の生息環境を創出するだけではなく、アクセスしやすい平板が水位に対してランダムに配置されることによって、さまざまなアクティビティを生むきっかけとなることを目指したものである。その結果、浅く安全な平板の上では、小さな子どもたちが水に触れ、深く沈んだ平板の上では小学生たちが水遊びをし、高く乾いた平板の上では、大人たちが腰を掛けたり、釣りをしたり、さまざまな水辺のアクティビティを都市の真ん中に創出することができた。また、ランダムな高さを持つ平板は、水位の微妙な変化を、水面に現れる平板の数として、デジタルに可視化する。自然の日々の変化は、都市の暮らしの中では感じづらい。このしつらえが、水辺へのアクセス性を高めるだけではなく、自然の変化への感性を高めるものになることを期待している。

利活用と再改修

緑の区間の整備は、二〇一五年三月に暫定完成となった。ここでは、その後の利活用の状況と二〇二一（令和二）年度から議論が開始された堤防嵩上げ事業について紹介したい。

①利活用のハレとケ

整備前の緑の区間は、下流の大甲橋からの眺望は「森の都くまもと」の象徴として市民から愛されてはいたが、緑地内部は樹木が繁茂しすぎて鬱蒼としており、居心地が良い空間ではなかった。加えて住宅地側の左岸は、道路と緑地の間に宅地があり、アクセスも悪かった。この整備では、健全な樹木のみを残して緑を整理し、左岸では拡幅によって緑地が道路に接することとなったため、見通しの良い明るい緑地に生まれ変わった。河川改修のような大規模な土木事業は、多くの住民の協力なしには成立せず、彼らの暮らしを大きく変えてしまう。しかし、入念な議論やデザインを施すことによって、それまで十分に活用されていなかった地域資源（今回の場合は水辺や緑地）を、より広く公共に開いた場所に変えることができる。

一方、イベント的な利活用については、まず暫定完成を祝う「ミズベリング白川74」が国土交通省の主導で二〇一五年四月に開催され、その後は、国、市、住民などで構成される「白川「緑の区間」の利用を考える協議会」を通して様々な社会実験を行っていった。そのような活動の中、ミズベリングにクラフトビールショップを出店していた近隣のバー店主を中心とした地元有志による組織「Shirakawa Banks」が立ち上がった。コミュニティーづくりに貢献するボランティア活動と、地域活性化・地産地消をバランスよく推進する営利目的の活動を組み合わせて、補助金に頼らず活動する産学官連携のまちづくり団体である。以前はまちなかで開催されていた夜市を復活させる「白川夜市」を二〇一八年に不定期に開催し、二〇一九年からは毎月第四土曜日の定期開催（三月〜一一月）とした。この「白川夜市」は緑の区間の利活用の中心となり、毎回一〇〇〇人以

上の集客がある人気イベントに育っている。彼らの活動の特徴の一つは、継続的な改善と工夫である。コロナ禍においても、行政が発信するリスクレベルを踏まえつつ、入場ゲートやイートインコーナーの設置などの対策を工夫し（熊本では白川夜市モデルと呼ばれている）、断続的に開催を行い、多くの集客を得ていた。しかし、このような公共の緑地において大きな課題になるのは、草刈りを中心とした維持管理である。Shirakawa Banksはイベントを行うだけではなく、毎月、ボランティアで草刈り活動もしており、夜市の開催とこの草刈りによって、日常的に緑の区間を利用する人々は増えているらしい。イベントの開催（ハレ）が日常の維持管理（ケ）に貢献している好例と言えるだろう。

現在は、白川夜市だけではなくさまざまな活動を展開していくため、二〇一一年に河川法が一部改正された「都市・地域再生等利用区域の占用」の許可を取り、協議会を「白川「緑の区間」利活用推進協議会」と改称し、熊本市を事務局として活動を継続している。

図4｜堤防嵩上げ後の白川夜市（2023年4月22日）

②再改修（堤防嵩上げ）

二〇〇二年の「河川整備計画」に基づいた整備は、あくまで三〇年確率の洪水を防ぐことを目指した暫定的なものであったが、反対運動などもあった当時の判断として、堤防の高さは最低限のものに設定していた。一方、緑の区間では被害を出さなかった二〇一二年の九州北部豪雨は、上下流で越水を生じさせ、それらの場所で災害復旧工事が行われた。緑の区間以外の箇所は完成堤防の高さで復旧された結果、緑の区間のみが一・三メートル程度低い堤防となってしまったのである。この状況を認識していた地域住民は、特に球磨川を襲った令和二年七月豪雨をきっかけに、堤防嵩上げの要望を行った。毎年のように起こる水害を考えれば、彼らの不安は当然であろう。

また、二〇二〇年一月に「河川整備計画」が改正され、この緑の区間の流下能力は二四〇〇立方メートル毎秒(六〇年確率)に引き上げられた。住民からの要望も踏まえ、前回の計画に基づく整備が未完成のまま(明午橋橋詰など)、堤防の嵩上げが実施されることとなった。ここで景観より防災が大事だと思考停止になってしまっては、今までの努力が無駄になる。もちろん、防災より景観だとしても、住民の不安は解消されない。より高いレベルで、防災と景観の両立を図らないといけないのである。この堤防嵩上げにおいても、先の整備と同様、市民と議論しながら検討を始めた。以前と異なる点は、周辺住民だけではなく、Shirakawa Banksなど、緑の区間を活用している人々にも参加してもらったことである。その結果、堤防嵩上げが必要なことは疑いはないが、一方で、川への眺望や意識、緑地としての質、白川夜市の活動などは継続し、できれば改善していくことも合わせて確認され、多くの前向きな意見が出された。

二〇二二年には、まずは堤防嵩上げのみ整備が実施された。実際、まちから河川への眺望は高い壁によって阻害されてしまったが、緑地内の環境は自動車交通などが隠されることによってむしろ向上した側面もある。それは白川夜市において顕著であった。例えば、コンクリートのセパ穴にフックを取り付けられるように工夫し、照明を簡単に設置できるようになった。また、元々七〇センチメートル程度あったパラペット幅に対して、嵩上げ部の幅を四〇センチメートルに抑え、そのずれの部分に鍋田石を設置することで、夜市の時にはバーカウンターのように使用できるようになった[図4]。今後は、少なくとも緑地沿いの歩行者から川を視認できるように、遊歩道を兼ねる管理用通路も嵩上げしていく予定である。

景観デザインの減災的意義

防災・減災活動において、自助・共助・公助ということが言われる。災害が頻発する現代においては、公助以上に、自助・共助の必要性が強調されてもいるだろう。緑の区間の整備とは、三〇年確率(あるいは六〇年確率)の出水に対する治水整備と人々が使いやすいパブリックスペースを創出したことであった。この治水整備は、まさに「公助」である。一方、白川夜市の活動に見られるよう、良質なパブリックスペースは活発な市民活動の舞台となる。このような交流は、「共助」の基盤となり、堤防嵩上げの再改修においても、その活動に基づく人々の経験が大いに貢献していた。一方、ブロックの上から水と戯れる子どもや木陰のパラペットに腰かける人たちのように、このような〈インターフェース〉を通して自然に触れる体験は、自然への意識（怖さも含めて）の涵養に必ずや役立つであろう。この意識こそが、どんな知識にもまして強力な「自助」の背景となっていくと考えている。

参考文献

2節［2］

・星野裕司『自然災害と土木――デザイン』農文協、二〇二二

註釈

2節［1］

*1　災害対策基本法、https://elaws.e-gov.go.jp/document?lawid=336AC0000000223

*2　内閣府：減災のてびき（減災啓発ツール）、防災情報のページ、https://www.bousai.go.jp/kyoiku/keigen/gensai/tebiki.html

*3　減災アセスメント小委員会「津波に対する海岸保全施設整備計画のための技術ガイドライン」二〇一一年六月、https://committees.jsce.or.jp/cprcenter/node/310（二〇二四年一〇月二八日閲覧）

*4　国土交通省水管理・国土保全局「河川・海岸構造物の復旧における景観配慮の手引き」二〇一一年一月、https://www.mlit.go.jp/river/shishin_guideline/kankyo/hukkyuukeikan_tebiki/index.html

3節・歴史に学ぶレジリエンスと景観

[1]歴史に学ぶ減災の知恵と景観
——伝統的土蔵群の延焼防止効果

はじめに

日本列島は南北に長く、北は北海道から南は沖縄までそれぞれに特徴を持つ建物やまちなみがある。同じ日本の国土にあってこれほどまでまちなみ景観が違うのは、先人たちがその土地で生き抜くためにさまざまな工夫や対策を積み重ね、その結果として地域に即した美しいまちなみが形成されたためと考えることができる。環境が厳しければ厳しいほど、適合する為に変化は先鋭化すると考えられる*1。

日本の伝統的な建築とこれにより構成される都市や集落は、基本的に木を主体につくられている。古来より資源の乏しい日本にとって木材は、数少ない自給可能な材料であった一方で、江戸のような「超」過密都市がほぼ木造でつくられているため、ひとたび火事が起きると瞬く間に延焼につながるリスクがある。

そんな状況下で、火災から大切な物品を守る確実な方法は火事場から持ち出すことだが、避難の際に持ち出せないような品物や家財、貴重品などを収納して守るために「土蔵」がつくられるようになる。これは外壁を厚い土壁で覆い、漆喰などで表面を仕上げて外装全体の不燃化を目指した木造建物である。

土壁なので火災に対しては強いが、風雨に対しては溶けて流れてしまうという弱点がある。これに対策するために、上から降ってくる雨を除ける屋根が架けられる。瓦葺きにする資金がない場合には板葺きや茅葺きが載せられることになるが、そのままだと屋根が燃えてしまい内部の貴重品が危険にさらされることになる。それでは都合が悪いので、屋根は土壁に載っているだけの「置屋根」形式にしておき、大火が迫ると縄をかけて屋根を引き落とせるよう、構造を分けて組み立てる工夫もなされていた。さらに屋根から落ちる雨は、地面で跳ね返って土壁を下の方から攻撃してくる。これを防ぐ目的で壁面下部には木造の「腰壁」が巻かれるのだが、これも火事で燃える恐れがあるため、大火の時には人力で取り外して土塗りの外壁面を露出させてから避難していたようである［図1］。屋根にせよ腰壁にせよ、いざという時のため取り外せるようにしておくことで、普段は風雨で傷んだ部材を取り替えやすくもなるという、日常的なメンテナンスの利便性にも繋がっていた。

このように土蔵は、火災が迫った場合には、普段の風雨から土壁を守るために付加された屋根や腰壁のような防水被覆を、必要に応じて引きはがし、土塗りの身一つとなって大火をしのいできたのである。

図1｜大火をしのぐ土蔵（出典：『春日権現験記絵──甦った鎌倉絵巻の名品』宮内庁、2018、「春日権現験記絵」巻14第16段（部分）皇居三の丸尚蔵館所蔵）

図2｜三町重伝建地区のまちなみ

土蔵がより完全な耐火建築となるために、最後の仕上げと危機管理を人の手によって完了させるこのシステムは、逆に言えば人の手で補完する余地を残しているからこそ、火災状況に応じた柔軟な処理が可能なフェイルセーフ・システムになっていた、と考えることもできる。

土蔵が連坦することによる防火壁の形成

土蔵については、上述のように単体での耐火建築であるというだけでなく、これが連担することにより、まち全体の延焼抑止にも役立っていると考えられる。

岐阜県の飛騨高山は、戦国時代に商業を重視する金森長近により城下町として形成され、山城を囲んで高台の方に武家屋敷を、一段低いところの武家地より一・二倍ほども広いエリアに、特徴的な町人町として整備された。その町人町だった場所の一部に、現在も伝統的なまちなみの残る三町（さんまち）重伝建地区がある［図2］。

商業経済のまちらしく、土地を含めた税収をきちんと取り立てることができるように敷地割が規定されており、前面道路側から敷地奥に向かって母屋、中庭、土蔵の配置が共通していることも特徴の一つとなる。

京都とよく似た形式の定型的な町割りとなっていたが、

身分制度が厳しかった時代背景から町人は豪華な町家をつくることができず、通りに面した表側には高さの低い質素な住宅を兼ねた木造店舗が、その奥に中庭を挟んで、敷地の一番奥に土蔵が建てられていた。このため街区単位で配置が統一されると、結果として街区の奥側に土蔵が一列に横に並ぶことになり、それが街区全体にとっての防火壁の役割を担った可能性が指摘されている*2［図3］。

実際に、一九九六（平成八）年に重伝建地区内で大規模な火災が発生し、延焼によって数棟が被災したが、それでも土蔵が周囲にあったため、土蔵の壁で焼け止まっていた。これを受けて現在は、まちの防火と景観保全の両面の目的で、二〇〇年以上経過した土蔵二〇数棟の修理もなされている。

連坦する土蔵群の延焼抑止効果の検証

1 検証の概要と目的

江戸時代当時に、果たして街区単位での延焼抑止まで考えて土蔵「群」が建設されていたかどうかは諸説あると思われるが、その効果については科学的な検証が可能である。本節の後半では、樋本らが開発した「物理的延焼性状予測モデル」*3を用いた、土蔵群の防火性能の科学的検証を示す。

高山市の重伝建地区における土蔵群に関しては、樋本ら*4による研究によって一定の火災安全上の有効性が検証されているが、そこでは土蔵を完全な不燃物として捉えて防火性能評価を行っている一方で、実際には土蔵が延焼経路となった火災例も報告されている*5。このため本節ではこの点も含めて、土壁の物性値の修正や、扉の開閉状況についても考慮して検証し、土蔵群が延焼遮断帯として、より効果的に防火能力を発揮できるようになる条件を明らかにすることとした。

2 対象地区の概要とまちなみの特徴

当該地区では、短冊状の宅地割に加えて道路から順に主屋、庭、土蔵といった建物配置が多く採用されている。これにより、南北方向には街区の背割りに沿った土蔵の連なりが形成され、東西方向には比較的幅員の大きい道路が整備されている［図4］。

これらは街区をブロック単位に細分化し、延焼拡大の抑制を目的として伝統的に整備されてきた可能性が指摘されている。

3 防火性能評価の方法

① 物理的延焼性状予測モデルの概要

物理的延焼性状予測モデルは、市街地における火災拡大を熱気流、輻射熱、飛び火による物理現象として定式化したものである。都市火災を多くの建物火災の集合と捉え、建物火災の影響下にある個々の建物への延焼性状を予測することで、市街地全体の延焼予測を行っている。

② 可燃物としての土蔵の条件設定

本節では、土蔵にも延焼が及び場合によっては燃え抜けが発生する可能性も考慮した上で、土蔵群の延焼抑止効果を評価する。既往研究*6からは伝統木造の土壁でも、一般の準耐火構造（四五分）以上の防火性能を達成できる事が明らかになっており、土蔵でも同程度の防火性能は保有していると考えられるため、ここでは燃え抜け時間を四五分と設定した。土蔵の開口部面積は、戸締りがされている事を想定し、初期状態ではゼロとして設定した。土蔵の場合は外壁が厚い土壁に覆われているため、可燃物密度はゼロと設定し、その他の熱物性値に関しては、文献*7〜9を参考に設定を行った。

図3｜街区を横断する形で形成される土蔵群の端部

図4｜火除地と土蔵配置

③検証のための街区の抽出

対象地区内の現状における各建物の焼失リスク＊10を算出した結果を図5に示す。重伝建地区に指定されている範囲は木造建物が多いことから、一般に焼失リスクが高くなる一方で、三町地区では、下二之町・大新町地区に比べて土蔵群が列状に配置されていることから、連担する土蔵群による延焼抑止効果が働いたものと推測される。そこで三町地区の一部を対象として、詳細に検証することとした。

なお、土蔵の扉を開けたままにしておいた場合の影響や、土蔵の連続性が途切れた箇所を元の土蔵に修復した場合、延焼の進行方向を考えた出火範囲など、さまざまな条件を設定し検証を行っている。

土蔵群による延焼抑止効果の評価結果

1 検証街区における建物焼失リスクの変化

焼失リスクの算出結果を図6に示す。

検証の結果、図中①と③を比較すると、焼失リスクに大きな違いが見られた。連坦する土蔵群を再生した③では、土蔵群から見て出火範囲から反対側への焼失リスクが低くなる結果となった。①では、土蔵群が途切れている箇所（点線内）の近傍で特に焼失リスクが高くなっており、やはり途切れた箇所から延焼が進行したものと考えられる。

図5｜建物焼失リスク

2 時間経過による延焼動態の特徴

出火から一二〇分後の延焼範囲を図7に示す。観察しやすくするために、出火点は土蔵群の連続性が途切れている箇所の近傍に設定し、風向きは西南西とした。

検証の結果、現状を再現した図中①では、土蔵群の連続性が途切れている箇所（点線）からの延焼の進行が確認された。一方で、土蔵群が連担している部分からの延焼は、相対的に少ないことが明らかとなった。土蔵の扉を解放し

①現状の土蔵群配置

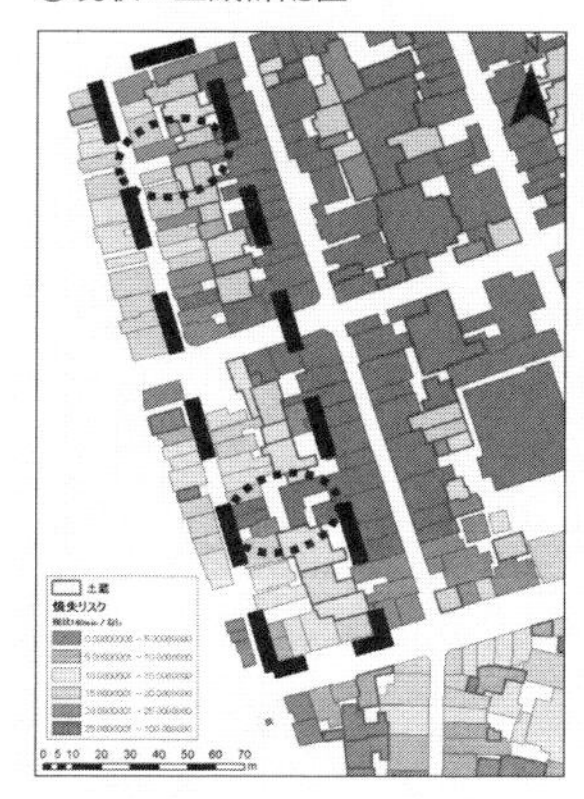

②土蔵群開口部の開放状態

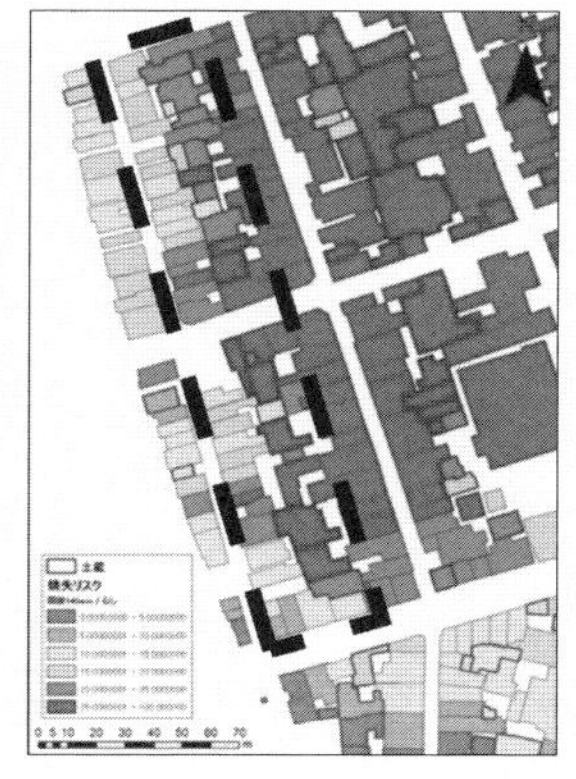

③土蔵間の木造建物を土蔵に改修

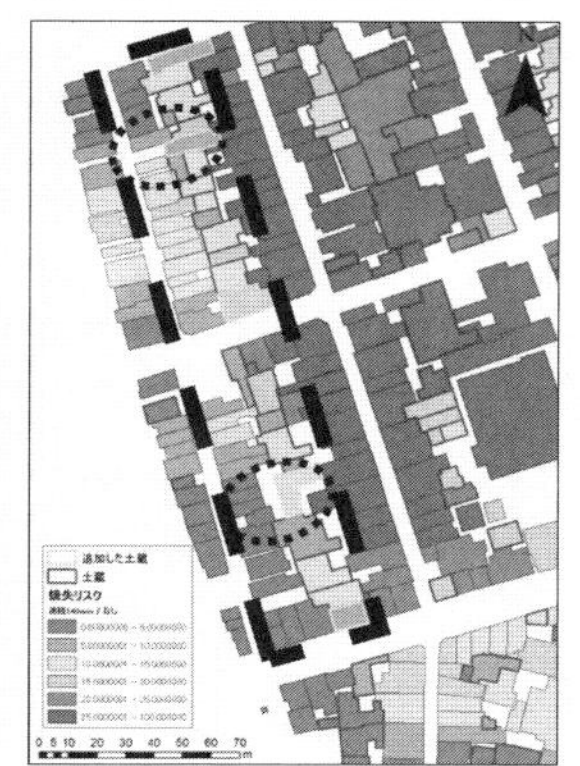

図6｜検証街区の焼失リスク

①現状の土蔵群配置

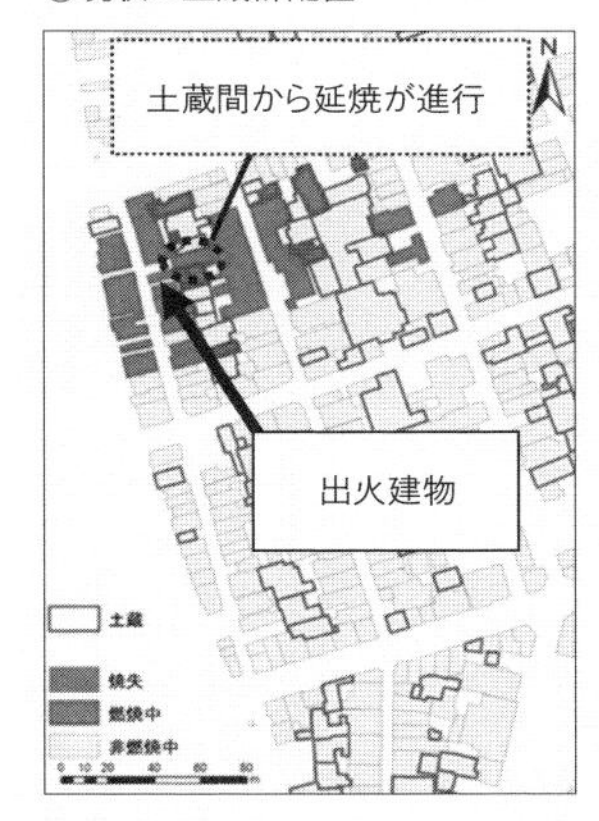

②土蔵群開口部の開放状態

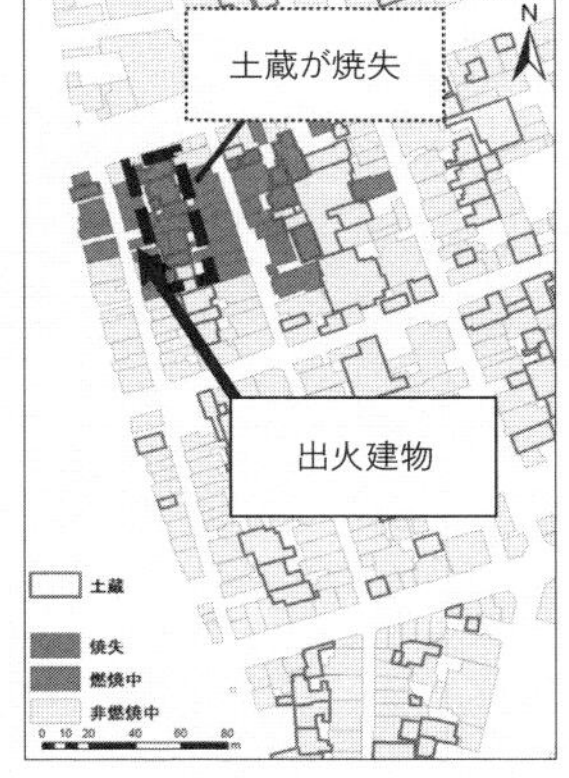

③土蔵間の木造建物を土蔵に改修

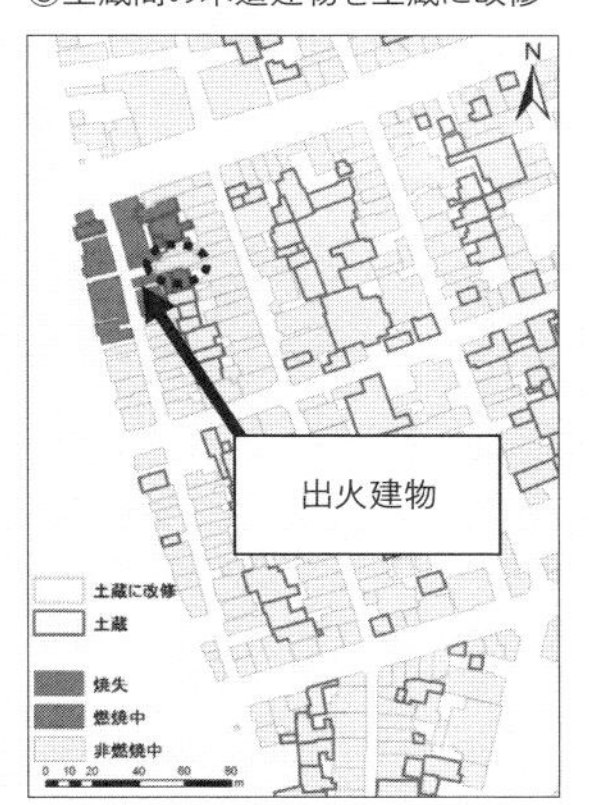

図7｜出火から120分時点での延焼範囲

たままの②では、①同様に土蔵間から延焼が進行していることに加えて、土蔵そのものが多く焼失して延焼が拡大する結果となった。失われた土蔵を再生した③では、延焼範囲が比較的小さくなる結果となった。これは③に比べ、土蔵群が連担していることが影響したものと考えられる。

結論とまとめ

本節の後半では、伝統的な防災資源の一つである土蔵群による延焼抑止効果を科学的に実証するために、対象地区を設定して物理的延焼性状予測モデルを用いた防火性能評価を行った。土蔵そのものへの延焼も考慮した防火性能評価を行った結果、土蔵群は延焼を完全に抑止するものではなかったが、延焼抑止効果を少なからず有していたことが実証された。さらに土蔵群の連続性が途切れている箇所を土蔵に復元した場合には、延焼抑止効果が向上することも明らかとなった。また、近年の土蔵の出入口が屋内化される傾向に伴って扉が解放されたままになっている場合には、延焼抑止効果が落ちてしまうことも示された。一方で、土蔵群による延焼抑止効果には時間的な限界があり、あくまで延焼を遅延させるものである事が明らかとなった。歴史的なまちなみには、土蔵群以外にも伝統的な防災資源が複数存在する。今後、これらと併せて防火性能評価を行うことで、ハード・ソフト両側面の防災資源に対する防火性能評価が可能となると考えられる。

以上のように、伝統的な美しいまちなみ景観が形成される背景には、その土地において災害との闘いの末に獲得された「減災の知恵」が根づいていると考えられる。

豊かな個性をもつ伝統的なまちなみを減災の視点から読み解き、その知恵を抽出して将来にいかすことができれば、減災文化とともに伝統的なまちなみの復元にも寄与できる可能性が開かれる。災害対策と歴史的まちなみの保全は、必ずしも相反する要素ではない。双方をいかしながら現代の技術で補完していくことは、将来の世代に貴重な文化を受け継いでいくための、現在を生きるわれわれの責務でもあると考える。

[2] 歴史的市街地における水災害への対策と景観

はじめに

歴史的市街地において脅威となる自然災害は火災だけではない。地震、洪水、土砂災害など災害は多岐にわたり、それぞれに対して防災・減災に取り組むことが求められる。

特に、津波や洪水、高潮など水に関わる災害（以下、水災害とする）への対策は、建築物を個別に強化するだけでは十分と言えず、地区レベルで面的に考えることも必要となる。そのため、東日本大震災後の巨大な防潮堤の建設でも課題となったように、水災害を防ぐための対策は自ずと規模が大きくなり、地域の景観に大きな影響を与える。さらに近年の気候変動によって、世界的に激甚化・頻発化している水災害とその対策は、今後の歴史的市街地の景観をどのように変えるのだろうか。歴史的市街地というローカルにおける景観保全と減災・防災を両立させるアイデアに光を当てていきたい。

図1｜栃木市の巴波川沿いの歴史的市街地

歴史的市街地における水災害のリスクと対策

それでは、そもそも現在の歴史的市街地は水災害のリスクにどの程度さらされていて、どれくらいの対策が講じられているのだろうか。

二〇二二（令和四）年に実施された全国の重要伝統的建造物群保存地区（以下、重伝建地区とする）を対象とする調査によると、ハザードマップで浸水想定区域に位置づけられた土地がある重伝建地区は、総数一二六地区のうち洪水で五五地区、津波で一八地区、高潮で七地区だった[*1]。数としては半数程度に留まる。歴史的市街地の多くが周囲と比べて少し地盤が高いところに位置していることを、この理由の一つとして推察できる。自然災害のリスクを回避する土地を選んできた、先人の知恵の結果ともいえる事象である。しかし、二〇一五（平成二七）年九月の関東・東北豪雨では、栃木市の巴波川［図1］が氾濫し、重伝建地区に選定されている嘉右衛門町地区でも浸水の被害が生じた。また、二〇一八（平成三〇）年と二〇二一（令和三）年には広島県竹原市でも水災害が発生し、重伝建地区を含むエリアが被害を受けている。近年の水災害の激甚化によって、歴史的市街地は比較的安全という状況は覆されつつある。

水災害の激甚化を受けて、対策を見直す動きも見られるようになってきた。例えば、奈良県五條市では、重伝建地区の五條新町地区がハザードマップの見直しに伴い、新たにハザードマップの浸水想定区域に加えられた。今後もこのような地区は増えていくと想定できる。

重伝建地区において独自の防災計画を定めることも、水災害をはじめとした諸災害に対して有効だと考えられる。しかし、現状は人手不足などの理由から、半数の重伝建地区だけが地区防災計画を定めているに留まる*2。また、その内容においても、水災害についてはいまだにほとんど触れられていない状況にある。さらに、たとえ水災害について触れられていたとしても、防火や耐震に関わる記述と比較して量が少なく、抽象的な内容であることが多い*3。これには二つの要因があると考えられる。一つは、先にも述べたように、水災害への対策は個別の建築物の強化だけでは不十分なことがある。したがって、防災計画において個別具体的な目標設定と細かな対策が記載しにくいと考えられる。もう一つは、歴史的市街地に特化した水災害の対策が少ないことである。現状の有力な対策としては、堤防などの土木事業によるハード面の強化と避難計画などのソフト事業の展開が考えられるが、どれも一般市街地と大差がない。一方で、例えば火災や地震への対策について見ると、重伝建地区において建築基準法の緩和条例を定め、代替的な措置を講じることで、構造や防火に関する建築基準法の規定を緩和することが可能になる。このような対応は重伝建地区に選定されていない歴史的市街地においても広がり始めている。京都市や金沢市などの先進自治体においては、建築基準法三条一項三号の条例を定めることで、その対象となる歴史的建造物について十分な代替的措置を講じながら建築基準法の規定の適用を除外することを可能としている。このように、防火や耐震の観点からは、歴史的市街地や歴史的建造物の現状に寄り添った措置が考案できる仕組みがつくられている。これに対して、水災害についてはオルタナティブな選択肢が未発達だといえる。歴史的市街地において水災害への対策を充実させるには、これらを解決していく必要があるだろう。

さて、ここからは各地の歴史的市街地で実践されはじめている実験的な取り組みから、水災害への対策の新たなアプローチについて、可能性を考えていきたい。

豊岡市出石のタカと切石基礎

二〇二二（令和四）年三月に兵庫県豊岡市が策定した『豊岡市出石重要伝統的建造物群保存地区防災計画』＊4では、他の重伝建地区よりも詳細に水害・土砂災害対策が講じられている。また、歴史的市街地だからこそ見られる伝統的な対策についても触れている点が特徴である。例えば、出石地区の伝統的建造物の特徴として町家内部の「タカ」と呼ばれる吹き抜け空間がある［図2］。この空間は、度重なる水災害への備えとして、大事なものを屋内の高いところへ垂直避難させておくために使われていた。これを現在においても十分に機能させ、防災に活用しようということが計画に明記されている。ただし、現在の町家では「タカ」に物が常置されていることが多く、非常時に十分な活用が可能なのかは、まだ不透明である。物を上げるための滑車は普段使いされておらず、非常時に十分に使いこなすことができるかもわからない。そのため、地区防災計画では「非常時に備えて日常からの有効活用を推進する」こと、つまりフェイズフリーに「タカ」に触れておくことが、対策の一つとして明記されている。もう一点、出石地区の歴史的市街地の特性を生かした対策として挙げられているのが「切石基礎」の継承である［図3］。これは、切り出した石を積み上げて基礎をあげた構造で、洪水に備える町家普請の工夫と捉えることができる。つまり、切石基礎とすることで、その高さに応じて床上浸水を防止することが可能となる。伝統的建造物で切石基礎を有するものについては、それを保存・継承することで水災害への対策とすることが計画には書かれている。

図2｜豊岡市出石の町家にみられる「タカ」

図3｜豊岡市出石にみられる「切石基礎」の町家

たつの市の畳堤

このように、伝統的建造物が従来備えていた機能を再評価し、継承することを現代の水災害への対策として明記することが一つの選択肢として考えられる。複数の伝統的建造物や修景物件を対象とすることで面的な広がりを持ち得るし、何よりも一般市街地とは異なる歴史的市街地の特性にあった水災害対策の選択肢が増えることになる。もう一つ事例を見ていこう。

水災害への対策と景観保全を両立させる手法として、早い時期から考案された手法に「畳堤」がある。平常時は欄干のように向こう側を見渡せるような形状をしているが[図4]、いざ洪水の危険性が生じると周囲の家屋から畳を持ってきて欄干の溝に差し込み、堤防として機能させるという仕組みである。岐阜県の長良川、兵庫県の揖保(いぼ)川、宮崎県の五ヶ瀬川にしか見られないという堤防の形式で、実際に水災害時に畳堤が運用されたのは、二〇一八(平成三〇)年七月の豪雨における揖保川のみである。揖保川で畳堤がつくられたのは一九五七(昭和三二)年頃*5とされる。七〇から八〇年前に、堤防からの川や山並みなどへの景観を意識し、このような堤防がつくられたことは特筆すべき事象だと考える。当時とは異なり、一般住宅において畳が見られなくなってきた昨今の状況を鑑みると、伝統的な和室を維持させることが、これらの地域における水災害への対策として重要なのだと考えられる。また、揖保川の沿川に位置し、重伝建地区の龍野のまちなみがあるたつの市では、畳の利用の減少やサイズの縮小の影響を受けて、住民による畳の持ち寄りが現実的ではなくなったため、現在は市が畳を備蓄し、自治会などが管理している。その一方で、ポリウレタン樹脂で畳の表面を再現した畳パネルを一部の区間において常設することで、住民への意識づけをしている[図5]。伝統を維持・継承しながら、対策の強化に向けて新しい工夫を加えていく。このような伝統市街地ならではともいえるイノベーションが、水災害対策においては重要なのだと考えられる。

図4｜たつの市揖保川の「畳堤」の通常時の風景

図5｜PR用の畳パネルが設置された「畳堤」

先斗町における伝統的空間を生かした防災・減災

さて、ここまで見てきた豊岡市出石地区とたつの市龍野地区は、どちらも以前から洪水の危険にさらされてきた地区であった。これまでの対策を維持・継承することと、それらを日頃から使えるようにアップデートをすることで、水災害への代替的な選択肢の幅を広げようとしていた。それでは、先に挙げた五條市のように、近年の見直しで新たにハザードマップの浸水想定区域に歴史的市街地が加えられたような、これまでに水災害の危険性を特に感じてこなかった地区はどのようにすればよいのだろうか。五條市の場合は、日常のイベントに合わせて水災害の対策となる防災活動を実施することを提案しているが、その検証はできておらず、現時点においては、残念ながら筆者らも十分な答えを持ち合わせていない*6。しかし、重要なのは、たつの市のように伝統の上に立脚した防災のイノベーションを創出することだろうと考えている。最後に、水災害とは異なるが、筆者らが関わる京都市中京区先斗（ぽんと）町の防災に関わるイノベーションの事例に触れて、この節を閉じることとしたい。

先斗町は、鴨川の右岸、三条通と四条通に挟まれる区間の南北に細長い歴史的市街地である。市街地の中央にある先斗町通は幅員二メートル程度と非常に狭く、また、木屋町通との間にはさらに細い路地が存在する。このような場所に、江戸末期にまで遡ることができる茶屋建築が密集するため、火災への脆弱性が高い地区といわれている。特に、近年は茶屋が減少して、飲食店に転用されるケースが増えてきた*7。茶屋は自前の料理を提供せず、仕出しに頼ることから、屋内での火災の発生リスクは一般住宅と大きく変わらない。一方で、飲食店への転用においては厨房が増設されることから、それに応じて火災のリスクも増加していると考えられる。したがって、木造密集市街地である先斗町における防火対策の必要性は、年々増加しているといえるだろう。また、地区の東側に流れる鴨川は大雨が降ると急激に水嵩が増す暴れ川であり、水災害に対しても慎重な対応が求められる。実際に、先斗町で鴨川に面して設けられる納涼床も仮設構造物であり、洪水時に主屋に影響を与えない仕組みになっている。

先斗町では路地内に消火器の設置を推進するなど、これまでにも積極的な防災の取り組みが行われてきた。さらなる取り組みの契機となったのは、二〇一六（平成二八）年七月に地区北部で発生した火災だった。幸いにも死者は出なかったが、細街路、そして奥行き方向に長い町家と同じ特性を有する歴史的な茶屋建築の火災への脆弱性を、改めて実感することになった。先斗町のまちづくりを担う先斗町まちづくり協議会は、この火災後に消防や警察、中京区役所、立命館大学歴史都市防災研究所などの各種機関と共同で「先斗町このまち守り隊」を結成し、本格的に防災に取り組みはじめた。住民や事業者が参加する防災訓練や見回り、散水ホースを用いた初期消火システムの確立など、その取り組みは多岐に渡り、随所に工夫が散りばめられている。

特筆すべきは鴨川方面への避難訓練である[図6]。本来、奥行き方向に長い町家形式の建築物では、建物の玄関側が火元となった場合に避難が著しく困難になることが想定される。一般的な市街地では町家の奥に坪庭や土蔵があり、その奥には裏の町家の土蔵がある。実際には多少の隙間などがあり、そこから避難できる可能性もあるが、空間的には行き止まりである。一方、先斗町の鴨川側の街区にある町家形式の茶屋は先述のものと少し状況が異なり、奥に土蔵ではなく納涼床、さらにその先には鴨川がある。鴨川の堤防と納涼床の床面には四メートルほどの高低差があるため、飛び降りると怪我をする恐れがあるものの、ここを避難路として活用できるというのが、先斗町における鴨川方面への避難訓練の基本方針である。鴨川の堤防やみそそぎ川からはしごを伸ばすことで、納涼床が設置されていない時期においても避難が可能となり、さらには怪我のリスクも回避できる。また、先斗町の茶屋や飲食店は夏期（五～九月）に納涼床を使った営業をしており、建築物の奥行き方向への人の誘導にも慣れている。フェイズフリーに空間の使い方に親しんでおくことが、非常時の円滑な避難につながることは他の事例でも示したとおりである。火災発生時の納涼床・鴨川方向への避難は合理的で、歴史的市街地の景観と防災をうまく連動させた事例と評価できるで

図6｜先斗町における納涼床を使った避難訓練

あろう。

先斗町の事例は水災害への対策ではないが、その内容は水災害の経験を持たない地区に対する示唆を含む。一つは歴史的市街地の特性に大きな変化を加えずに、新たな避難の手法を創出するという点である。歴史的市街地に対する深い理解と大きな想像力が必要な行為といえる。もう一つは複数の取り組みを連鎖的に展開させて、選択肢を増やすという姿勢がある。一つひとつの取り組みは限定的かもしれないが、それらが連動することで大きな効果を生み出し得る。

冒頭にも述べたとおり、歴史的市街地における根本的な水災害の対策では、一般市街地と同様に河川改修などの土木事業が必要とされる。一方で、これには大きな費用と長い時間が必要とされるし、歴史的市街地を考慮した対策にならないことが多い。歴史的市街地に特化した対策を考案するという発想が、全国の重伝建地区の防災計画に広がれば、記載量が少なく、多様性が見られない水災害への対策も大きく充実するのではないだろうか。これらの地域知による水災害対策は河川改修が実現するまでのリスク回避にもなり、河川改修における歴史性や地域性の尊重にもつながり得る。水災害の経験の有無を問わず、柔軟な防災計画が各地で生まれることを期待したい。

註釈

3節［1］

＊1 大窪健之『歴史に学ぶ減災の知恵』二〇一二年六月

＊2 高山市三町防災計画策定委員会「高山市三町防災計画策定書」一九九三年三月

＊3 高山市教育委員会文化財課「高山市三町伝建地区火災状況報告」一九九六年四月

＊4 樋本圭佑、田中哮義「都市火災の物理的延焼性状予測モデルの開発」『日本建築学会環境系論文集』第六〇七号、二〇〇六年九月、一五～二二頁

＊5 樋本圭佑、田中哮義「延焼シミュレーションに基づく高山三町伝建地区の防火性能評価」『日本建築学会大会学術講演梗概集』二〇〇四年八月、三三七～三三八頁

＊6 安井昇、長谷見雄二、木下孝一、秋月通孝、吉田正友、山本幸一、田村佳英「伝統軸組構法による木造土壁の火災安全性実験」『日本建築学会技術報告集』第一六号、二〇〇二年一二月、一四一～一四四頁

＊7 樋本圭佑、向坊恭介、秋元康男、黒田良、北後明彦、田中哮義「地震動による建物構造被害と火災加熱による損傷の進行を考慮した地震火災延焼性状予測モデル」『日本建築学会環境系論文集』第六五三号、二〇一〇年七月、五四三～五五二頁

＊8 国立研究開発法人建築研究所「建築物のエネルギー消費性能に関する技術情報」国土交通省HP、二〇一八年三月閲覧

＊9 建築の結露編集委員会『建築の結露』学芸出版社、二〇〇三

3節［2］

＊1 丹羽優太・松井大輔「重要伝統的建造物群保存地区の防災計画における浸水対策に関わる記載内容――洪水・津波・高潮に着目して」『日本建築学会大会学術講演梗概集』都市計画、二〇二三、七二三～七二四頁

＊2 金度源・山根雅也・大窪健之「重要伝統的建造物群保存地区における防災計画の策定効果と課題――全国自治体への現況調査を通して」『歴史都市防災論文集』第一七巻、立命館大学歴史都市防災研究所、二〇二三、二五一～二五八頁

＊3 前掲論文＊1

＊4 豊岡市『豊岡市出石伝統的建造物群保存地区防災計画』二〇二二

＊5 ミツカン水の文化センター「六〇有余年の時を経て役目果たした「畳」の堤防」『水の文化』六二号、二〇一九、一四～一七頁

＊6 金度源・倉本紗季・大窪健之「歴史的な地区の防災活動状況や住民の防災意識に関する研究――奈良県五條市五條新町重伝建地区を対象として」『歴史都市防災論文集』第一六巻、立命館大学歴史都市防災研究所、二〇二二、二一一～二一八頁

＊7 松井大輔・岡井有佳「先斗町花街における茶屋の減少に伴う火災危険性の変化」『歴史都市防災論文集』第八巻、立命館大学歴史都市防災研究所、二〇一四、二一一～二一六

4節・建物再建のレジリエンスと景観

[1] 歴史的風致の維持向上に資する建物再建

歴史的風致の維持向上と建築生産

本格的な低成長成熟社会を迎え、新築市場規模の縮小、維持管理産業への転換など、変化する建設市場への対応が重要となっている。また、多発する災害、増加する空き家など、新たな社会的課題が発生しており、既成市街地を適切なかたちでマネジメントし後世に継承していくことが求められている。このような社会の変化に対応して、都市計画やまちづくりにおいて歴史的風致の維持向上が重視されてきている。歴史的風致とは、地域におけるその固有の歴史および伝統を反映した人々の活動と、その活動が行われる歴史上価値の高い建造物およびその周辺の市街地とが一体となって形成してきた良好な市街地の環境と定義されている。歴史的風致のこのような捉え方は、日本の伝統的な里山や里海などに代表される人間が自然に働きかけることでつくり出す環境との関係や「風土」の概念とも通じる。オギュスタン・ベルクは「風土」について、「風土は客体、つまり土地や気候であるだけではなく、それを生きる人間の歴史でもある。人間と他の生物も一緒になって、ある風土が歴史的に生まれる」*1と述べている。このような歴史的風致に働きかける人間の活動のなかで、住まい手の活動とともに、建設工事などを担う地域の住宅生産のシステムは非常に密接な関係がある。しかし、近代化、工業化の過程で歴史的風致の維持向上と地域住宅生産システムの関係は大きく乖離してきた。低成長成熟社会において、地域住宅生産システムは、成長時代のスクラップアンドビルドのシステムから脱却し、資源と技術の両側面から循環型のシステムとして、また、歴史的風致の再生・維持向上に資するシステムとして再編成することが求められている。

ここでは、災害により一度に歴史的風致が失われた地域を対象に、住民、生産者、専門家、行政が連携し、地域住宅生産システムの再編成を通して歴史的風致の再生・維持向上に取り組んだ実践を紹介し、その取り組みで得られた知見から、わが国の今後の歴史的風致の再生・維持向上のための地域住宅生産システムのあり方について考えていきたい。

地域型住宅の新築による歴史的風致の再生

①地域型住宅による自立再建支援

災害では、多くの住宅が被災し、地域の歴史的風致が一度に失われる。また、災害からの復興まちづくりでは多くの住宅を早期に再建することが求められ、その過程において、地域の歴史的風致が失われることが課題となっている。このような課題認識の下、再建者の自力での住宅再建支援を通して、歴史的風致を再生する取り組みが展開している。このような取り組みは、「自立再建住宅支援」と呼ばれ、二〇〇四年に発災した中越地震被災地長岡市山古志地域で初めて取り組まれ、その後のわが国の震災復興の一つの方法として展開している。

自立再建住宅支援は、地域型復興住宅の開発、モデル住宅の建設、供給体制の構築、地域型住宅の供給および改修の推進、という枠組みを基本とした支援である。

地域型復興住宅の開発では、地域の民家をベースに、住宅の性能や住宅の地域性に対する考え方を共有しながら丁寧にモデルを開発する。地元生産者である設計者、施工者、大工・工務店、木材供給者、建材供給者らとの連携を図り、委員会、大工ワークショップ、講習会の開催、専門家による指導などにより開発が進められる。被災者が自力で再建できる地域型復興住宅として、最小限規模の提案と共に、資金計画の組み立て(被災者生活再建支援金・復興基金・義援金・自己負担等)を公開している。また、多様なバリエーション(仕様・規模・間取り)に展開できるデザインシステムも合わせて開発し、被災者の住宅再建に幅広く応える仕組みとしている。

モデル住宅の建設では、自立再建者にとっては地域工務店共通の住宅展示場として、施工者にとっては仕様や納まりなどの共通の見本としてモデル住宅を建設している。モデル住宅は、復興期間は展示住宅として、その後は、払い下げができるように、民地に建設される場合もある。これらの自立再建住宅の情報提供やモデル住宅の公開は、被災者が住宅再建の方法を選択する適切な時期に合わせて推進している。

モデル住宅を開発しても供給できなくては復興支援としての意味がない。そのため、供給体制の構築が重要となる。施工者、設計者、再建者をそれぞれ組織化し、供給体

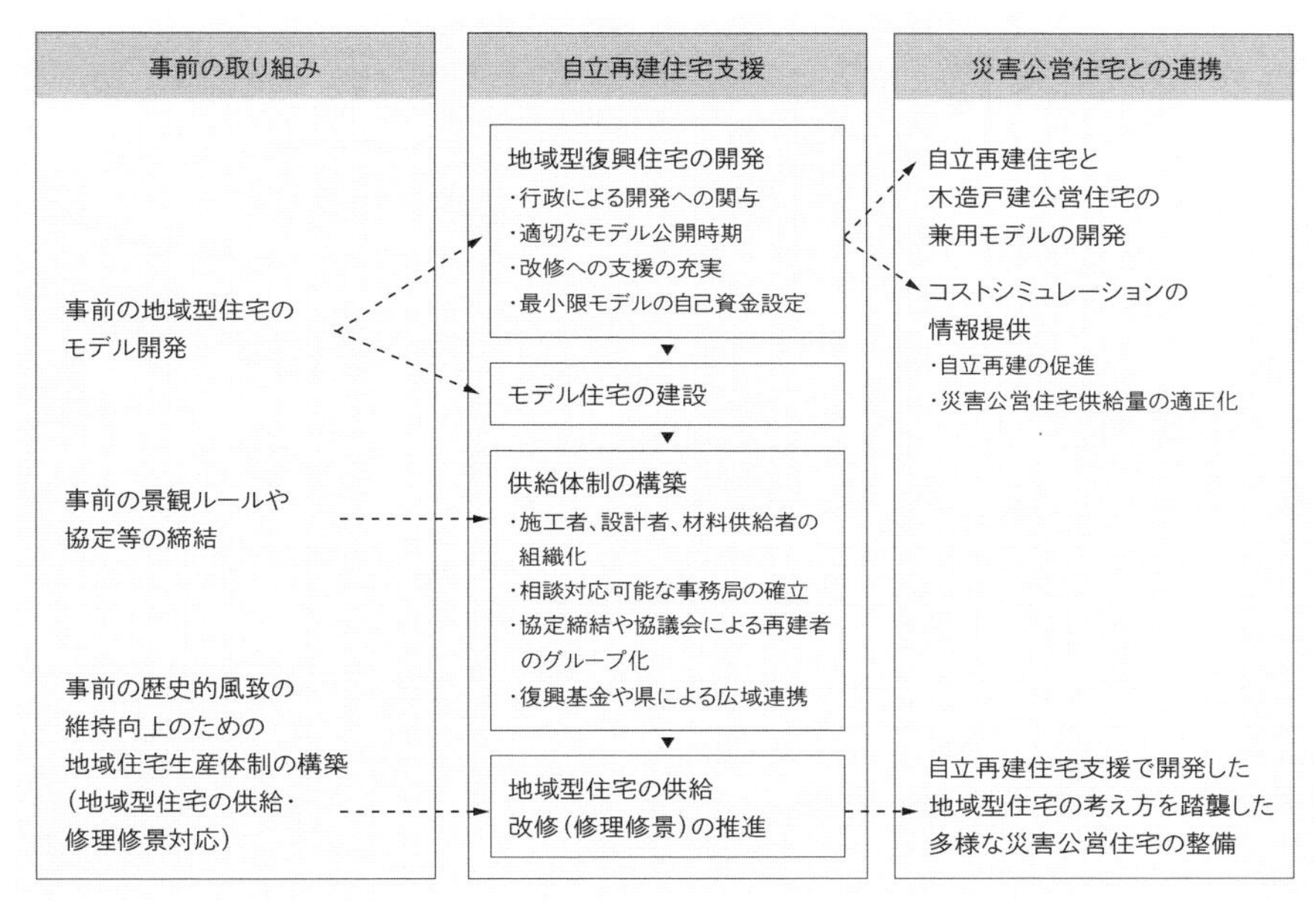

図1｜自立再建住宅支援の枠組みと事前の取り組みや災害公営住宅政策との連携

制を構築し、数多くの住宅再建ニーズに対応する。施工者の組織化では、地域の大工・工務店、木材供給者、建材供給者らが連携し、受注体制を確保し、設計者の組織化では、モデル住宅の開発者と地元の設計者が連携する。また、ナショナルチェーンの建材メーカーから、設備などを復興協賛価格で共同納入なども行っている。再建者の組織化では、地区および集落ごとに協議会を設立し、発注体制を構築している。行政（県・市町村）はこれらの供給体制の構築全体を支援するとともに、さまざまな相談対応ができる事務局体制を確立する。

そして、地域型住宅の供給および改修の推進を行う。供給効果を高めるためには、再建者がまとまって取り組みやすい仕組みとする必要がある。まちづくり協議会などを窓口に景観協定などを締結し、住宅再建と景観形成を推進する項目（耐震耐雪、景観、バリアフリー、地域材活用、定住促進、建て起しなど）に対するインセンティブとなる助成を行うことが有効である。その際、復興基金の運用を担う県と歴史的風致の共通する圏域を構成する市町村との広域連携により、より広く取り組みを展開することが重要である。また、歴史的風致の再生を図る上では、新築での自立再建住宅支援だけではなく、半壊世帯に対する改修への支援の充実も重要である。

②自立再建支援と連携した災害公営住宅の整備

次に、災害公営住宅と自立再建住宅支援の取り組みとの連携を紹介する。自立再建住宅支援と災害公営住宅政策の連携では、以下の三つの方法が展開している。

一つめは、地域型住宅の考え方を踏襲した多様な災害公営住宅の整備である。開発した自立再建住宅モデルの仕様や性能、地域性などの考え方を踏襲し、歴史的風致や景観の再生を目的とした取り組みである。二つめは、自立再建住宅と木造戸建て公営住宅の兼用モデルの開発である。東日本大震災以降、木造戸建ての災害公営住宅が多く供給されており、今後の自立再建住宅支援では、木造戸建て公営住宅の兼用モデルの開発について考慮する必要がある。三つめは、自己所有地型災害公営住宅制度である。被災者が自らの所有する土地を市に寄付し、その土地に戸建ての災害復興公営住宅を建設し、元の土地所有者である被災者が入居する。一定期間（一〇年）後には、希望がある場合、適正価格で建物を入居者へ譲渡するとともに、当初寄付された土地については無償で譲渡する制度である。

戸建公営住宅や自己所有地での災害公営住宅の整備は、被災者にとっては非常に魅力的な選択肢である。しかし、自治体にとっては、過疎高齢化が進行する地域において災害公営住宅を数多く供給することは将来の空き家の課題が発生する。そのため、災害公営住宅の供給戸数の適正化を図る必要がある。このような災害公営住宅の供給戸数の適正化を図るためには、自立再建と災害公営での再建の選択肢を提示し、コストシミュレーションの情報提供を行うことである。実際にコストシミュレーションを実施すると、ある程度の収入分位に属する被災者にとっては、自立再建住宅を選択した方が、家賃を支払い、一〇年後に災害公営住宅の払い下げを受けるよりも有利となる。

③自立再建住宅支援の枠組みと事前の取り組み

まとめとして、災害により一度に歴史的風致が失われることを防ぐための、災害時の自立再建住宅支援の枠組みと事前の取り組みや災害公営住宅政策との連携のあり方を図1に示す。

事前の取り組みとしては、地域型住宅モデルの開発、景観ルールや協定などの締結、歴史的風致維持向上のための地域住宅生産体制の構築などが、災害時の自立再建住宅支援に展開しやすい取り組みであり、これらはＨＯＰＥ計画や街並み環境整備事業などに基づく景観協定の締結などの地域の継続的な景観まちづくりが重要であるともいえる。

災害時においては、歴史的風致に共通性のある文化圏での新築での自立再建住宅支援の推進を図ることが大切である。さらに、敷地との関係や既存ストックとの連携も重要である。自立再建住宅支援と連携し、空き地への差し込み型の公営住宅整備、自己所有地型災害公営住宅、改修支援の充実、空き家のみなし仮設住宅としての活用やリノベーションへの支援など、基盤整備を伴わない復興まちづくりとしての新たな支援の枠組みを確立することが大切である。また、高台など、より安全な敷地への事前事後の移転においても、高台空き家の活用、空き地や休耕地、斜面地などへの差し込み型の住宅再建など、大規模な敷地造成を避け、最小限の造成による高台移転などの支援の枠組みを確立することも重要である。

歴史的建造物の修理改修による歴史的風致の再生

①災害復興における歴史的建造物の再建支援の流れ

次に、歴史的建造物の修理改修を通して景観や歴史的風致の再生を図る取り組みについて考えていきたい。これまでの災害復興における、歴史的建造物などの再建に関する取り組み概要を図2に示す。

阪神淡路大震災（一九九五）以降、国登録有形文化財（以下、登録文化財）制度やヘリテージマネージャー制度など、災害復興における歴史的建造物の再建に資する制度が立ち上げられた。その後、中越地震（二〇〇四）や能登半島地震（二〇〇七）、熊本地震（二〇一六）における復興基金での登録文化財等の再建支援、能登半島地震における建て起し支援など、各災害において対応に差はあるものの、歴史的建造物を再生する取り組みが段階的に拡充してきている。また、災害によって失われた歴史的建造物群を地区として複数棟まとまったかたちで再建する取り組みとして、伝統的建造物群保存地区制度により支援する取り組み（神戸市北野・山本地区、輪島市黒島地区・香取市佐原地区等）や、登録文化財や歴史的風致形成建造物等に対して、時間をかけて段階的に支援する実践（桜川市真壁地区・白河市等）が生まれている。

このように、災害復興における歴史的建造物の再建に資する制度も構築され、段階的にその取り組みが拡充してきた。しかし、歴史的建造物群を地区として複数棟まとまったかたちで再建することは、伝統的建造物群保存地区での取り組み以外は、いまだ困難な状況があった。

②歴史的建造物群を地区で再生する仕組み

このような課題に対して、東日本大震災被災地の気仙沼市内湾地区において、津波によって大規模に被災した歴史的建造物を地区のまとまりのなかで群として複数棟再建する仕組みを新たに構築し実践した取り組みについて紹介したい。

宮城県気仙沼市内湾地区（風待ち地区）は約三五〇棟の歴史的建造物を有する三陸海岸きっての風光明媚な港町であった。一九一五（大正四）年と一九二九（昭和四）年の大火で港に面する内湾地区（魚町・南町・八日町）では、市街地の大半が焼失した。いずれも全国からの支援で復興を果たし、和洋折衷のモダン建築が建ち並んだ。震災以前、二〇〇二（平成一四）年に発足した風待ち研究会により、気仙沼内湾地区では登録文化財への登録が推進されていた。二〇一一（平成二三）年の東日本大震災では、風待ち地区の歴史的建造物の多くが地震と津波により甚大な被害を受け、港に面する内湾地区でより多くの被害が発生した。

宮城県では、東日本大震災の復興基金による歴史的建造物への再建支援メニューが立ち上がらず、歴史的建造物の再建支援に対する資金調達の方法とそれを運営する体制を独自に確立することが課題となった。被害を受けた内湾

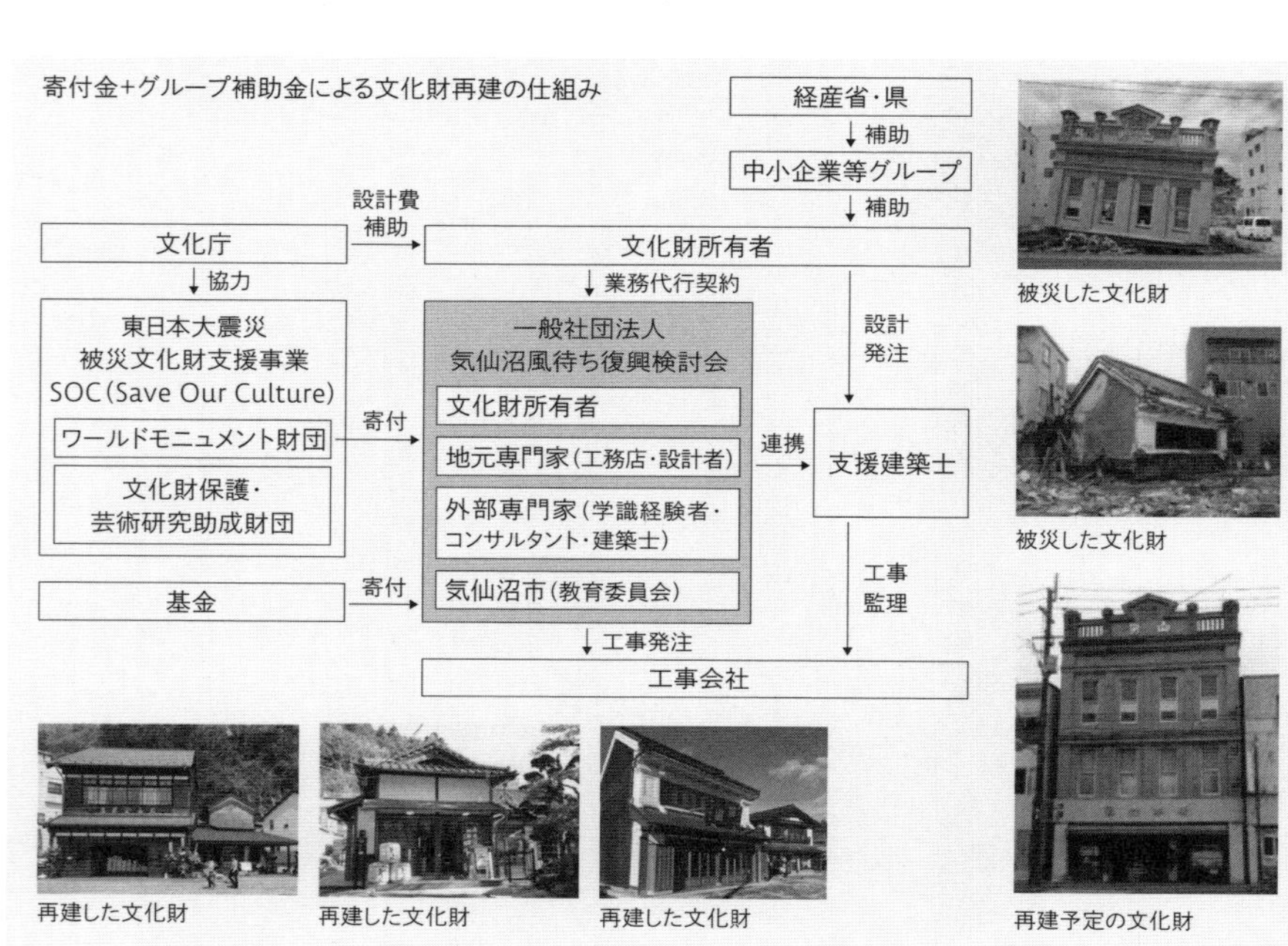

図2｜災害復興における歴史的建造物等の再建支援

地区の歴史的建造物を復原するために、文化財所有者や地元専門家などを中心に「一般社団法人気仙沼風待ち復興検討会」を設立した。気仙沼市教育委員会が会の事務局を担っている。この検討会は、復原資金を国内外から調達するとともに、文化財所有者に代わり、設計発注や工事発注などの事業代行を担っている。設計体制は、登録文化財などの設計実績のある地域外の設計者と宮城県建築士会のメンバーでチームを組み支援した。施工者は、登録文化財などの修理工事の経験のある工事会社を選定した。

復原の資金は、気仙沼風待ち復興検討会を受け皿として、ワールドモニュメント財団、(公財)文化財保護・芸術研究助成財団などの寄付金を原資としたSOC(東日本大震災被災文化財復旧支援事業)支援基金を母体としている。その他、フリーマン財団や(公財)ナショナルトラスト、復興基金、全国からの寄付金、クラウドファンディングなどさまざまな方法で復原資金を集めた。物件ごとの復原資金は、所有者の自己負担金とSOC支援基金だけでは不足であった。そのため、登録文化財設計監理事業補助(文化庁)、中小企業等グループ施設等復旧整備補助金(以下「グループ補助金」という)(経済産業省)、基盤整備の移転補償費(国土交通省)などを組み合わせ、物件ごとの復原資金確保を行った。

二〇二〇年度、震災から一〇年目を前に八棟の歴史的建造物が登録文化財として復原された。今後、東日本大震災の津波による被災を乗り越え連鎖的に復原されたこれら歴史的建造物群による「風待ち・まちなかミュージアム」が、震災前の記憶を継承するだけでなく、災害を乗り越え新たな港町の歴史を継承している。

気仙沼内湾地区での歴史的建造物群の地区のまとまりのなかで再生する仕組みは、熊本地震被災地において、復興基金との連携も充実し、発展的に継承されている。

歴史的風致の維持向上に資する建物再建に向けて

歴史的風致の維持向上は、建築やまちなみの修景といった短絡的な問題解決ではなく、地域に根づいた建築生産システムの持続性や既存ストックや敷地などの歴史の継承に依拠するものである。レジリエンスと景観を両立する新たな事前事後の支援の枠組みの構築が重要である。

[2] 市街地復興におけるレジリエンスと景観

市街地復興のレジリエンスと景観の課題

人口減少、空洞化が進行する地方都市中心市街地における復興まちづくりは、店舗の自立再建が困難な状況にあること、民間事業者にとって開発のポテンシャルが低く、事業リスクが高いことなどがレジリエンスを考慮する上での課題となる。その結果、放置しておくと、駐車場や空き地が広がり、店舗は再建されず、住宅がまばらに再建される状況が生まれる。このような課題に対しては、近代復興の基盤整備による復興まちづくりではあまり効果が期待できず、被災者の生業や生活の再生が重要であり、生業に対しては経済産業省によるグループ補助金、生活再建については、住宅再建支援金などが拡充されてきた。一方、景観の観点からは、基盤整備に伴う、公費解体や敷地整序により、事前の市街地のまち並みや地割りが変化し、地域の歴史的風致が喪失されることとなる。

　本節では、共同建て替え事業を中心とした連鎖的なまちづくり市民事業による復興まちづくりに取り組んだ、二つの事例を紹介し、その比較のなかから現代の市街地復興におけるレジリエンスと景観の課題について考えていきたい。

連鎖的まちづくり市民事業の市街地復興

①柏崎えんま通り商店街の復興まちづくり

えんま通り商店街での復興まちづくりプロセスでは、協議会方式により、復興まちづくりのシナリオと再建の事業手法や空間イメージを共有し、その後、個別ヒアリングやグループヒアリングを行った。個別で再建する方、共同で事業を行い再建する方、新たに事業を行う方などを整理し、具体的な敷地にプロジェクトと主体を整理していった。その結果、震災から一年目、一二の復興まちづくりプロジェクトからなる「復興まちづくり構想」を協議会で合意した。これらの合意のプロセスに行政も参加し、復興まちづくり構想を地域の計画として位置づけ、まちづくりプロジェクトの事業化を支援することを約束した［図1・2］。

　ここでは、まちづくり市民事業の核を成す二か所の共同建て替え事業を紹介する。一か所めは、共同建て替え事業1「元気居住・賑わい拠点事業」である［図3］。解体が困難な五階建て鉄筋コンクリートビルのある地区での再建プロジェクトである。隣接する二つの敷地の共同建て替え事業により木造二階建てでの老舗店舗の再建と敷地背後に四階建てＲＣ造の七戸の集合住宅が実現した。この共同事業は、解体費の一億円を捻出するため、優良建築物等整備事業を活用し再建をすることとなった。被災ビルオーナーにとっては、解体費を捻出するためにリスクを負って新たに集合住宅を建設、販売する事業を行い、ＲＣ造五階建てで

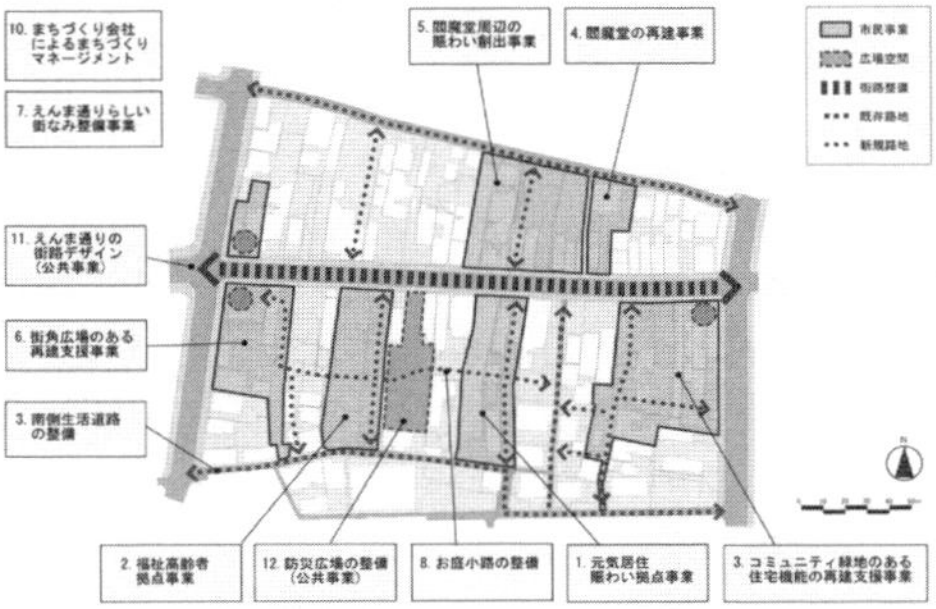

あった旧店舗を木造二階建てで再建する事業となった。二か所めは隣接して被災した五つの敷地の共同建て替え事業で、地権者三者の共同の店舗併用住宅と五戸の分譲住宅、一戸の戸建て協調建て替えが実現した。北国街道の宿場町であったえんま通りらしい佇まいの町家型の店舗併用住宅群を目指し、全て木造で実現した共同建て替え事業である。この共同事業は被災して再建できない大きな空き地を解消することが動機となり、優良建築物等整備事業を活用し再建をすることとなった［図4］。

二つの共同事業の共通の課題は、店舗再建と保留床処分であった。中越沖地震での復興支援では、店舗再建には利子補給と三〇〇万円の被災店舗への支援事業しかなく、自力での店舗の再建は非常に困難であり、自ずと店舗は最小限の規模での再建とせざるを得なかった。また、事業リ

図1｜柏崎えんま通り商店街復興まちづくり構想図
12のまちづくり市民事業からなる復興構想図

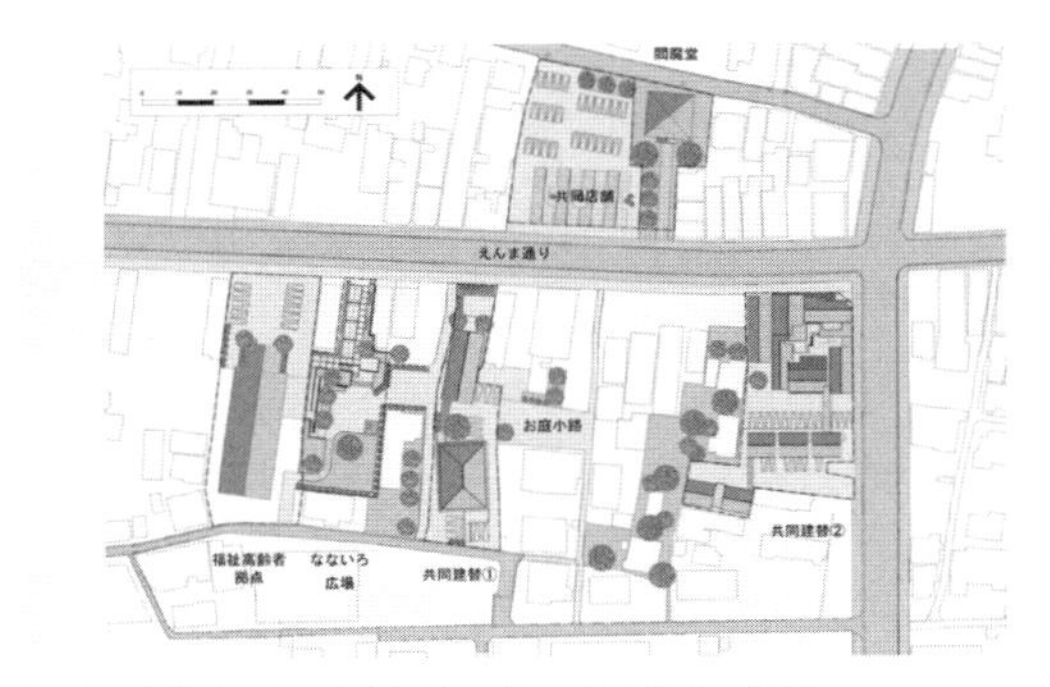

図2｜連鎖的なまちづくり市民事業による市街地の復興
実現したまちづく市民事業の配置図

図3｜共同建て替え事業1「元気居住・賑わい拠点事業」

図4｜共同建て替え事業2「コミュニティ緑地のある住宅再建事業」

スクを抑えるため、共同建て替えとしては最小限の保留床で事業を組み立てていたが、それでも保留床の販売が長期化した。災害公営住宅との連携など、まちづくり市民事業の事業リスクを抑える工夫が必要であった。

②気仙沼内湾地区の復興まちづくり

気仙沼市内湾地区の復興まちづくりも柏崎えんま通り商店街同様、協議会方式により進められた。ただし、内湾地区は、八日町、魚町、南町の三地区で構成され、商店街もそれぞれであった点が異なる。復興まちづくりを進めるにあたり、当地区の置かれた厳しい状況を把握する必要がある。第一に建築基準法第三九条の災害危険区域により、防潮堤が整備されても災害危険区域*2が残ること、第二にかさ上げを目的とした復興土地区画整理事業の導入が予定されたことにより、低地で再建するには、建設敷地の範囲、規模そしてスケジュールもなかなか確定できない状況となったこと、第三に公費解体が進められ、多くの気仙沼らしい建物の解体が進められたこと、第四に防潮堤による海の見えない港町となること、などである。

　このような複合的課題を抱えた内湾地区では、住宅再建と生業再建を同時進行的に解決する手法として優良建築物等整備事業による共同建替え事業と災害公営住宅整備事業による買い取り方式の合わせ技が、協議会での協議の末、採用された。区画整理事業の完成を待っていては再建が遅れてしまうことを危惧していた地権者らが中心となって、この事業に応募し、土地を集約換地し、先行街区としてまとめた[図5]。

　こうして内湾地区において、主に各地区の仮設商店街を核とした四地区で共同化希望の地権者グループが形成され、グループ推薦およびプロポーザル方式で事業化支援のための専門家が選出された。その後、共同化敷地の確定、事業化検討、気仙沼市への事業化に向けた申請、区画整理事業との調整、事業計画の作成、設計、譲渡(買取)仮契約、施工者決定、建設着手、工事完了、譲渡契約、入居という再建スケジュールで進められた。事業実施期間は、準備組合、建設組合により事業が進められ、完成後は、建設組合を解散し、管理組合および共同建物運営法人を設立し、建物の維持管理が行われている[図6]。

　また、気仙沼内湾地区では、公費解体が進む中、津波後も部分的に残存していた歴史的建造物の再建に向けての取り組みが進められた。前述の「気仙沼風待ち復興検討会」が設立され、国際的な財団からの寄付や復興基金など

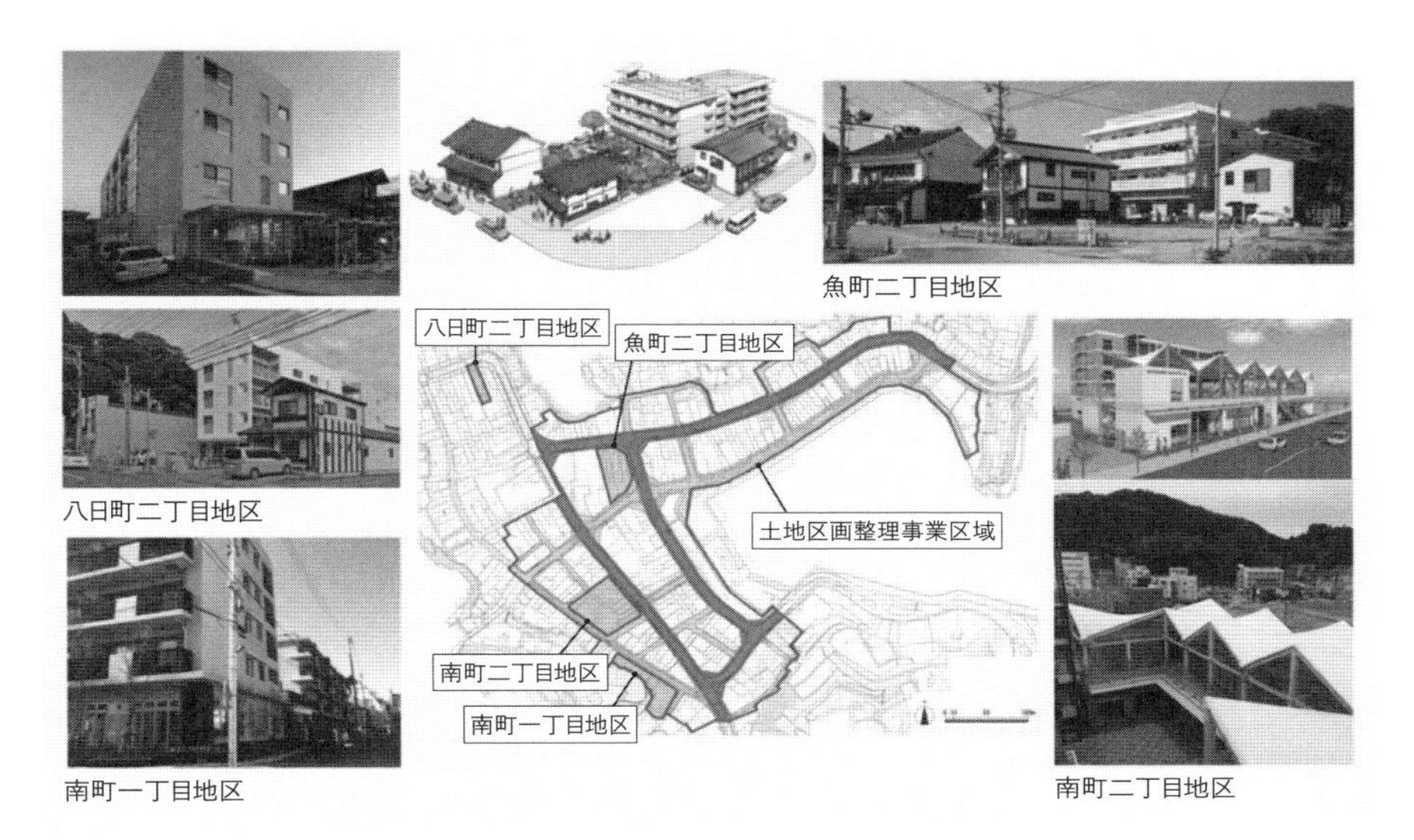

図5｜4地区の先行街区で実現した共同建て替え事業

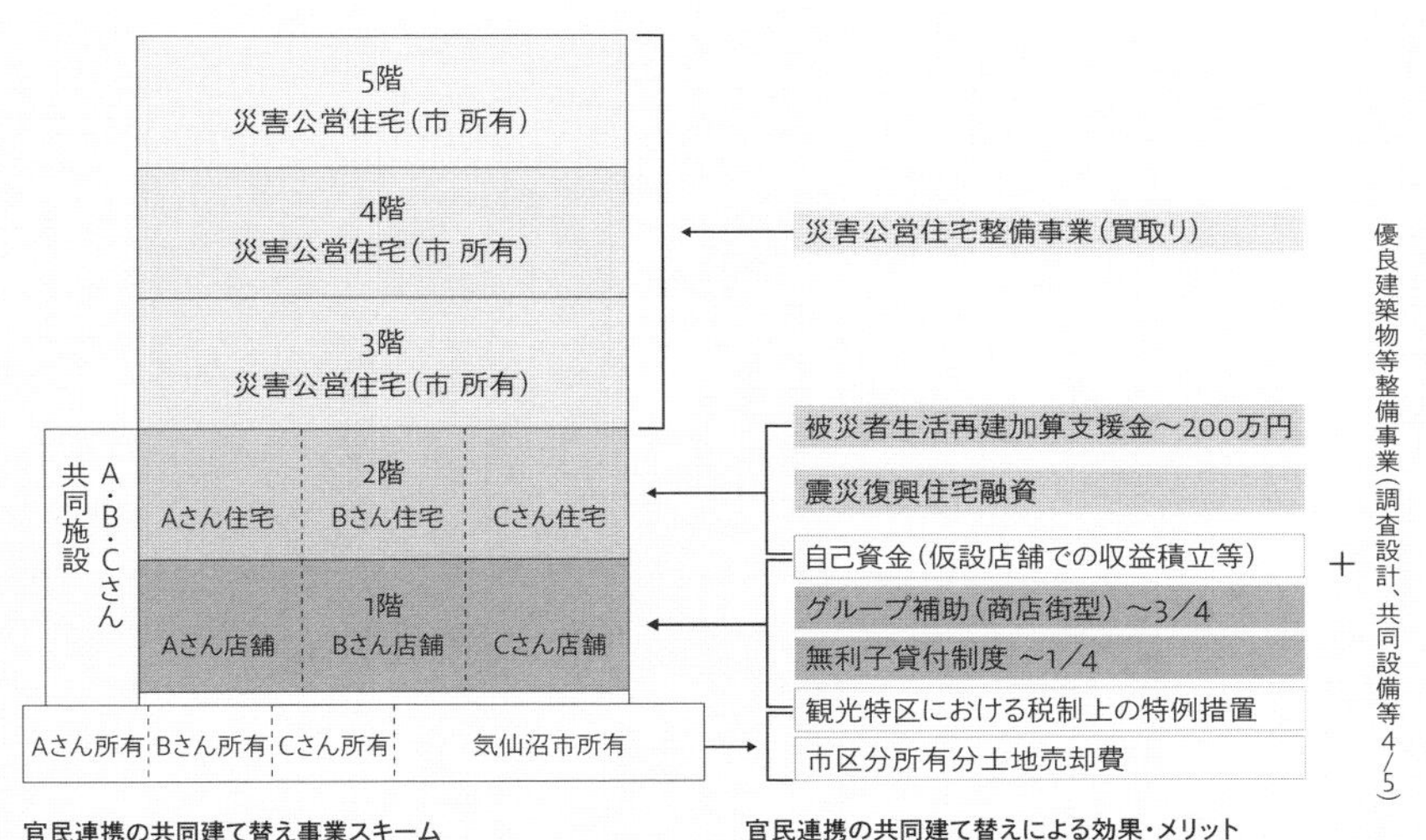

図6｜共同建て替えと買取型災害公営住宅の官民連携スキーム
出典：『共同建て替え事業等の地域・官民連携による都市基盤整備検討調査報告書』宮城県気仙沼市（平成26年3月）

の再建資金を地域外から調達するとともに、歴史的建造物所有者に代わり、設計発注や工事発注などの事業代行を担っている。再建資金は、ワールド・モニュメント財団や文化財保護・芸術研究助成財団などからの寄付金、市民からの寄付金、区画整理に伴う建物の移転補償、経産省からのグループ補助金などを組み合わせながら、多数の歴史的建造物の再建が連鎖的に進められている。

今後の市街地復興に向けて

最後に、異なる二地区の市街地復興の取り組みを比較し、今後の市街地復興のあり方を考えてみたい。

一つめは、解体費の扱いである。中越沖地震での柏崎えんま通り商店街の取り組みでは、被災者にとって解体費が再建の大きな足かせとなった。一方、東日本大震災での気仙沼の取り組みのように、公費解体制度が、震災以前から空洞化と衰退化が進む市街地をたたむ格好の動機づけとなり、多くの歴史的建造物の解体が進み、歯抜け状態のまち並みを生み出すことにもなった。歴史的建造物の事前の登録、改修への支援の充実、再建困難な大規模建築物の解体支援の充実、解体の判断に対する専門家による相談体制やヘリテージマネージャーの育成など、公費解体制度が適切に運用できる仕組みを構築する必要がある。

二つめは、店舗再建支援の扱いについてである。中越沖地震での柏崎えんま通り商店街での取り組みでは、商店の再建への支援は、上限三〇〇万円の設備等復旧支援事業や利子補給制度などはあったが、住宅再建も抱える被災者にとっては、自力で店舗を再建するのは困難であった。東日本大震災では、経済産業省のグループ補助金が設立され、店舗再建に対して四分の三の補助が出るようになった。熊本地震においてもグループ補助金の制度は継続され、店舗の再建について、共同事業での再建はもちろん、自力での店舗の再建についても、選択肢ができてきた。歴史的建造物の活用に関してもグループ補助金が大きな支援となっている。今後の復興においても住まいの再建支援とともに生業再建、歴史的建造物の再建についての支援が継承されることを期待したい。

三つ目は、買取公営住宅制度の扱いである。中越沖地震における柏崎えんま通りでの共同建て替え事業では、長期化する保留床の処分が被災者にとって大きなリスクとなった。気仙沼内湾地区で展開した、優良建築物等整備事業による共同建替え事業と災害公営住宅整備事業による買取り方式の合わせ技は、再建者にとっては、事業リスクを軽減し、事業スピードを確保する良い手法となった。また、便利な街中で災害公営住宅を供給できることは、将来の空き家リスクも軽減される。事前復興として、このような買取公営住宅制度や優良建築物等整備事業等の事業準備をしておくことが、今後の災害に備える上で重要である。

四つ目は、事業単位についてである。柏崎えんま通りでは、隣接する数筆の敷地が合意の単位であり、敷地の交換分合などを行いながら敷地を確保した。大規模なビルの解体費、再建できない大きな空き地などの解消が共同事業の動機となった。保留床の住宅は、最小限の五戸〜七戸程度であった。気仙沼内湾地区では、仮設商店街が合意の単位となり、集まって店舗を再建することや早期にまちなかに人が戻ることを動機とし、共同事業体が立ち上がり、区画整理での先行街区へ集約換地することで敷地を確保した。買取災害公営住宅は内湾地区で二〇〇戸の供給が予定されていたが、一か所に多くの住宅を詰め込むのではなく、二〇戸程度を一つの事業単位として事業化が進められた。現状の復興まちづくりでは、土地区画整理事業などの基盤整備を広く面的に導入することが多くの地区で推進されているが、特に人口減少や空洞化が進む地方都市の市街地では復興期間が長期化することで再建のニーズがなくなることや、過度な基盤整備により、車中心の魅力のない中心市街地となり、賑わいの喪失につながることが懸念される。

今後は、まちづくり市民事業の合意のできる単位を意識し、共同建て替えや協調建て替えによる再建とミニ区画整理事業などによる豊かな歩行空間や広場を丁寧に組み込み、それらが連鎖的に展開することでの市街地復興まちづくりが推進されることを期待したい。また、そのような復興のあり方が、事前復興まちづくりからの連続的な復興イメージを形成しやすく、持続可能な市街地復興のあり方ともいえよう。

以上、連鎖的なまちづくり市民事業による市街地復興に取り組んだ二地区での比較を元に論考したが、このような市街地復興の方法は未だ特殊解となっている。今後、このような市街地復興の方法が蓄積され、現代的市街地復興の方法として確立していくことを期待したい。

5節・歴史都市の景観保全とレジリエンス

イタリア都市復興における建物再建とレジリエンス

近年の自然災害リスクの増大により、地域の歴史や生活文化を反映した景観は喪失の危機にある。特に人口減少や建物の老朽化などの問題を抱える旧市街地では、災害により社会変化が加速され、不断の努力で守られてきた景観は瞬時に失われる可能性もある。一方で、災害が起きることを前提とし、人々の生命や地域固有の財産に対する備えを十分に整えておけば、災害は地域の景観を望ましい状態につくり直す機会としても捉えられる。このように、災害は景観保全の取り組みに問題と可能性をもたらし、地域の実情に応じて望ましい景観を生み出すさまざまな方法が各地で試行されている。例えば、災害発生前に市街地内部の複数の歴史的建造物を連鎖的に再生させ、所有者らの景観保全に対する意識を向上させる取り組みである。また、災害発生後に景観ガイドラインや共同化事業によりまち並みを創出した事例も見られている。本節では、筆者がフィールドとするイタリア歴史都市の復興過程における景観保全の実践的な取り組みを紹介し、建物再建とコミュニティレジリエンスについて考えてみたい。

地震災害で被災した二つの歴史都市

ここでは、本節で紹介する二つの都市の特性と被害の概要を述べる。イタリアの都市復興では、一九七六年フリウリ地震以降に歴史的市街地（Centro Storico）を可能な限り復元する方法が基本方針として受け継がれ、それぞれの被災地域の特性に適応した多様な震災復興の方法が、試行錯誤を重ねながら実践されている。復興過程において歴史都市の景観をつくり直すには、各都市の被災状況や地域特性、人々の日常生活によって目指されるべき将来像が異なるため、画一的な方法では対応しきれない。よって、まず二つの都市を概略的に説明することで、いかに前提となる条件と景観のあり方が異なるかを把握し、次に各都市の復興の方法を見ていきたい。

①ラクイラ

ラクイラ（L'Aquila）は、イタリア南部アブルッツォ州ラクイラ県に位置する約七万人の基礎自治体であり、アブルッツォ州の州都である。ラクイラの歴史的市街地は、中世の時代に周辺の山々に分布する集落住民らにより建設され、都市軸に沿った碁盤目状の街区構成を有しており、全長約六キロメートルの城壁に囲まれている［図1］。周辺地域には、国立公園や保護規制下にある草地や牧草地、一九世紀以降に整備された住宅地や工業団地、ラクイラ大学のキャンパスが立地している。二〇〇九年四月に発生した地震は、歴史的市街地ならびに周辺の小さな集落に被害をもたらし、市人口の大半六万五〇〇〇人が避難を余儀なくされた。

震災前のラクイラでは、州内の経済中心地が港湾都市ペスカーラに移っていたため、経済的活性化が求められていた。加えて、戦後のスプロール化により歴史的市街地と周辺地域の間には低質な市街地が広がり、城壁内空き地は特色のない低層集合住宅に埋め尽くされていた。このような地区の再生には都市計画的な事業が求められるものの、ラクイラの都市基本計画PRG（Piano Regolatore Generale）は、一九七〇年代中頃に策定されたものを継続的に使用しており、平時の都市計画の抜本的な改変が求められていた。

図1｜ラクイラのドーモ広場の様子

図2｜ノヴィディモデナの市場の様子

②ノヴィディモデナ

ノヴィディモデナ（Novi di Modena）は、イタリア北部エミリア-ロマーニャ州モデナ県に位置する約一万人の基礎自治体である。ノヴィ、ロベレート、サンタントーニオの三つの市街地により構成されており、各市街地には歴史的市街地が立地している。主要産業は野菜・果樹の栽培と酪農並びにチーズの加工・販売であり、郊外には豊かな農村風景が広がっている。二〇一二年五月に発生した地震は、市街地内部の歴史的な建物に加えて、郊外のチーズ工場や農村地域の建物にも被害をもたらした。

震災前のノヴィディモデナの人口は、カルピやミランドラなど周辺の自治体で働く人々が増えていたため、増加傾向にあり、そのなかには移民・難民も含まれていた。加えて、二〇〇〇年の州の都市計画法改正を受けて、都市構造計画ＰＳＣ（Piano Strutturale Comunale）などの策定を求められていたが、震災前は未策定であった。そのため、新たな都市・地域の全体ヴィジョンの構想が必要であり、その際には三つの市街地核のコミュニティの特性を考慮しなければならなかった［図2］。

以上に記したように、本節で取り上げる二つの歴史都市は人口規模、地域特性、被害の様相が異なっている。加えて、都市の抱える問題と都市計画的課題も異なっている。それゆえに、異なる戦略により都市復興が進められている。その違いを浮き彫りにするために、①応急建築と暫定市街地の整備、②構造壁を共有する建物群を単位とした再建（修繕・修復・復元・再構築等）、③戦略に基づいた公共空間の再生・再価値化、④復興過程における地域コミュニティなどの参画に着目し、二つの都市での復興の方法を比較する。

ラクイラ──山間部に位置する七万人都市の復興

①応急建築と暫定市街地の整備

二〇〇九年地震災害では州都ラクイラに人的・物的被害が集中した。イタリアでの一般的な被災者の住まいの移り変わりは、一時的に宿泊施設と仮設テントに滞在したのちに、プレハブ工法の応急住宅に数年間居住し、再建された住宅へ帰還する。他方、ラクイラの緊急時対応では、州都の未曾有の被災と雪の降る地域特性を考慮し、早期に長期間居住可能な住宅団地と学校が整備された。法律上の位置づけは、緊急時対応のために建設された応急建築であるが、免震装置を備えた低層集合住宅が郊外の一九区域に整備されている。加えて、郊外に小中学校と周辺集落の隣接地に長屋形式の住宅も建設されている。発災から一年弱の期間に約一万五〇〇〇人が居住できる集合住宅団地と長屋住宅を早期に確保した点は評価されているものの、多くの住宅団地が都市構造と無関係な立地に建設されたため、建設当時は批判の対象となっていた。

②構造壁を共有する複合体を単位とした建物群の再建

歴史的市街地の建物は、復興計画で定められる事業単位と事業タイプに基づいて再建される。ラクイラの復興計画は、二〇一〇年三月の国の技術特別機関の定める計画策定のガイドラインに従い、二〇一〇年四月より計画策定が開始され、二〇一二年二月に同機関により承認されている。計画対象区域は、歴史的市街地と周辺集落の歴史地区である。歴史的市街地は平時の都市基本計画PRGに基づいて三つのゾーンに分けられる。Aゾーンは、貴族邸宅や大聖堂の集中する中心部であり、B・Cゾーンは、戦後に城壁内空地を市街化して建てられた集合住宅などが建つゾーンである。建物の再建は、所有形態によらず、構造壁を共有する複合体（Aggregati）ごとに共同事業が計画され、該当する建物所有者らにより設立される共同事業体が事業主体となる。また、都市基本計画で指定されていた五つの事業介入タイプにのっとって、再建事業の種類が決定される。事業計画はラクイラの復興特別局へと提出され、承認を受けた事業から順次着工される。

Bポルタバレーテ地区
ドーモ広場
城壁
アテルノ川
凡例　民間イニシアティブによる事業（A〜G）
公共イニシアティブによる事業（1〜7）
城壁

戦略的事業（A〜G,1〜7）は歴史的市街地中心部と郊外との間の緩衝空間（特に城壁周辺）で計画された

Bポルタバレーテ地区の現況

Bポルタバレーテ地区の将来像

Bポルタバレーテ地区の将来像

図3｜ラクイラの復興戦略とポルタバレーテ地区の戦略的事業
（出典：Comune di L'Aquila）

③城壁周辺の退廃した空間の再生

二〇一二年二月に承認を受けたラクイラの復興計画では、建物群の再建事業のみならず、公共と民間のイニシアチブによる戦略的事業を定めている［図3］。全長六キロメートルに及ぶ城壁内外の緩衝空間を対象とし、低質な住宅系市街地内の住環境の向上や機能複合による都市の高度利用が計画された。この事業の実装には、特定地区の規制緩和と強化が可能となる国の複合プログラム（Programmi Complessi）を実装手段として用いている。例えば、ポルタバレーテ地区では、集合住宅の地下から発掘されたかつての城門の遺跡を保護し、城壁の復元事業と合わせて公共空間を創出するために、人工地盤道路を撤去し、集合住宅の再配置と一

部地区外への移転が計画されている。同地区の戦略的事業は、合意形成や行政手続きに問題が発生し、いまだ事業着工に至っていない。

④地域住民や専門家集団による都市復興への提言

緊急時対応における住宅団地の整備は、郊外へのニュータウン建設として反対され、発災後に設立された任意の市民団体はドーモ広場でまちの将来を議論する集会を開催した。また、イタリア都市計画家協会ＩＮＵ（Istituto Nazionale di Urbanistica）と全国歴史芸術都市協会ＡＮＣＳＡ（Associazione Nazionale Centri Storico Artistici）は、ラクイラの復興を議論するプラットフォーム組織LaUrAqを設立している。この組織は、復興像と提案内容を検討するワークショップやフォーラムを開催し、各協会に所属する実務家と大学の研究者、地域住民らが参加した。ここでの議論の成果は、ラクイラの復興に対する提言書としてまとめられ行政へ提出されたものの、行政の復興計画と戦略に具体的な内容が反映されることはなかった。

　国の特別技術機関が作成した計画策定のためのガイドラインには、地域住民の参加やコミュニティとの協働に関する規定が定められていなかった。イタリアの基礎自治体であるコムーネの職員は、参加の機会をつくることや提言内容の反映を検討することの必要性を理解していたものの、国のガイドラインに従わざるを得なかった。

　ラクイラの復興ヴィジョンや計画へ住民と専門家の意見の反映はなされなかったが、教会前広場の再生検討と実施、フォンテセッコ地区の戦略的事業の構想などいくつか小さな空間再生の取り組みでは、コミュニティ参加過程を経て検討がなされていた。しかしながら、城壁周辺に計画された戦略的事業の多くが、利害関係者間での合意形成などに問題が生じ、いまだ未着工であることを鑑みれば、計画策定段階においてコミュニティのレジリエンスを反映することが求められていたと考えられる。

ノヴィディモデナ——ポー川流域にある一万人都市の復興

①応急建築と暫定市街地の整備

二〇一二年地震災害では、緊急時初期対応の完了後、包括的な居住支援システム（Programma Casa）を導入している。同システムは、ラクイラでの反省を踏まえて、みなし仮設住宅の制度を創設することで応急住宅の建設戸数を可能な限り減らした。また、都市機能を維持し公共サービスを継続させるために、必要最低限の市庁舎や学校などの施設が応急建築として建設されている。歴史的市街地内の建物再建には時間を要することから、プレハブ住宅は最長六年、学校や市庁舎、体育館は最長一〇年の利用を想定し、複数の応急建築の連担により暫定市街地が市街地の周縁部に整備されている。ノヴィでは、東西・南北の都市軸沿いに応急建築を分散させ、ロベレートではプレハブ住宅（二〇一三年二月竣工）と学校（二〇一二年一〇月竣工）、体育館（二〇一三年一一月竣工）が市街地西部に建設された。

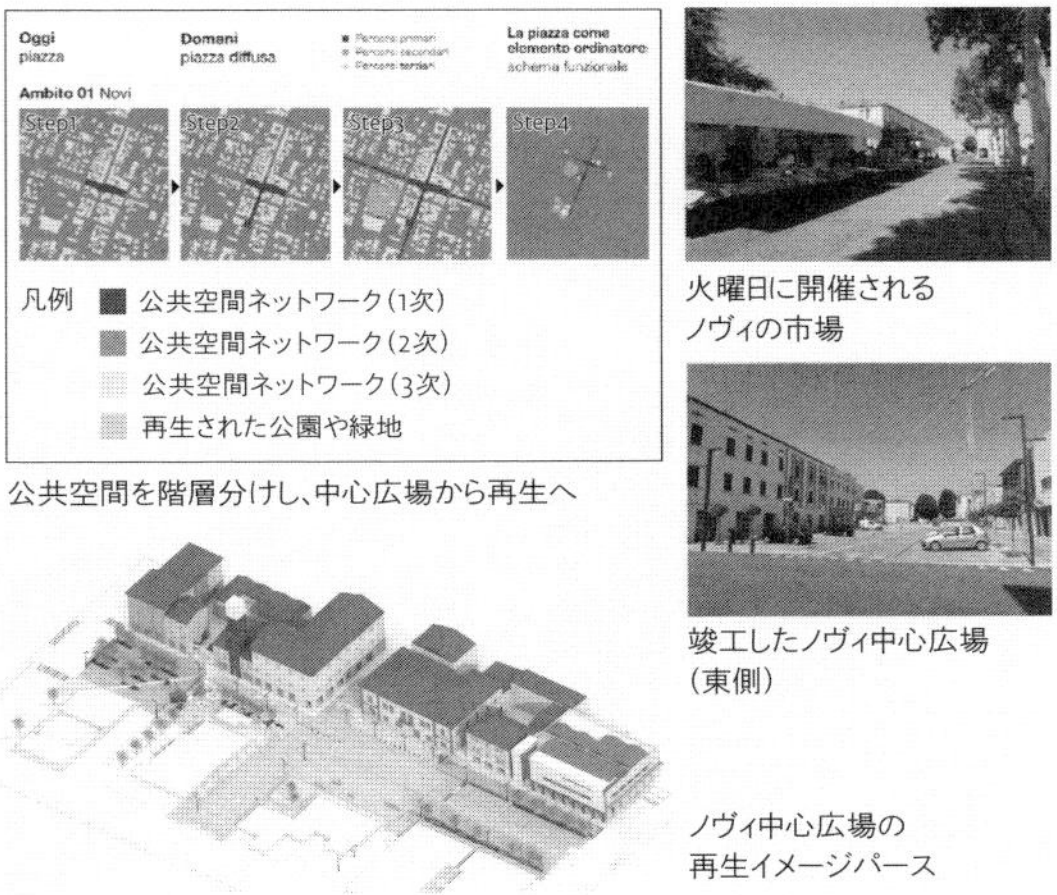

②最小事業介入単位に基づく建物群の再建

長期的な復興過程への「備え」と並行し、建物とオープンスペースの再整備が進行される。二〇一二年一二月に制定された州法第一六号／二〇一二により、復興の基本方針と計画・事業の制度が公定された。ノヴィディモデナでは、都市復興ヴィジョンと戦略を練り、計画・プログラムを策定するために、二〇一三年四月よりコミュニティ参加のプロセス「Fatti il centro tuo!」を実施した。外部専門家らのコーディネートを通して、ヴィジョンと戦略が参加型提案文書DocPP（Documento di Proposta Partecipata）としてまとめられ、復興計画と復興プログラムの上位計画として位置づけられている［**図4**］。

二〇一二年地震災害の復興計画は、土地利用計画、歴史的市街地内部の建物タイプと事業介入タイプを定めた平時の都市基本計画PRGを部分的に改訂するものである。同計画では、震災前の個々の建物の規定に加えて、被災後の建物被害を踏まえ、構造壁を共有する建物群を最小事業介入単位UMI（Unità Minime d'Intervento）として設定し、複数の建物群を共同で再建する。ノヴィディモデナでは、第

凡例 公共空間ネットワーク（1次）
公共空間ネットワーク（2次）
公共空間ネットワーク（3次）
再生された公園や緑地

公共空間を階層分けし、中心広場から再生へ

火曜日に開催されるノヴィの市場

竣工したノヴィ中心広場（東側）

ノヴィ中心広場の再生イメージパース

図4｜ノヴィディモデナの公共空間の再生プログラム（出典：Comune di Novi di Modena）

一次復興計画が二〇一四年四月に承認されており、その後の事業計画の承認を受けた順に事業実施へ移行している。

③都市軸沿いの公共空間の再価値化と再生

コミュニティ参加を経て決められた復興戦略では、広場や公園など公共空間を現代的に再生・再価値化させ、それらを再接続させることで、都市組織の再編成を目指している。この事業は、エミリア－ロマーニャ州の独自の計画制度である特別地区プログラム（Programma Speciale d'Area）を用いている。例えば、震災前に駐車場として使用されていたノヴィの中心広場は、周辺建物の用途や色彩、広場の使い方を踏まえて五つの小広場へと分けてデザインされ、第一期工事が二〇二一年七月に竣工した。第二期工事が終了する二〇二五年末頃には、震災前から火曜日に定期開催されているノヴィの市場は、中心広場に移して行われる予定である。

④計画策定と空間運営へのコミュニティ参画

既に述べたように、ノヴィディモデナの計画策定では、三つの市街地核のコミュニティごとに課題とニーズの把握を行い、都市全体のヴィジョンとそれを実現するための九つの戦略を定めた。さらに、三つの地区コミュニティごとに作成された事業案のなかから、地域全体の再生のために優先的に実施される五つのパイロット事業が計画された。主に公共空間を再生・再価値化するいくつかの事業は、既に竣工している。児童公園を整備する事業（Parcobaleno）では、小学校低学年の子どもたちと一緒に植栽や遊具の種類と場所を決定し、現在は子どもたちの遊び場となっている。また、地域イベントなどを開催できる場所を確保する事業（SPAZI in FESTATI）では、三つの市街地にある既存公園の再整備や応急住宅の跡地転用によって、公共空間を創出している。例えば、ロベレートの公園は応急住宅撤去後にスケートボード設備を備えた若者向けの公園として整備され、八月末に開催される村祭りの際に使用されている。この公園は、コムーネから権限を委譲された市民組織により管理・運営されており、事業竣工後の空間運営にまでコミュニティが参画している。

以上のように、ノヴィディモデナでは、地区コミュニティが、復興の将来像の検討段階から計画策定、事業実施、空間運営の一連の過程に参画しており、州の独自の実現手段により公共空間の再生が図られていた。コミュニティレジリエンスを色濃く反映した復興方法といえ、震災前の景観をただ取り戻すだけでなく、震災を契機として、新たな日常生活を生成し、都市景観を創造することに寄与した。

二つの復興方法の比較

ここまでは、応急建築の建設と建物群の再建事業、公共空間の再生事業に着目し、ラクイラとノヴィディモデナの二つの復興方法を述べた。都市の規模や地域特性など前提となる条件は異なるものの、歴史的市街地内の建物再建の仕組みには共通点がみられた。構造体を共有する建物群を単位として再建事業を計画し、事業単位ごとに共同事業体を設立し、承認を受けた事業から順次実施へと移行される。このような建物再建の仕組みは、平時の都市基本計画PRGで歴史的市街地内の個々の建物の建築類型と事業タイプを定めていたことに支えられている。イタリアでの建築類型学の発展と計画制度への応用が、災害後に歴史都市の景観保全を可能としたといってもよいであろう。

一方で、建設された応急建築の種類やスペック、立地などは著しく異なっている。被災地域の気候風土と避難者数の違いが強く影響していたと考えられる。ラクイラの長期利用可能な集合住宅は、郊外に分散整備されたため、他の用途への転用を具体的に計画することが求められる。他方、ノヴィディモデナで整備されたプレハブ住宅はすでに撤去・跡地活用されており、学校や体育館は継続的に利用されている。二つの都市での実験的な取り組みは、今後の災害復興においても適応可能な知見を有していると考えられ、成果と課題を十分に評価することが重要であろう。

最後に、公共空間の再生事業は復興計画への位置づけ方や用いた実装手段も異なっていたが、平常時では解決困難な課題を公共空間のネットワーク化により改善させる戦略を練っていた。ラクイラは歴史的市街地周縁の城壁周辺空間の一体的な再生を計画し、ノヴィディモデナでは中央広場から都市軸に沿って公共空間を再接続させ、中央広場の利用シーンを想定して小広場へ分割して再価値化を実現していた。建物群や広場よりも大きな重層的な事業単位を設定し、歴史的市街地の面的な復興に一定程度寄与したといえるであろう。ノヴィディモデナの再生事業は、おおよそ竣工しているのに対し、ラクイラの再生事業は現在も計画段階にあり、その障壁などを今後も明らかにすることが求められる。

まとめ

歴史的建物の保存再生の取り組みにより、災害発生前から保全されてきた都市景観は、災害復興においても平時の規定を遵守しつつ継承されていた。市街地の周縁部に都市機能をバックアップし、復興ヴィジョン・戦略に基づいて、建物群の再建と劣悪化した公共空間の再生が一体的に進められている。参加を通じてコミュニティレジリエンスを高めながら、被災後の新たな日常を踏まえた小さな願いを将来像として束ね、着実に復興を推進してきたイタリアの取り組みは、日本の歴史的な市街地復興を相対化する上で、参考になるであろう。

註釈

5節[4]

＊1 「日本的風土の再構築——東日本大震災からの復興を風土の視点から考える」講演資料より

＊2 気仙沼市では津波シミュレーションで一センチメートルでも浸水する場所は災害危険区域に指定されるという厳しい条例が定められている。

参考文献

5節[5]

・益子智之「イタリア震災復興の論点」『造景2019』二〇一九、一〇八〜一一七頁

・益子智之「震災復興の観点から考えるイタリアの豊かさ」『都市計画』第六九巻 第六号、二〇二〇、四四〜四七頁

・Mashiko T. et al.「Collaborative planning for post-disaster reconstruction in Italy: Community participation in four small towns, focusing on Novi di Modena」『International Planning History Society proceedings』Vol. 18, No. 1, 2018, pp. 579–589

・益子智之・ジャンフランコフランツ・内田奈芳美・有賀隆・佐藤滋「復興ガバナンスの構築プロセスと復興事業の実施プロセス——アブルッツォ地震から一〇年経過したラクイラ市を対象として」『日本建築学会計画系論文集』第八五巻 第七七一号、二〇二〇、一〇六七〜一〇七七頁

6節・レジリエンスと景観の行方

近代復興では、人口増加を前提に、国土の発展とより災害に強い国土を目指し、区画整理などの基盤整備や建物の不燃化・高層化が志向されてきた。また、成長する都市や地域を目指し、自然を人工的な力で制御する方向で、より強度の高い性能や仕様が求められてきた。しかし、人口減少と成熟社会の段階に入っている現代のポスト近代復興の現場では、都市の成長重視というより、地域の生業や生活を重視すること、自然を制御するのではなく、自然との共生を重視すること、ソフトとハードのバランスがとれた靭（しな）やかさを重視することが大切であろう。

　本章で取り上げた事例では、現状の地域社会が抱える課題と近代復興からゲームチェンジできない復興まちづくりの齟齬によりさまざまな景観との軋轢が生まれていることが報告され、その解決に向けたレジリエンスな復興まちづくりのあり方が提案されている。

　土木デザイン分野では、海岸や河川の保全施設に関する取り組みを取り上げた。海岸保全施設である防潮堤の整備に対しては、「景観・利用・環境」に関する負の外部性に留意した整備のあり方、避難体制の充実によるソフトとハードのバランスのとれた整備のあり方が重要であると指摘している。また、洪水対策としては、河川の自然景観に配慮した整備やデザインのあり方、災害時に対応できる治水整備と平時の良質なパブリックスペースの両立、災害時の防災対策として「平時の市民活動（共助）」や「自然への意識の涵養（自助）」が重要であると指摘した。さらに近年、河川区域の中だけでなく、後背地や流域全てを対象とした「流域治水」など、自然そのものが持つ国土の保全機能をグリーンインフラとして捉える、レジリエンスと景観のバランスのとれた整備のあり方が広がっている。

　人口減少地域における基盤整備事業では、基盤整備にかかる時間が長引くことで被災者の再建ニーズが離散すると事業そのものが成立しない。基盤整備を最小限にし、被災者の生活と生業を重視した支援が重要となる。本章では、その方法として、連鎖的まちづくり市民事業による復興まちづくりや、空き地や休耕地への差し込みによる住宅再建などが提案されている。

建築分野においては、住宅再建支援金やグループ補助金など、住宅再建や生業再建に対する支援が段階的に充実してきており、新築での住宅再建について、地域型住宅による自力再建住宅支援の取り組みが紹介され、被災者の持続性だけでなく、住宅生産者の持続性についても重要であると指摘している。さらに、成熟社会が進み、既存の建築ストックを活用することが重要となる中、歴史的市街地が有してきた防災の知恵や伝統的建造物群保存地区などで検討されてきた防災対策の知恵などが改めて見直されてきていているとともに、災害による歴史的風致の喪失に対して、歴史的建造物の再建の仕組みの充実が求められている。

地球温暖化の進行や多発する地震など、地球規模で災害が多発する現代、多くの地域でレジリエンスと景観の課題が広がっており、さまざまな手法でのレジリエンスのあり方が議論されている。災害大国であり、世界に先駆けて、人口減少社会、成熟社会を迎える現代日本、グローバルな復興の知恵や技術を取り入れつつ、災害によって喪失するローカルなデザインや担い手を後世に継承することがレジリエンスと景観の観点から重要であろう。

第6章

ローカルとグローバルが触発し合う景観デザイン

本章では、地理学の知見を踏まえつつ、三つのトピックに基づくグローカル景観研究の成果をまとめる。「景観保全と向上のための論点」を提示し、さらに今後の景観デザインを展望し提言する。

1 地理学の知見と三つのトピックからの情報収集と分析、考察

本書では、まず地理学からの景観に関する知見を得た。そこでは、時間と空間の両軸にわたる認知の様式が、人間の行動を条件づけ、新たな現実を生み出す装置となっていることから、「俗都市化」「資本主義の暴走」「視覚の支配」といった現象と課題を指摘した。それらの課題を解決する方法論として、公共空間などでの「予期せぬプロセスの発生」や「過去と未来をつなぐ空間の編集」を論じ、提言した。そして「グローカル景観研究」を、「ポストコロナの景観」「再生可能エネルギーをめぐる景観」「自然災害へのレジリエンスと景観」の三つのトピックごとに、日本国内と海外の景観の状況を単なる比較ではなく、ローカルとグローバルという境界を越えた景観のエッセンスを意識して情報を収集し、分析・考察を行った。第1章の「研究の方法」で述べたとおり、地理学からの知見を踏まえた後に、「急速に変わりつつある景観の現状を把握」し、「景観が直面している課題の抽出」という研究作業を行った。まずはこれらの作業から得られた研究成果について整理する［図1］。

急速に変わりつつある景観の現状

「ポストコロナの景観」（第3章）からは、人々のモビリティ選択の変化に合わせて、リモートワークの普及といったライフスタイルの変化が生じたことで、オープンスペースや公共空間の活用促進、地方居住への関心の高まりによる郊外や田舎の再評価、さらにトランス

地理学からの知見 ランドスケープ（景観）の近代を越えて

・過去と未来をつなぐ空間の編集

新自由主義の台頭
・俗都市化
・資本主義の暴走
・視覚の支配

	ポストコロナの景観	再生可能エネルギーをめぐる景観	自然災害へのレジリエンスと景観
急速に変わりつつある景観の現状	・ライフスタイルの変化 ・リモートワークの普及 ・オンラインの普及 ・オープンスペースの活用 ・オープンテラスの普及 ・歩行者空間の改善 ・郊外や田舎の再評価 ・地方居住への関心の高まり ・トランスハビテーション ・モビリティの変化 ・サプライチェーンの混乱	・太陽光発電施設の急増（ソーラーラッシュ） ・風力発電施設の急増 ・自然環境への悪影響 ・住環境への悪影響 ・眺望景観の阻害 ・災害の発生・危険性増大 ・大手・海外資本の参入 ・ソーラーシェアリング ・エネルギー協同組合	・激甚な洪水被害 ・津波リスク ・大規模な河川改修 ・眺望景観を遮る防潮堤 ・かさ上げ市街地の形成 ・市街地の高台移転 ・生活環境の大きな変化 ・歴史的建築物の公費解体 ・歴史的景観の消失 ・歴史的市街地の防災・減災の知恵
景観が直面している課題	**地域再生** ・地方・二地域居住の促進 ・参加型の風景づくり ・風景の生産と消費 ・農業の再評価	・地域性の考慮 ・エネルギーの地域循環 ・地域産業の再生 ・発電事業者とまちづくり	・減災アセスメントの確立 ・河川改修と河道の利活用 ・地域関係者の連携
	近代都市計画の根底 ・職住近接の実現 ・界隈の形成 ・公共空間の民主化 ・アダプティブな土地利用 ・スマート化・デジタル化	**歴史的景観との共生** ・エネルギー施設と歴史的景観との共生	・歴史的景観と防災の両立 ・歴史的風致の維持再生
	景観制度の整備 ・柔軟な地域ルールづくり	・「地」の部分の風景変化 ・景観コントロール・規制 ・促進区域の設定	・防災と景観の両立 ・景観計画と防災計画の連携
景観デザイン向上のための論点	**近代都市計画のパラダイムシフト** ・近代都市計画への疑問 ・予期せぬプロセスの発生 ・プラグマティズム **伸び縮みする「景域」** ・「場所の空間」の再評価 ・テリトーリオ	**科学的な議論と地域の権限** ・「権利」をめぐる議論 ・地域自治 ・エネルギーの地産地消	**人々が介入するデザイン・担い手の育成** ・流域治水 ・自助・共助・公助 ・自然と人間のインターフェース ・コミュニティレジリエンス **歴史的景観の再評価と継承・最適化** ・歴史に学ぶ減災の知恵

図1｜3つのトピックからの情報収集と分析、考察

ハビテーションといった多くの点での変化を確認できた。

「再生可能エネルギーをめぐる景観」（第4章）からは、ソーラーラッシュと呼ばれる太陽光発電施設や風力発電施設の急増が、自然環境や住環境の面で、眺望景観の阻害や災害の発生・危険性の増大といった様々な問題を引き起こしている一方で、ソーラーシェアリングによる地域産業の再生や、エネルギー協同組合による地域共生の取り組みなどを確認できた。

「自然災害へのレジリエンスと景観」（第5章）からは、世界各地で発生している洪水といった激甚災害と、東日本大震災で顕在化した津波リスクにより、大規模な河川改修や眺望景観を遮る防潮堤の建設、かさ上げ市街地の形成、市街地の高台移転といった人々の生活環境上の大きな変化が生じている一方で、歴史的市街地に息づくハードとソフトが一体となった防災・減災の知恵を確認することができた。

景観が直面している課題

景観の現状の認識に基づき課題を整理していく。課題は、大きく五つのカテゴリーに整理できると考えている。これらの課題は、基本的に三つのトピックを横断して存在している**[図1中段]**。

まず**「地域再生に関する課題」**が最も多く、「ポストコロナの景観」（第3章）からは、地方・二地域居住の促進、参加型の風景づくり、風景の生産と消費、農業の再生といった課題が、「再生可能エネルギーをめぐる景観」（第4章）からは、地域性の考慮、エネルギーの地域循環、地域産業の再生、発電事業者とまちづくりといった課題が、「自然災害へのレジリエンスと景観」（第5章）からは、減災アセスメントの確立、河川改修と河道の利活用、地域関係者の連携といった課題が挙げられた。

次に**「歴史的景観との共生に関する課題」**で、「再生可能エネルギーをめぐる景観」（第4章）からは、エネルギー施設と歴史的景観との共生といった課題が、「自然災害へのレジリエンスと景観」（第5章）からは、歴史的景観と防災の両立、歴史的風致の維持再生といった課題が挙げられた。

また**「景観制度の整備に関する課題」**があり、「再生可能エネルギーをめぐる景観」（第4章）からは、「地」の部分の風景変化、景観コントロール・規制、再生可能エネルギー促進区域の設定といった課題が、「自然災害へのレジリエンスと景観」（第5章）からは、防災と景観の両立、景観計画と防災計画の連携といった課題が、「ポストコロナの景観」（第3章）からは、歩行者利便増進道路制度などと連動した柔軟な地域ルールづくりといった課題が挙げられた。

さらに**「近代都市計画の根底に関わる課題」**があり、主に「ポストコロナの景観」（第3章）から、職住近接の実現、界隈の形成、公共空間の民主化、アダプティブな土地利用、スマート化・デジタル化といった課題が挙げられた。

そして「地理学からの知見」（第2章）からは、**「新自由主義の台頭に関する課題」**が指摘され、俗都市化、資本主義の暴走、視覚の支配といった課題が挙げられた［**図1最上段**］。

2 景観デザイン向上のための論点

地理学からの知見、また「急速に変わりつつある景観の現状を把握」「景観が直面している課題の抽出」といった研究成果を踏まえて、今後の「景観デザイン向上のための論点」を提示する［図1下段］。

まずは大きな論点からである。

①近代都市計画のパラダイムシフト

近代都市計画への疑問や予期せぬプロセスへの期待、プラグマティズム（実践主義）の再評価といったことから導かれる。これ自体は、景観よりも大きく「都市計画」に関する課題だという指摘はあると思うが、「計画」よりも「デザイン」や「活動」といったところに力点があり、景観デザインとして取り上げるべき論点とした。

日本では、近代都市計画が掲げる「密度」と「ゾーニング」「モビリティ」によって、定式化した都市のつくり方が行われてきた。教科書どおりに近代都市計画を実践してきたといってよい。東京や大阪といった大都市圏では、都心部と新たに開発したベッドタウンとを通勤電車で結ぶことで都市圏を拡大してきた。その結果、人々は過酷で長時間にわたる通勤生活が強いられ、ベッドタウンでは疲れ果てて寝るだけの生活で、大都市では早足で歩くサラリーマンの姿ばかりが目につく。

グローカルの時代、近代都市計画の定式化した都市のつくり方はパラダイムシフトしているといえるだろう。「ローカルな時空間からの出発」として考えることで、具体的な景観デザインへの提言を次節で示したい。

②伸び縮みする景域（地域）

「場所の空間」の再評価やテリトーリオといったことから導かれる。景域や地域は、生活圏や流域圏といった「圏域」ではない。山や海に囲まれ、川も多い日本では、圏域が景域・地域であった。これは海外でも基本的には同じだろう。それが景観の語源とされるLandschaftが意味する「風景」と「地域」という意味からすると、オンライン・リモートワークの普及やモビリティの変化を踏まえると、まさに景域・地域は伸び縮みするようになっている。このような状況においては、内向きで閉じた「ムラ的な思考」では景観の向上は図れず、さまざまで多元的な取り組みがつながって形成された景域・地域がベースとなり、豊かな景観が育まれていく。

インターネットの普及により、すでに人々のコミュニケーションとコミュニティは、地理的な圏域を越えて展開しつつあった。それがコロナ禍によって、オンラインやテレワークが急速に普及して、コミュニケーションとコミュニティにとどまらず、人々のライフスタイルまでも大きく変えようとしている。

「週に数日の自宅でのテレワーク」は当たり前となり、働く場と住む場との境界が曖昧になるとともに、地方での豊かな生活環境は憧れではなく、現実的なものとなっている。

③科学的な議論と地域の権限

ここからは一般的な景観研究の範疇となる論点である。主に再生可能エネルギーをめぐる景観から指摘された。ローカルあるいは国家レベルの閉じた議論では、ともすると政治的な理由で規制や誘導が図られる場合がある。グローバルに開かれた議論が進められることで、科学的な議論に基づく規制や誘導が図られるだろう。科学的な議論では専門家の役割が問われるが、できれば地域に根ざした専門家が望まれる。これは次の論点とも関係するので、次節で具体的な事例を示しつつ提言したい。一方で、再生可能エネルギーをめぐる景観で論じられたように、地域に権限がなければ、大都市で地方の景観が荒らされることになるし、地域の再生にもつながらない。地域の「権利」をめぐる議論があってしかるべきだし、それは地域自治やエネルギーの地産地消に結びつく。

特に「ソーラーラッシュ」といった再生可能エネルギーの急速な普及は、景観に限らず、グローバルにもローカルにも、社会が初めて経験することなので、その対処方法は、科学的で多角的な視点をもった議論を経るべきでる。科学的で合理的な精神に基づく判断は、グローバルな議論や知見とも合致するだろう。外的権威や慣習的行動様式に規定された硬直的な社会を打破して、「開かれた社会」を実現することにもなる。ローカルの自律性は大切だが、偏狭な考え方に陥ってはならない。

④人々が介入するデザイン・担い手の育成

自然災害へのレジリエンスと景観から主に指摘された。流域治水は、市民の参加まで含めた重層的な取り組みによって実現するもので、自助・共助・公助も、その言葉が示すとおり、自治体任せでは成り立たず、市民のグラスルーツの取り組みが不可欠である。自然と人間のインターフェースといった議論ももっと必要だろう。イタリアの震災復興で述べられた「コミュニティレジリエンス」も、市場の開催やイベントの実施など、市民主体の取り組みによる。再生可能エネルギーをめぐる景観から指摘された「権利」をめぐる議論や地域自治やエネルギーの地産地消もこの論点に含まれる。時すでに遅しだが、東日本大震災の復興でも、人々が介入するデザインがもっと繰り広げられれば、今よりも豊かな景観が実現したかもしれない。しかし二〇一一年時点で、すでにそれだけの体力が地域には残っていなかったかもしれない。またこの論点は、新自由主義と資本主義の暴走がもたらしている「俗都市化」にも対抗することになる。

レジリエンスのためには、ハードだけに頼らず、ソフトの力が重要である。日本を含めた先進国では、都市づくりや景観形成で、「参加型まちづくり」の豊富な実績と研究の蓄積がある。一般市民から専門家、NPOまで、多様な人々が関われるようにしなければならない。

⑤歴史的景観の再評価と継承・最適化

自然災害へのレジリエンスと景観から主に指摘された。「歴史に学ぶ減災の知恵と景観」や「歴史的市街地における防災計画」で述べられたとおり、防災と歴史的景観は対立するものではなく、景観は防災のベースであり、実は互いに近い存在なのだろう。欧州景観条約にあるとおり、欧州では景観は歴史や文化も内包した概念なので、当たり前に歴史や地域の文化から学んでいる。しかしながら近年では気候変動がもたらしている激甚な水害などが世界各地で発生しているため、歴史的景観を踏まえた計画とデザインの最適化（バージョンアップ）が必要なのかもしれない。

歴史的景観を、ローカルで過去のものとして捉えるのではなく、未来に向けて育むべき景観の知恵の集積として捉えなければならない。画一的な防災・減災施策はあり得ない。伝統的建造物群保存地区や文化的景観の指定を広めるとともに、そこで培われてきた歴史的景観の未来に向けた意義を広め活用していきたい。

以上の五つの論点は、景観や都市計画をめぐる状況への問題提起でもある。そこでさらに次節で、これらの論点を元に、今後の景観デザインの展望と提言について考えていきたい。

3 今後の景観デザインの展望と提言

ここでは五つの論点をもとにした展望と提言を提示していくが、論点は景観研究からの都市計画・地域デザインの大転換（ゲームチェンジ）に関することであり、提言に関する議論は尽きないといえるだろう。あくまでも、当小委員会からの現時点での見解であり、今後の議論の手がかりにしていただきたいと考えている。

論点と展望・提言の見取り図を図2に示す。

①職住近接都市・地域の形成

グローバルにみると、住む場、働く場、楽しむ場が、互いに近接するような施策はすでに始まっている。そこでのモビリティは、パーソナルな徒歩や自転車となり、人々はこれまでの通勤・通学ラッシュからは解放される。人々は移動に費やされていた時間を取り戻し、獲得したゆとりの時間でまちに繰り出し、買い物や食事、友人や家族との時間を楽しむ。道路は、自動車から開放され、人々が楽しむための空間となる。沿道建物の景観も、歩行者を対象とするものとなり、人と店舗などとの応答関係が生まれていく。その人々の姿や建物のしつらえが、ヒューマンスケールな景観を形成していくことになる。一方、ベッドタウンでも働く場や楽しむ場が形成されるといった市街地の再編が進み、地域レベルのマクロな景観もシフトしていき、「俗景観」と呼ばれる郊外ロードサイドの風景もアイデンティティを回復していくかもしれない。

②公共空間・オープンスペースでのアクティビティ創出

近代都市計画は、「計画」によって、公園や道路といった公共空間の使われ方や人々のアク

論点	都市計画レベル	・近代都市計画のパラダイムシフト		・伸び縮みする景域（地域）
	景観レベル	・科学的な議論と地域の権限	・人々が介入するデザイン・担い手の育成	・歴史的景観の再評価と継承・最適化
展望提言		・職住近接都市・地域の形成 ・対面とオンラインによる開かれた景観協議の促進 ・景観計画と防災計画の連携	・公共空間、オープンスペースでのアクティビティ創出 ・科学的な議論と基準の整備 ・市民の参画機会の拡大	・地方居住・二地域居住の推進 ・地域の権限の再構築 ・専門家の地域に根ざした関わり

図2｜論点と展望・提言の見取り図

ティビティをコントロールしようとしてきた。それが空間の使いこなしを制限して、乏しい景観が生まれてしまった。グローカルの時代では、計画の枠組みを超えた「予期せぬ行動やプロセス」が再評価されている。例えば、すでにタクティカル・アーバニズムやプレイス・メイキングが掲げられ、道路や公園の利活用・使いこなしが進みはじめている。また河川法の改正により、河道を含む河川区域の利活用、アクティビティの創出も起きていた。このような公共空間の利活用が、コロナ禍を回避しようとする規制緩和によって一気に進んだ。コロナ禍が終わっても、これら規制緩和と各地の取り組みは継続している。「歩いて楽しい」ウォーカブルなまちづくりとも連動している。「地域の営みを象徴し、空間と居住者・来訪者など人々が空間を使うことで生まれる場を表現する景観＝生きた景観」でもある。

③地方居住・二地域居住の推進

テレワークの普及は、大都市にあるオフィスに毎日通う「通勤」を必要としなくなり、人々の居住地の選択を多様にしつつある。身近な生活環境を向上させたいと、地方居住への関心が高まるとともに、そのスタイルも多様化している。大都市と地方の両方に住宅を構える「二地域居住（マルチハビテーション）」や、定住を前提とせずに、さまざまな地方で仕事をして余暇を楽しむ「トランスハビテーション」という地方居住スタイルである。

地方居住や二地域居住、トランスハビテーション、また交流人口や関係人口の増加は、多くの知恵と人々のつながりを増やし、地方の農業といった地域産業の再生が進むだろうし、それによって魅力的な景観も生まれるだろう。再生可能エネルギーの地域循環や地産地消も実現するかもしれない。

大都市部で職住近接が実現していくと、それは日々の生活では過酷な通勤がなく、趣味や余暇を楽しむ時間が生まれるかもしれないが、オープンスペースや自然には限りがある大都市部での余暇空間に満足できない人々が、地方居住に乗り出すだろう。職住近接と地方居住の多様化と増加は、表裏一体の関係なのかもしれない。

「テリトーリオ」という大都市とそれを支える周辺地域の関係も見直されている。グローバルには「フラットな世界」を論じるよりも、良し悪しは別として「地政学」の知見が見直されている。大都市近郊の自然環境や農業の再生が進み、豊かな景観が生まれるだろう。特に農業の振興や再生は、食の確保や「食の安全や安心」からも、大きなムーブメントになるかもしれない。

④対面とオンラインによる開かれた景観協議の促進

グローカルの時代、景観づくりにも多様な知見が求められる。大都市でもそうだが、特に人口が減少し高齢化が進む地方では、人材や多様な知見をいかに集めるかが難しい。オンラインによって、東京といった大都市にいる専門家・学識経験者が、地方の市民集会や勉強会、自治体の景観審議会に参加できるようになった。市民のグラスルーツ活動を支える機会も増えるだろう。また転勤や仕事の都合で東京などの大都市や海外に赴いた人々も、つながりを維持できるし、再び議論の場に参加できる。そうすれば地方でも、人材を失わずに済むし、うまく使えば知恵とノウハウをさらに集積できるだろう。

またDXが進み、景観シミュレーションの手法もVRや仮想空間「メタバース」を含めて技術革新が進み、世界中に広がっている。専門家・学識経験者と建築事業者・設計者が話し合う「景観デザイン協議」といった具体的な景観の審査にも、遠地から専門家・学識経験者が参加でき、効果的で多くの知見を踏まえた議論が十分可能となっている。

⑤科学的な議論と基準の整備

特に、再生可能エネルギー施設の規制や誘導で重要である。ドイツの景観行政・デザインでは、旧市街地や歴史的建造物の保護は絶対的なものではなく、再生可能エネルギーの普及と市民の生活利便性を考慮して着実にシフトしている。大きな方針は国が提示するが、具体的な審査はローカルな市や州によって対応は異なる。歴史地区における太陽光パネルの設置の可否は、公共空間から視認できるかで具体的に判断している。風力発電施設の建設では、風車の視覚的影響と生態学的影響を考慮して規制が定められた。

⑥地域の権限の再構築

科学的な議論と基準の整備だけでは、国や大都市の都合で地方の景観が荒らされる可能性があるし、地域の再生も実現しない。例えば再生可能エネルギーの供給を地域で議論し決定する仕組み、さらに地域の交通といった市民サービス全般の運営を議論し決定する仕組み、つまり地域自治の仕組みがあれば、地域の景観も豊かになるだろう。ドイツを始めとする欧州では、再生可能エネルギーの導入と景観保全において、地域の権限が強いことは第4章で示したとおりである。市民の主体性の育成と、地域自治に関する制度の改善も必要となる。

⑦景観計画と防災計画の連携

歴史的景観には、ローカルではあるが、レジリエンスのための人々が培ってきた知恵が詰まっている。つまり歴史的景観と防災は決して相反するものではなく両立できる。景観計画と景観形成の取り組みは、防災計画にも役立つ。歴史的市街地でない、いわゆる一般的な市街地であっても、どこでも同じような紋切り型の方法では、レジリエンスは実現しないだろう。人々を巻き込んだ柔軟な防災計画が望まれる。

歴史的に蓄積されてきた知恵に、防災シミュレーションといった新たな技術を加えたローカルな取り組みが、気候変動という怪物に直面するグローバルな防災施策を変えるかもしれない。

⑧市民の参画機会の拡大

地方では、移住者や二地域居住者といった新たな居住者がイベントやワークショップ、協働活動などに参加することで、地域固有の風景を深く理解するようになり、「風景の生産者と消費者の分離」を回避することができる。

市民の参画が、特に喫緊の課題なのが、防災・減災に関することであろう。どれほど手を尽くしても、人々の日常の暮らしの中に溶け込んでいなければ、非日常への備えである防災・減災にはつながらない。防災・減災の備えは、「自然と人のインターフェース」でなければならない。ローカルで活躍する建設技術者や建築職人、専門家の参加も必要だろう。

Volatility（変動性）・Uncertainty（不確実性）・Complexity（複雑性）・Ambiguity（曖昧性）のVUCA時代と形容される世界情勢のなかでは、人々が参画するローカルなプラグマティズム（実践主義）が、実は大切なのかもしれない。

⑨専門家の地域に根ざした関わり

「地域専門家集団の全国的整備」として、以下のコラムで詳細を説明する。

Column

『地域専門家集団』の全国的拠点の整備に関する提案

グローバリゼーションという世界的現象に対峙したわれわれが、地方の政策立案、計画力を強化する政策を国策として求めることは自然の成り行きであろう。ここではその現実性のある政策の一例として、フランスのCAUE制度に注目することにしたい。

フランスの都市建設機構は、旧来のボザール体制の崩壊を契機に、今日に至るまで絶え間ない改変が続けられてきている。一九六八年のボザールの解体という革命的出来事は、第二次世界大戦後の急激な社会的経済的および精神的な変化を受けて進められてきた建設事業を見直す好機ともなり、その後、さまざまな生活環境に関する議論が政治的な争点の一つとなってきた。その建設的な議論を通じて設立されたのが「建築都市計画環境会議（conseil d'architecture, d'urbanisme et de l'environnement、以下、CAUEと記す）」である。

CAUEは、先ずフランスにおける地方分権化が始動しはじめた一九七七年に施行された建築法の中に規定されたが、その中で「公共利益」は「建築的創造、建設の質、それらを周辺環境に調和するように挿入すること、自然的または都市的な景観および遺産を尊重すること」と定義された。この地方分権化は、一九八〇年前半のフランソワ・ミッテラン大統領の政権下において本格的に始動しはじめたが、この目的を実施するにあたり、二つの基本的な規定が定められた。一つは建築家による法的介入、もう一つはCAUEの創設である。前者により、建設許可申請を目的とした建築プロジェクト（projet architectural）の作成を政府公認建築家に依頼することが義務づけられた。後者のCAUEは、「公衆を支援し情報を与える（法第一条（三）」ことを目的として創設されたが、「この法の最も独創的な貢献を間違いなくもたらし、最も大胆で革新的な側面を表す」と形容されたように、必然性をもって誕生したのである。

　都市計画において考慮しなければならない領域は、その主要なものだけでも多岐の専門分野にわたっている。それゆえＣＡＵＥは、都市建設に関わる諸般の分野の専門家や関係主体により構成され、各県において各々個別の状況に応じてテーマを決め、重点的に対処するような体制が整えられている。実務を担う職員は、助言や検討を担当するグループとこれらを支援するグループとに大別され、前者は、建築家、都市計画家、ランドスケープアーキテクト、エコロジスト、地理学者、社会学者、農学者、法学者らにより構成される。後者は役割で類別すると、事務処理担当（秘書、会計）、資料整理・編纂担当、各種デザイン（造形・グラフィック・写真など）、システム情報処理担当者、情報提供担当、イベント進行担当、広報担当などにより構成され、両者とも多分野の専門家の集団であり、依頼や指示がなくとも自発的に活動できる点が特徴的である。

　さらに、これらの専属の専門家組織を統括する部長と地方議員から選出される議長を中心として、政府の地方部局、地方自治体代表者（県議員、コミューン議員など）、さまざまな関係する公的機関やアソシエーション、関係する業界の団体（建設関連業者、商工業者、農業者等）が加わって役員会が設置されている。

　なお、ＣＡＵＥは、設置が義務づけられている行政機関ではなく、地域の事情に応じて、県議会の議決を経て設置されるアソシエーションであり、機能不全などの理由から廃止される場合もある。だが法施行後数年間でフランス全土の九割以上の県に設置され、そのほとんどが四〇余年にわたり活動を継続している。二〇二三年時点で、九三団体が運営されており、幾つかの県を包含する地域圏（Région）を管轄区域とするURCAUE（Union Régionale des CAUE）一〇団体や全国組織であるFNCAUE（Fédération Nationale des CAUE）も組織されている。九三団体の現時点の職員数は約一三〇〇名であり、各団体の平均的な規模は大体一四名ほどである［図1］。

CAUE制度成立当初は、法律に規定されていた任務は、図2の四項目であるが、時代とともに活動内容は変容している。地方分権化の進捗に伴い、市町村やその連合組織に対する助言・支援の割合が増加しているほか、八〇年代の先駆的な取り組みを経て、各地域の課題を積極的に掘り起こすと同時に、それを専門的かつ総合的に解決する役割が期待されており、いずれの場合もその都度の課題や事情に応じて、関係する専門組織との連携を図りながら対処している。

このような専門家組織がフランス全土を全体的に網羅するように配属されて、その眼差しが国土の隅々にまで及ぶことにより、地方の政策立案・計画力が強化されていることは異論のないところであろう。それだけでなく、CAUEは、地元の専門家や一般市民、学生や

フランス（1県あたり）
面積約6,000km²
人口約59万人
（パリとイル・ドゥ・フランスを除く）

日本（1県あたり）
面積約6,400km²（北海道を除く）
人口約240万人
（北海道および東京都を除く）

0 100 500km

図1｜広域自治体の規模の比較

情報提供、関心喚起
生活環境に関するさまざまな情報提供や関心喚起

研修
各種の研修プログラムの実施（行政機関の職員、議員や地元の専門家、専門学校生ら）

私人に対する助言・支援
私人の建設活動への助言・支援（建築家の関与なしに建設することができる小規模な建設物に対する無償の助言サービス）

地方公共団体などに対する助言・支援
地方公共団体などが行う都市建築環境分野の活動に対する助言・支援

図2｜CAUEの法定役務

児童にいたるまで幅広い主体との直接的な対話関係を構築し、専門家による知識の伝授を通じて地域建設の担い手を支援することにより、地方の人材不足やアマチュアリズムといった課題にも効果をもたらしている*1。

その地域に潜在的に内在している諸問題が、何らかの不慮の突発的な事象をきっかけに極端なかたちで顕在化することがある。それゆえ先取的に地域の問題を掘り起こして、その解決を含む計画づくりを進めておくことは、事後の計画づくりの基盤となる。同時に、一般市民の地元に対する眼差しや愛郷の心を涵養し、関係主体の間で保全すべき価値を明確化し、地域づくりの方向性や考えを共有していることが、耐久性のある対処方法の考案に着手するための力になると考えられる。

CAUEは、現在解決が迫られている議論や計画体制づくりに対して、重要な実践的意味を有し、解決を示し得るものが含まれているだろう。

以上、提示した九つの展望・提言は、これからの景観デザインのあくまでも基本的な方向性や要点を示そうとするものであり、具体的な施策はローカルな地域で議論され、決定され、実践される。それが実行できる地域の「力」がより問われている。グローカルの時代では、景観の「眺め」という意味合いよりも、「地域」という意味合いがまず想起されるべきなのかもしれない。本研究で掲げた景観の定義「人間をとりまく環境のながめであり、人々の暮らしの積み重ねや**地域**自治によって成立するもので、持続可能なまちづくりや**地域**づくりの礎となる」が裏づけられたと言えよう。

また、景観レベルを飛び越えて、都市計画レベルまで踏み出した提言だという指摘があるかもしれないが、景観は都市計画の一部だと以前から指摘されている。さらに日本の法制度では、都市計画規制と建築規制が独立したダブルトラックになっているとも指摘されている。建築、景観、都市計画、さらには防災計画をめぐる抜本的な制度改革も、グローカル時代には必要なのかもしれない。

「再生可能エネルギーをめぐる景観」（第4章）で主に指摘されたように、実際に欧州では、「景観＝歴史や文化、エネルギー・生業」とする議論が、地域というローカルと国境を超えたグローバルな規模で進んでいる。

本研究が掲げた三つのトピック「ポストコロナの景観」「再生可能エネルギーをめぐる景観」「自然災害へのレジリエンスと景観」は、明らかに重要な命題であり、グローカルかつインターラクティブに議論を継続しつつ具体的な景観デザインを実践することになる。ローカルな景観がグローバルな取り組みに拍車を掛け、一方でグローバルな新たな展開がローカルな景観に作用する。一九世紀中頃まで時代を遡るが、すでにカール・マルクスは『共産党宣言』の中で、グローバル化が進行すること、またグローバル化によって「時間」がローカルな「空間」を絶滅すると予見していた。今日のグローバル化では、個人であってもSNSなどを通じて、グローバルな力をもつことができる。マルクスの予見を覆すように、ローカルな景観を力強くデザインして、かつ発信していくことで、ローカルとグローバルの「触発状況」を生み出すことが現代のわれわれには求められている。

また近代以降、パンデミックに限らず、産業革命といった技術革新や世界の可視化と領土化、侵略・戦争などによって、景観・地域デザイン・都市計画は何度も変化の大波にさらされてきた。今回の「グローカル時代の到来」は、今までにない未曾有の揺籃の可能性が高い。これをチャンスと捉えて、固定観念を捨て去ることで、人々の暮らしの積み重ねや地域自治からなる唯一無二のローカルな景観をデザインできるだろう。「二〇世紀スタイルの近代化」からの脱却も現実味を帯びてくる。

グローカル時代の景観デザインは、決してローカルな内向きのものではないし、地域外資本の参入による「都市のテーマパーク化」でもない。「ローカルを排除した漂流感」「警備への執着」「模倣性」が都市のテーマパーク化の特徴だと指摘される。新たなライフスタイルと価値観をもった担い手が中心となり、伸び縮みする景域のなかでの専門家を含めた人々の関わりが活発になり、活力を取り戻した地域が景観となって立ち現れる。それは「俗都市化」や「都市のテーマパーク化」を超えたものになるだろうし、世界中の人々に真の心地よさや豊かさをもたらすだろう。

註釈

＊1　フランスの各都市部においては、都市・建築分野の専門的な役務を担う組織として公的都市計画事務所が設置されており、CAUEとの機能の棲み分けがなされている。

参考文献

・泉山塁威ほか編著『タクティカル・アーバニズム――小さなアクションから都市を大きく変える』学芸出版社、二〇二一
・日本建築学会編『生きた景観マネジメント』鹿島出版会、二〇二一
・トーマス・フリードマン著、伏見威蕃訳『フラット化する世界（上・下）』日本経済新聞出版社、二〇〇六・二〇〇八
・日本建築学会編『景観計画の実践――事例から見た効果的な運用のポイント』森北出版、二〇一七
・Michael Sorkin, *Variations on a Theme Park*, Hill and Wang, 1992
・カール・マルクス、フリードリヒ・エンゲルス著、大内兵衛、向坂逸郎訳『共産党宣言』岩波文庫、一九五一
・カール・マルクス著、ドイツML研究所編、資本論草稿集翻訳委員会訳『マルクス資本論草稿集2』大月書店、一九九三

グローカル景観デザイン小委員会の活動をふりかえる

「グローカル景観デザイン小委員会」は、コロナ禍の真っただ中であった二〇二一年四月から研究活動を開始した。自粛ばかりで日々の生活も研究活動も閉塞感を強く感じる一方、人々の価値観やライフスタイルが急速に変化しつつあり、時代の転換期にあることを感じながら、これからの景観デザインに関する議論がスタートした。「グローカル景観」という全体テーマと三つのトピック「ポストコロナと景観」「再生可能エネルギーをめぐる景観」「自然災害へのレジリエンスと景観」は、オンラインでの議論であっても、このような雰囲気を肌で感じることで委員の間で共有できたのだと思う。

研究活動は、公開研究会の開催を軸として進め、成果を深めていった。まず「ウィズ・アフターコロナの景観ビジョンとアプローチ」を二〇二二年二月に、「再生可能エネルギーをめぐる景観」を同年九月に、「自然災害に対するレジリエンスと景観」を翌二〇二三年二月に開催した。そしてこれら公開研究会の議論の集大成として、日本建築学会大会都市計画委員会研究懇談会「グローカル時代の景観デザイン」を同年九月に開催して、研究成果を確認するとともに、地理学の知見を得つつ三つのトピックを横断した議論を行った。

コロナ禍が続いていたこともあり、議論はすっかり定着したオンラインが中心であった。数少なかった対面の機会では、それこそ議論はさらに有意義なものであったし、コロナ禍が明けて復活した懇親会を必ずセットにして、委員相互のつながりを深めるとともに、「グローカル景観」というテーマを超えた幅広い景観・都市計画に関する意見交換を行った。このような委員同士のつながりや景観研究の議論は、次期景観小委員会を含めた幅広い今後の景観研究につながるものと信じている。

本研究は、本小委員会の委員を中心として進めていったが、その中で第2章をご執筆いただいた竹中克行先生には、委員ではないにもかかわらず地理学分野での知見を多くご提供いただき、本研究の成果を深めることができた。特に感謝の意を表したい。また後藤春彦先生・早稲田大学教授と嘉名光市先生・大阪公立大学教授、卯月盛夫先生・早稲田大学名誉教授には、大変ご多忙の中、研究懇談会にご参加いただき、かつ後藤先生と嘉名先生には日本建築学会編として公刊するための査読もご担当いただき、貴重なご助言を賜った。そして佐藤滋先生・早稲田大学名誉教授には、本研究の出発点である「グローカル」というキーワードを頂戴した。先生方へ感謝の意を申し上げたい。さらに何かとお世話になっている鹿島出版会の渡辺奈美氏には、今回も何度も打ち合わせに参加いただきながら、丁寧なアドバイスをいただいた。感謝の意を表したい。

本原稿が査読に入った段階で、本小委員会の委員かつ執筆者でもある原田栄二先生が、ご逝去されたという悲報を受けた。悲しみを乗り越えて本書を刊行できたことは、原田先生も天国で喜ばれていると思いたい。

本書では、急速に変わりつつある景観に関する問題提起と論点の提示が中心で、展望と提言に言及したものの、具体的な景観デザインの制度や技術までは踏み込めなかったと思っている。くしくも、本書のまとめに入った二〇二四年一月に「令和六年能登半島地震」が起こった。「自然災害へのレジリエンスと景観」を中心として本研究で得られた知見が少しでも役立ち、具体的な景観デザインの制度や技術が生まれることを切に願っている。

日本は、グローカル時代に加えて、「縮減社会の時代」へと本格的に突入していく。ポストコロナでも、再生可能エネルギーの普及でも、自然災害へのレジリエンスでも、これまでの制度や政策、プロセスにこだわらない、景観デザインの全く新しい発想と技術が求められている。その具体的な技術については、今後の研究に委ねたい。

日本建築学会都市計画委員会
グローカル景観デザイン小委員会

志村秀明［しむら・ひであき］

芝浦工業大学建築学部教授。博士（工学）、一級建築士。一九六八年生まれ。早稲田大学大学院修士課程・博士課程修了、早稲田大学理工学部建築学科助手、芝浦工業大学工学部建築学科助教授・准教授・教授を経て二〇一七年より現職。日本建築学会奨励賞（二〇〇六年度）受賞など。著書に、『東京湾岸地域づくり学』（鹿島出版会）、『建築・まちづくり学のスケッチ』（花伝社）など。

［執筆担当：はじめに、第1章、第3章3節［2］、第4章5節［1］、第6章1〜3節］

栗山尚子［くりやま・なおこ］

神戸大学大学院工学研究科准教授。博士（工学）、一級建築士。一九七七年生まれ。神戸大学大学院自然科学研究科博士課程前期課程修了。神戸大学工学部助手、工学研究科助教を経て二〇一八年より現職。著書に『景観計画の実践』（共著、森北出版株式会社）、『生きた景観マネジメント』（共著、鹿島出版会）、『建築計画のリベラルアーツ——社会を読み解く12章』（共著、朝倉書店）など。

［執筆担当：第3章1・5節］

益尾孝祐［ますお・こうすけ］

愛知工業大学工学部建築学科准教授。博士（工学）、一級建築士。一九七六年生まれ。早稲田大学理工学部建築学科卒業、同修士課程修了。アルセッド建築研究所に入所し、復興支援、地域再生まちづくり、歴史・景観まちづくりに携わる。愛知工業大学講師を経て二〇二四年より現職。主な受賞に、土木学会デザイン賞最優秀賞、都市住宅学会業績賞、住総研博士論文賞など。

［執筆担当：第4章5節［2］、第5章1節・4節［1］・［2］・5節］

沼田麻美子［ぬまた・まみこ］

一般財団法人土地総合研究所研究員。博士（環境学）。一九七九年生まれ。筑波大学大学院生命環境科学研究科博士後期課程修了。株式会社都市環境計画研究所、東京工業大学環境・社会理工学院助教を経て、二〇二〇年より現職。著書に『生きた景観マネジメント』（共著、鹿島出版会）など。

［執筆担当：第4章1節・2節［2］・4節［3］・5節［3］・6節］

秋田典子［あきた・のりこ］

千葉大学大学院園芸学研究院教授。博士（工学）。東京大学大学院工学系研究科都市工学専攻博士課程修了後、東京大学国際都市再生研究センター研究員等を経て、二〇〇八年一二月より千葉大学大学院園芸学研究科准教授、二〇二一年三月より現職。二〇二〇年度日本造園学会賞受賞。二〇二二年度にフランス国立科学研究センター（CNRS）招聘研究者としてパリベルビル国立建築学校（ENSA-pb）に在籍。日本都市計画学会および日本造園学会理事。

［執筆担当：第4章2節［1］］

阿久井康平［あくい・こうへい］

大阪公立大学大学院現代システム科学研究科准教授。博士（工学）。一九八四年生まれ。明石高専専攻科建築・都市システム工学専攻修了、大阪市立大学大学院前期博士課程修了。中央復建コンサルタンツ株式会社を経て、大阪市立大学大学院後期博士課程修了。富山大学都市デザイン学部助教などを経て現職。著書に『生きた景観マネジメント』（共著、鹿島出版会）など。二〇二〇年度デザイン学会年間論文賞、二〇一七年度前田記念工学振興財団前田工学賞受賞など。

［執筆担当：第3章3節［3］］

阿部大輔［あべ・だいすけ］

龍谷大学政策学部教授。博士（工学）。一九七五年生まれ。早稲田大学理工学部土木工学科卒業、東京大学大学院工学系研究科都市工学専攻修士課程・博士課程修了。主な著書に『ポスト・オーバーツーリズム』（編著、学芸出版社）、『コロナで都市は変わるか』（共著、学芸出版社）、『「対話」を通したレジリエントな地域社会のデザイン』（編著、日本評論社）など。

［執筆担当：第3章3節［1］］

阿部貴弘［あべ・たかひろ］

日本大学理工学部まちづくり工学科教授。博士（工学）、技術士（建設部門）。一九七三年生まれ。東京大学大学院工学系研究科社会基盤工学専攻修士課程修了。パシフィックコンサルタンツ株式会社、国土交通省国土技術政策総合研究所、日本大学理工学部准教授を経て、二〇一八年より現職。土木学会研究業績賞、土木学会デザイン賞、グッドデザイン賞ほか受賞。著書に『図説 近代日本土木史』（共著、鹿島出版会）など。

［執筆担当：第4章4節［1］］

大窪健之［おおくぼ・たけゆき］

立命館大学理工学部・教授、研究部・部長、博士（工学）京都大学、一級建築士。専門は文化遺産防災学、歴史都市の防災計画、建築設計。一九九三年に京都大学大学院工学研究科修士課程を修了。京都大学助手、同准教授を経て、二〇〇八年より立命館大学理工学部環境都市工学科教授。学外では二〇二一年より国際イコモス理事を拝命。伝統的空間や風土特性を活かした歴史都市の防災まちづくり研究に取り組む。

［執筆担当：第5章3節［1］］

大野 整［おおの・せい］

株式会社都市環境研究所取締役。技術士（都市及び地方計画）。東京都立大学工学部建築工学科卒業。著書に『日本の風景計画』、『景観まちづくり最前線』（いずれも共著、学芸出版社）、『景観計画の実践』（共著、森北出版）、『生きた景観マネジメント』（共著、鹿島出版会）など。

［執筆担当：第3章2節］

尾野 薫［おの・かおる］

宮崎大学地域資源創成学部講師。博士（工学）。一九八四年生まれ。熊本大学工学部環境システム工学科卒、同大学院自然科学研究科修士課程・博士課程修了。徳島大学理工学部助教を経て二〇二〇年より現職。土木工学における風景やまちづくりを専門とし、個人的な経験や記憶に基づく風景や、防災・減災と日常風景の両立についてなどの研究・実践活動を行っている。

［執筆担当：第5章2節［1］］

金 度源［きむ・どうぉん］

立命館大学理工学部准教授。博士（工学）。一九八二年生まれ。韓国伝統文化大学伝統建築科卒業、立命館大学大学院理工学研究科博士前期・後期課程終了。立命館大学衣笠総合研究機構（歴史都市防災研究所）を経て現職。著書に『Good Practices for Disaster Risk Management of Cultural Heritage』（Routledge）など。

［執筆担当：第5章3節［2］］

佐藤宏亮［さとう・ひろすけ］

芝浦工業大学建築学部教授。博士（建築学）。早稲田大学大学院博士後期課程修了。株式会社都市建築研究所、早稲田大学創造理工学部建築学科助教、芝浦工業大学建築工学科准教授を経て、二〇一八年より現職。日本建築学会奨励賞ほか受賞。著書に『医学を基礎とするまちづくり』（共著、水曜社）、『無形学へ――かたちになる前の思考』（共著、水曜社）など。

［執筆担当：第3章4節［2］］

高取千佳［たかとり・ちか］

九州大学大学院芸術工学研究院准教授、一九八六年生まれ。博士（工学・東京大学）。専門は景観生態学、都市計画。天神・中洲地区でのDX技術を活用した公共空間マネジメントのプロジェクト、那珂川における公民連携など、持続可能で豊かな自然・生活環境の再生に向けた研究・実践活動に取り組む。主な著書に『LaborForces and Landscape Managements』など。

［執筆担当：第4章3節］

竹中克行［たけなか・かつゆき］

愛知県立大学教授、地理学者。東京大学大学院理学系研究科修士課程・総合文化研究科博士課程修了、博士（学術）。主な著書に『地中海都市――人と都市のコミュニケーション』（東京大学出版会）、『空間コードから共創する中川運河――「らしさ」のある都市づくり』（編著、鹿島出版会）など。

［執筆担当：第2章］

原田栄二［はらだ・えいじ］

元東北大学大学院工学研究科助教。博士（工学）。一九六八年生まれ。東京大学大学院工学系研究科都市工学専攻修士課程修了。ウィーン工科大学研究生、株式会社都市計画設計研究所所員を経る。二〇〇四年度パリ・ラ・ヴィレット建築大学校研究員。著書に『景観計画の実践』（共著、森北出版）など。二〇二四年三月逝去。

［執筆担当：第6章コラム］

樋渡 彩［ひわたし・あや］

近畿大学工学部建築学科講師。博士（工学）。二〇〇六年イタリア政府奨学金留学生としてヴェネツィア建築大学に留学。日本学術振興会特別研究員を経て、二〇一六年法政大学大学院博士後期課程修了。主な著書に『ヴェネツィアとラグーナ――水の都とテリトーリオの近代化』（鹿島出版会）。主な受賞に日本建築学会著作賞、日本建築学会奨励賞、地中海学会ヘレンド賞、前田工学賞。

［執筆担当：第3章4節［1］］

星野裕司［ほしの・ゆうじ］

一九七一年生。東京大学大学院工学系研究科修了。博士（工学）。熊本大学くまもと水循環・減災研究教育センター教授。専門は景観デザイン・土木デザイン。株式会社アプル総合計画事務所を経て現職。主な著書に『自然災害と土木-デザイン』（農文協）など。主な受賞に、土木学会出版文化賞、土木学会論文賞、グッドデザイン・ベスト100、土木学会デザイン賞最優秀賞など。

［執筆担当：第5章2節［2］］

益子智之［ましこ・ともゆき］

早稲田大学社会科学総合学術院専任講師。博士（建築学）。一九九〇年生まれ。早稲田大学創造理工学部建築学科卒業、同大学院建築学専攻修士課程・博士後期課程修了。イタリア歴史的市街地における復興を契機とした景観保全の取り組みと共編集による都市デザイン手法を研究している。主な受賞に日本建築学会奨励賞、前田記念工学振興財団山田一宇賞、日本都市計画学会論文奨励賞など。

［執筆担当：第5章4節［3］］

松井大輔［まつい・だいすけ］

新潟大学工学部工学科建築学プログラム准教授。博士（工学）。一九八四年生まれ。東京大学大学院工学系研究科都市工学専攻博士課程修了。立命館大学研究員、新潟大学助教を経て二〇二〇年より現職。著書に『粋なまち神楽坂の遺伝子』（共著、東洋書店）、『生きた景観マネジメント』（共著、鹿島出版会）など。二〇二一年日本都市計画学会年間優秀論文賞など。

［執筆担当：第5章3節［2］］

宮脇 勝［みやわき・まさる］

名古屋大学大学院環境学研究科准教授。一九六六年生まれ。東京大学大学院工学系研究科博士課程修了。博士（工学）。北海道大学大学院助手、千葉大学大学院准教授を経て、現職。著書に『ランドスケープと都市デザイン』（朝倉書店）、『欧州のランドスケープ・プランニングとプロジェクト』（マルモ出版）、『都市の風景計画』（学芸出版社）など。

［執筆担当：第4章3節［2］］

村上迅［むらかみ・じん］

シンガポール工科デザイン大学助教授。博士（都市地域計画）。一九七三年生まれ。カリフォルニア大学バークレー都市地域計画学部博士課程、同大学都市地域開発研究所研究員、香港城市大学助教授を経て、2019年より現職。気候変動に関する政府間パネル（IPCC）第五次・第六次評価評価報告書執筆者。著書に、『Financing TOD with Land Values』（世界銀行）、『Developing Airport Systems in Asian Cities』（アジア開発銀行）など。

［執筆担当：第3章3節［2］］

森 朋子［もり・ともこ］

札幌市立大学デザイン学部准教授、博士（工学）、一級建築士。民間企業にて不動産開発事業従事を経て、コロンビア大学大学院建築・都市デザイン学専攻修士課程・東京大学大学院工学系研究科都市工学専攻博士課程修了。同大学特任研究員・助教を経て、二〇一八年より現職。

［執筆担当：第4章4節［2］・コラム］

渡部 健［わたなべ・けん］

一九七七年生まれ。早稲田大学理工学部卒業、同修士課程修了。一橋大学大学院（金融戦略ＭＢＡ）。住友商事へ入社、一貫して電力関連事業に従事。その後エナリス入社、常務取締役として経営企画や新規事業開発を担当、上場担当役員として東証マザーズ市場上場。ＫＤＤＩ株式会社との資本業務提携を実現。地域新電力である湘南電力やめぐるでんきの設立にも深く関与。現在、株式会社ＲＥＸＥＶを設立、代表取締役社長に就任。

［執筆担当：第4章5節［2］］

＊特記のない図版は、筆者撮影・作成、または提供による。

日本建築学会

都市計画本委員会

委員長　饗庭 伸
幹事　中島 伸
幹事　萩原拓也
幹事　益尾孝祐
幹事　籔谷祐介

グローカル景観デザイン小委員会

主査　志村秀明
幹事　栗山尚子
幹事　益尾孝祐
委員　阿久井康平
委員　阿部大輔
委員　阿部貴弘
委員　大野 整
委員　尾野 薫
委員　佐藤宏亮
委員　高取千佳
委員　沼田麻美子
委員　樋渡 彩
委員　松井大輔
委員　森 朋子

グローカル時代の景観デザイン

ポストコロナ、再生可能エネルギー、自然災害へのレジリエンス

二〇二五年一月二〇日　第一刷発行

編者　日本建築学会
発行者　新妻 充
発行所　鹿島出版会
〒一〇四―〇〇六一 東京都中央区銀座六―一七―一
銀座6丁目-SQUARE 七階
電話 〇三―六二六四―二三〇一　振替 〇〇一六〇―二―一八〇八八三

印刷・製本　壮光舎印刷
デザイン　西垣由紀子

ISBN 978-4-306-07371-5 C3052

本書の内容に関するご意見・ご感想は左記までお寄せください。
URL: https://www.kajima-publishing.co.jp
e-mail:info@kajima-publishing.co.jp